河南省"十二五"普通高等教育规划教材

AutoCAD 2009 测绘工程专业绘图基础

AutoCAD 2009 Mapping Basis for Surveying and Mapping Engineering Specialty

(第二版)

王庆林　王春林　主编

测绘出版社

·北京·

内容简介

本书针对测绘工程及相关专业介绍 AutoCAD 2009 中文版的功能、使用方法和绘图操作技巧。在讲解 AutoCAD 2009 命令使用基本方法的同时,结合测绘工程及其相关专业的实际列举了大量的实例,使读者能够在实践中快速、全面、准确地掌握用 AutoCAD 2009 中文版解决实际工程中绘制二维图形问题。

全书共 13 章,分别介绍 AutoCAD 2009 中文版绘制和编辑二维图形、标注文字、标注尺寸、各种精确绘图工具、图形显示控制、填充图案、创建块与属性、图形输出、二次开发初步等内容。在各章节中还配有针对测绘工程及相关专业绘图的应用实例和习题,可以使读者进一步加深对各章节知识点的理解。

本书内容实用,图文并茂,通俗易懂,可作为大中专院校的测绘工程、地理信息科学及其相关专业的 AutoCAD 培训教材,也可供从事 AutoCAD 绘图工作的工程技术人员自学参考。

图书在版编目(CIP)数据

AutoCAD 2009 测绘工程专业绘图基础 / 王庆林,王春林主编. — 2 版. — 北京:测绘出版社,2016.9 (2025.6 重印)
ISBN 978-7-5030-3973-7

Ⅰ. ①A… Ⅱ. ①王… ②王… Ⅲ. ①工程测量—AutoCAD 软件 Ⅳ. ①TB22-39

中国版本图书馆 CIP 数据核字(2016)第 210387 号

责任编辑　田　力　　**封面设计**　李　伟　　**责任印制**　陈姝颖

出版发行	测绘出版社	**电　话**	010—68580735(发行部)
地　址	北京市西城区三里河路 50 号		010—68531363(编辑部)
邮政编码	100045	**网　址**	https://chs.sinomaps.com
电子邮箱	smp@sinomaps.com	**经　销**	新华书店
成品规格	184mm×260mm	**印　刷**	建工社(河北)印刷有限公司
印　张	15	**字　数**	374 千字
版　次	2009 年 8 月第 1 版　2016 年 9 月第 2 版	**印　次**	2025 年 6 月第 9 次印刷
印　数	11301—11800	**定　价**	48.00 元

书　号　ISBN 978-7-5030-3973-7

第二版前言

本书第一版自2009年出版以来，已有5年的时间。在这5年的时间里得到了广大读者的支持和帮助，并提出了宝贵的意见和建议。因此，我们根据广大读者的意见和建议对本书进行了部分章节调整，增加了测绘工程图件绘制章节内容，同时也更正了原书中的一些错误。

全书共13章，其中：第1章、第2章、第10章、第12章由王雅萍（河南理工大学）编写，第3章、第5章由王春林（河南省煤炭科学研究院有限公司）编写，第4章（部分）、第8章由臧妻斌（河南理工大学）编写，第4章（部分）、第7章、附录由张合兵（河南理工大学）编写，第6章、第9章、第11章、第13章由王庆林（河南理工大学）编写。最终由王庆林、王春林负责全书的统稿和审定工作。

在本书编写过程中，参阅了较多文献，引用了同类书刊中的部分资料。在此，谨向有关单位和作者表示衷心的感谢。

在本书编辑和出版过程中，虽然编者做了很大的努力，但难免还有不妥和错漏之处，恳请广大读者予以批评指正和谅解。

编　者

2016年6月

第一版前言

AutoCAD是著名的计算机辅助设计软件，在全球，尤其是在中国市场占有很大的份额。自面世以来，AutoCAD经过不断地完善和创新，已经广泛应用于各行各业的辅助设计中，主要包括机械、土木建筑、测绘、矿产资源开采、地质勘探、电子、服装等各个领域。

随着计算机及其相应软、硬件的发展，各种工程设计、地理信息系统都要求有矢量化的地形图，因此，运用计算机及其软件绘图是从事测绘工程专业人员应该掌握的基本技能。AutoCAD绘图软件在这方面有它巨大的优势，可适用于不同绘图层次人群的要求，操作简单易学。本书就是以测绘工程专业人员快速掌握 AutoCAD 绘图基本技能为目的和指导思想编写的。

本书针对测绘工程专业介绍 AutoCAD 2009 中文版的功能与使用。书中按照利用 AutoCAD 2009 中文版进行测绘工程绘图的过程，从绘图环境设置、建立图形文件和图层的操作入手，循序渐进地介绍 AutoCAD 2009 中文版绘制和编辑二维图形、标注文字、标注尺寸、各种精确绘图工具、图形显示控制、填充图案、创建块与属性、图形输出、二次开发初步等内容，书中涵盖了用 AutoCAD 2009 中文版进行测绘工程绘图时涉及的主要内容，在各章中还配有针对测绘工程及相关专业绘图的应用实例和习题，通过这些应用实例可以使读者进一步加深对各章节知识的理解和掌握使用 AutoCAD 2009 中文版的基本绘图命令、作图方法以及应用技巧，从而能够快速、全面、准确地掌握用 AutoCAD 2009 中文版解决实际工程中绘制二维图形问题。

本书共 12 章，其中：第 1 章、第 10 章由王永军（河南理工大学）编写，第 2 章、第 3 章、第 5 章、第 11 章由王春林（河南省煤炭科学研究院有限公司）编写，第 4 章（部分）、第 8 章由臧妻斌（河南理工大学）编写，第 4 章（部分）、第 7 章、附录由张合兵（河南理工大学）编写，第 6 章、第 9 章、第 12 章由王庆林（河南理工大学）编写。最终由王庆林、王春林负责全书的统稿和审定工作。

本书是在作者多年来从事 AutoCAD 应用和教学的基础上编写而成的，因此具有较强的针对性和实用性。

由于作者的水平有限，书中难免有不妥和错误之处，敬请读者批评指正。

编　者

2009 年 3 月

目　录

第1章　AutoCAD 2009的基本知识

AutoCAD 2009是AutoCAD系列软件之一，与AutoCAD先前的版本相比，它在性能和功能方面都有较大的增强，同时保证与低版本完全兼容。

§1-1　AutoCAD概述

一、AutoCAD软件概述

AutoCAD软件是美国Autodesk公司开发的产品，它将制图带入了个人计算机时代。CAD(Computer Aided Design)的含义是指计算机辅助设计，是计算机技术的一个重要的应用领域。AutoCAD是一款交互式绘图软件，是用于二维及三维设计、绘图的系统工具，用户可以用它来创建、浏览、管理、打印、输出、网络共享及富含信息的设计图形。

AutoCAD是目前世界上应用最广的CAD软件之一。AutoCAD软件具有如下特点：

(1)具有完善的图形绘制功能。

(2)具有强大的图形编辑功能。

(3)可以采用多种方式进行二次开发或用户定制。

(4)可以进行多种图形格式的转换，具有较强的数据交换能力。

(5)支持多种硬件设备。

(6)支持多种操作平台。

(7)具有通用性、易用性，适用于各类用户。

此外，从AutoCAD 2000开始，该系统又增添了许多强大的功能，如AutoCAD设计中心(ADC)、多文档设计环境(MDE)、Internet驱动、新的对象捕捉功能、增强的标注功能以及局部打开和局部加载的功能，从而使AutoCAD系统更加完善。

虽然AutoCAD本身的功能已经足以协助用户完成各种设计工作，但用户还可以AutoCAD为平台利用其二次开发功能开发出满足各自专业领域的专用绘图设计工具。这些领域中包括建筑、机械、测绘、地质、采矿、电子以及航空航天等。

二、AutoCAD软件的发展

自从1982年Autodesk公司首次推出AutoCAD软件以来，一直在不断地进行完善，陆续推出了多个版本。AutoCAD从1982年正式发布第一个版本(V 1.0)到现在的AutoCAD 2009(R 17.2)版，这20多年的发展可分为初级阶段、发展阶段、高级发展阶段、完善阶段和进一步完善阶段5个阶段，具体如表1-1所示。

表 1-1　AutoCAD 的发展历程

发展阶段	版本信息	发布日期	备　注
初级阶段	AutoCAD 1.0 版	1982 年 11 月	首次推出
	AutoCAD 1.2 版	1983 年 4 月	增加尺寸标注功能
	AutoCAD 1.3 版	1983 年 8 月	增加系统配置工具及对大型绘图机的支持
	AutoCAD 1.4 版	1983 年 10 月	增加 ARRAY 命令及模式/坐标状态行
	AutoCAD 2.0 版	1984 年 11 月	增加属性功能
发展阶段	AutoCAD 2.17 版	1985 年 5 月	增加原型图及三维功能
	AutoCAD 2.18 版	1985 年 11 月	增加 AutoLISP 语言
	AutoCAD 2.5 版	1986 年 6 月	增加上下文敏感帮助,允许输出图形到文件
	AutoCAD 2.6 版	1986 年 11 月	增加三维线、三维面对象
	AutoCAD 9.0 版	1987 年 9 月	改善用户界面,提供了下拉菜单、对话框,可以绘制样条曲线
高级发展阶段	AutoCAD 10.0 版	1988 年 10 月	增加三维绘图功能与句柄功能
	AutoCAD 11.0 版	1990 年 8 月	增加图纸空间、标注样式、扩展实体数据、实体造型功能,提供修复工具、ADS 二次开发工具、网络支持
	AutoCAD 12.0 版	1992 年 8 月	用户界面做了重大修改,增加夹点编辑功能、渲染功能
完善阶段	AutoCAD 13.0 版	1994 年 11 月	采用面向对象的程序设计方法,提供全新的尺寸标注命令、多行文本编辑器和 ARX 二次开发工具
	AutoCAD 14.0 版	1997 年 6 月	采用 HEIDI 图形子系统,改进多行文本编辑器,集成网络功能
	AutoCAD 2000 版	1999 年 1 月	提供多文档设计环境,设计中心、特性管理窗口等新功能,网络功能进一步加强
进一步完善阶段	AutoCAD 2002 版	2001 年 6 月	增加数据交换、团队合作、CAD 的功能得到增强
	AutoCAD 2004 版	2003 年 3 月	24 位真彩色应用、用户界面增强功能、打开和保存文件的速度、占用的磁盘空间有巨大改进等
	AutoCAD 2005 版	2004 年 3 月	增加表格制作功能、增加移植工具、增强的工具选项板、引入图纸集等功能
	AutoCAD 2006 版	2005 年 3 月	增加定义动态图块、动态输入等功能,用户界面更灵活
	AutoCAD 2007 版	2006 年 3 月	内置了 3D 编辑功能、引入面板功能
	AutoCAD 2008 版	2007 年 3 月	功能强大的注释缩放工具、标注新功能、表格新功能、增加面板内容、增加了图形状态栏等
	AutoCAD 2009 版	2008 年 3 月	增加了快速属性、动作录制、3D 导航立方体、菜单浏览器等功能
	AutoCAD 2010 版	2009 年 3 月	引入了全新功能,包括自由形式的设计工具,参数化绘图,并加强对 PDF 格式的支持
	AutoCAD 2011 版	2010 年 5 月	在 3D 功能、曲面造型、实体造型、3D 工具以及在 API 方面都进行了改进和提升
	AutoCAD 2012 版	2011 年 5 月	具有导入更多格式的外部数据、ucs 坐标可以进行更多的操作、界面更加个性化、命令行添加自动完成功能、夹点编辑增加更多的选项和菜单等特性
	AutoCAD 2013 版	2012 年 5 月	具有阵列增强功能、点云支持、图案填充编辑器、用户交互命令行增强等功能
	AutoCAD 2014 版	2013 年 5 月	具有文件格式与命令行增强、参数化绘图增强、增加文件选项卡、图层管理器与外部参照增强、点云与 Autodesk ReCap 功能等特性
	AutoCAD 2015 版	2014 年 5 月	在选项卡的更新、全新的主题界面、人性化的帮助、图形显示和绘图及编辑等方面进行了更新
	AutoCAD 2016 版	2015 年 5 月	具有增强的 PDF、智能标注、绝佳的视觉体验、协调模型和系统变量监视器等特性

三、AutoCAD 2009 的新特点

AutoCAD 2009 与前一版本比较有如下的新特点。

(一)快捷特性

快捷特性工具可就地查看和修改对象属性,而不用求助于属性面板。用户可以通过状态栏打开和关闭快捷特性。打开快捷特性后,只要选择一个对象,它的属性就会显示出来。使用“快捷特性”面板,用户可以为一个选定对象或一个选择集中的所有对象编辑特性。

(二)动作录制器

“动作录制器”可以录制下面这些动作:命令行、工具栏、Ribbon 面板、下拉菜单、属性窗口、层属性管理器和工具面板。

用户可以创建一个“动作”宏,录制一系列命令和输入值,然后回放该宏。使用动作录制器,用户可以轻松创建宏,此过程不需要任何编程经验。可以在动作宏中插入要在回放过程中显示的消息,还可以更改已录制的值以在回放过程中请求输入新值。

(三)3D 导航立方体

在 3D 中查看比以往更加容易。新的 CUBE 命令会显示非常直观的 3D 导航立方体。在这个交互的查看立方体上移动鼠标的时候,它会变成活动的。当用户在沿着立方体移动鼠标时,热点会亮显,点击一个热点来恢复相关的视图。用户可很容易地从 Home 标签上的“查看”面板上抓取“查看立方体”命令。

(四)菜单浏览器

AutoCAD 2009 用户界面包含一个位于左上角的菜单浏览器。菜单浏览器将所有可用的菜单命令都显示在一个位置,可方便地访问不同的项目包括命令和文档。菜单浏览器显示一个垂直的菜单项列表,它用来代替以往水平显示在 AutoCAD 窗口顶部的下拉菜单。可以选择一个菜单项来调用相应的命令。

(五)快速查看布局与图形

使用快速查看工具,用户可以通过二级结构的显示方式,预览打开的图形和某图形中的布局,并在其间进行切换。

单击状态栏上的“快速查看图形”按钮时,每个打开的图形均将显示为一个缩略图像。如果将光标悬停在图像上方,该图形的所有布局和模型选项卡将以一行显示。可以对缩略图像执行以下任一操作:

(1)单击某个图像以将该图形设置为当前图形。

(2)将光标悬停在某个布局的图像上方以放大该布局所在的行。

(3)单击某个布局的图像可将该布局设置为当前布局。

单击状态栏上的“快速查看布局”按钮时,当前图形中的模型空间和布局将显示为一行缩略图像。可以对缩略图像执行以下任一操作:

(1)单击某个布局的图像可将该布局设置为当前布局。

(2)单击该图像上的“发布”或“打印”图标以发布或打印布局。

(六)快速访问工具栏

快速访问工具栏显示于 AutoCAD 2009 窗口的顶部,位于菜单浏览器的旁边。缺省情况下它包含 6 个常用的工具:新建、打开、保存、打印、撤销和恢复。在快速访问工具栏上,可以存

储经常使用的命令。在快速访问工具栏上单击鼠标右键,然后单击“自定义快速访问工具栏”,将打开“自定义用户界面”对话框,并显示可用命令的列表,可将想要添加的命令从“自定义用户界面”对话框中的命令列表窗格拖动到快速访问工具栏。

(七)地理位置

地理位置可以将以实际坐标 x、y 和 z 表示的特定位置参考嵌入到图形中。然后,可以发送地理参考图形以供检查。例如,可以执行以下操作:

(1)将图形放置在地图上(使用 AutoCAD Map 3D)。

(2)在配景中查看设计(使用 AutoCAD)。

四、AutoCAD 2009 适用平台及兼容性

安装 AutoCAD 2009 时,将自动检测 Windows 操作系统是 32 位版本还是 64 位版本,安装适当的 AutoCAD 2009 版本。不能在 64 位版本的 Windows 上安装 32 位版本的 AutoCAD 2009。硬件和软件需求可参见下面的表 1-2 来配置用户的计算机。

表 1-2 硬件和软件需求

硬件软件	需 求	注 意
操作系统	32 位 Windows Vista Enterprise Windows Vista Business Windows Vista Ultimate Windows Vista Home Premium Windows XP Professional Service Pack 2 Windows XP Home Service Pack 2 64 位 Windows Vista Enterprise Windows Vista Business Windows Vista Ultimate Windows Vista Home Premium Windows XP Professional	建议在用户界面语言与 AutoCAD 语言的代码页匹配的操作系统上安装非英文版本的 AutoCAD,代码页为不同语言的字符集提供支持
We 浏览器	32 位 Internet Explorer 6.0 SP1 或更高版本 64 位 Internet Explorer 7.0 或更高版本	如果工作站上未安装具有 Service Pack 1(或更高版本)的 Microsoft Internet Explorer 6.0,则无法安装 AutoCAD
处理器	32 位 Intel® Pentium® 4 处理器或 AMD® Athlon, 2.2 GHz 或更高 Intel 或 AMD 双核处理器,1.6 GHz 或更高 64 位 AMD 64 或 Intel EM64T	
RAM	32 位 1 GB (Windows XP SP2) 2 GB 或更大 (Windows Vista) 64 位 2 GB	

续表

硬件软件	需　求	注　意
图形卡	1280×1024 32 位彩色视频显示适配器(真彩色)，具有 128 MB 或更大显存，且支持 OpenGL® 或 Direct3D® 的工作站级图形卡 对于 Windows Vista，需要具有 128 MB 或更大显存且支持 Direct3D 的工作站级图形卡以及 1024×768 VGA 真彩色(最低要求)	需要支持 Windows 的显示适配器 对于支持硬件加速的图形卡，必须安装 DirectX 9.0c 或更高版本 从 ACAD.msi 文件进行安装时，将不安装 DirectX 9.0c 或更高版本，在此情况下，要配置硬盘加速，需要手动安装 DirectX
硬盘	需要 750 MB 的安装空间 (Windows XP SP2) 除用于安装的空间之外，可用空间为 2 GB (Windows Vista)	

§1-2　AutoCAD 2009 的安装与启动

一、AutoCAD 2009 安装方法

(一)执行安装程序

将 AutoCAD 2009 光盘放入光驱后，将自动运行安装程序。用户也可在 Windows 系统的资源管理器中查找光盘中的“setup.exe”文件并运行该文件。运行后将显示“AutoCAD 2009 安装”对话框，并启动安装向导来引导用户进行下面的安装工作，如图 1-1 所示。

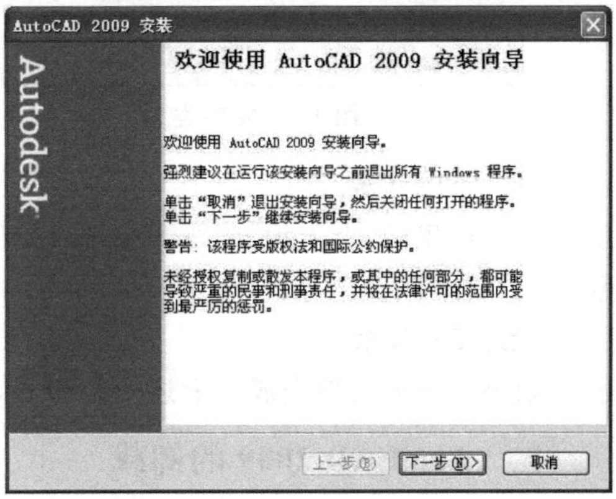

图 1-1　启动安装向导

(二)签署许可协议

单击“下一步”按钮后，将弹出“软件许可协议”对话框，如图 1-2 所示。用户应认真阅读该协议，如果接受该协议，选择“我接受”选项，单击“下一步”按钮后系统将继续安装。

(三)输入用户信息

用户接受协议后，安装向导将提示用户输入用户信息，如图 1-3 所示。

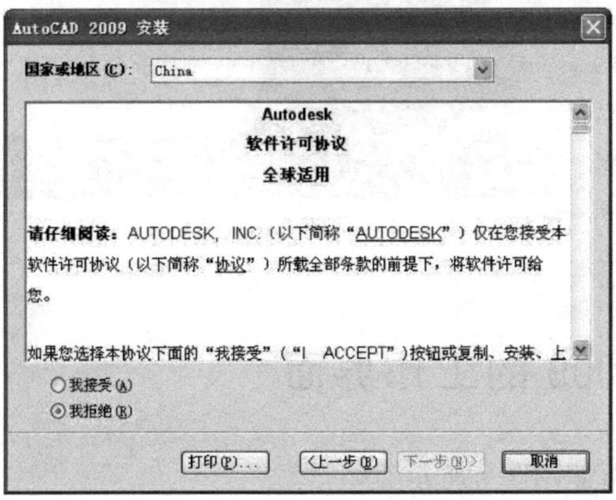

图 1-2　软件许可协议

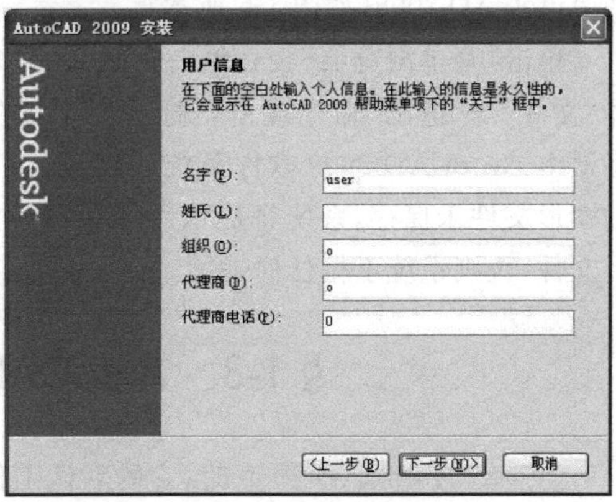

图 1-3　用户信息

(四)选择安装类型

安装程序提供了“典型”和“自定义”两种安装类型,如图 1-4 所示。

(五)指定安装目录

选择安装类型后用户需要指定用于安装 AutoCAD 2009 的目录,如图 1-5 所示。用户可单击“浏览”按钮来重新指定安装目录。用户在完成了安装的设置工作后,安装程序将提示用户是否开始安装工作。

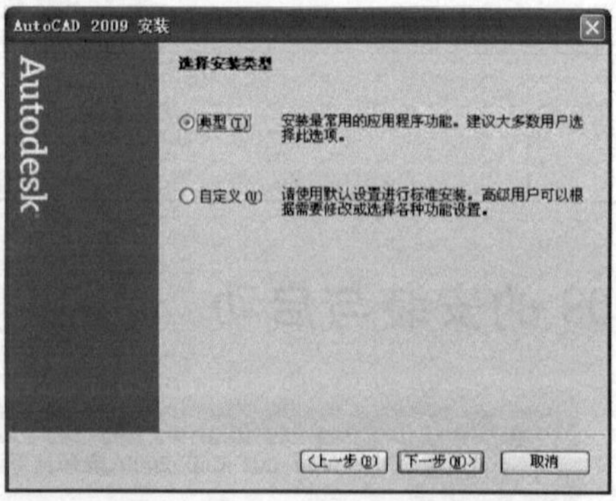

图 1-4　安装类型

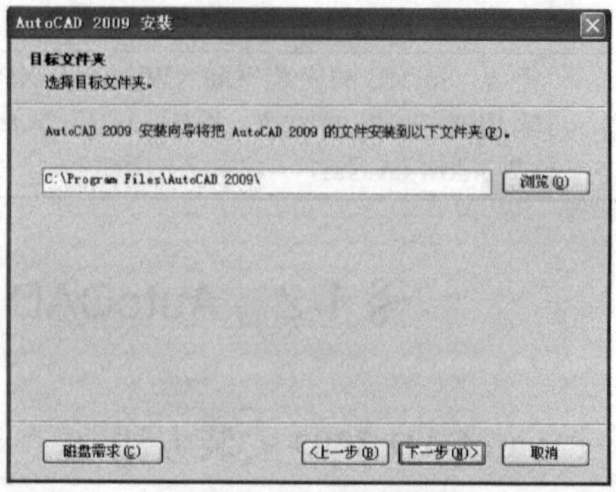

图 1-5　安装目录选择

(六)系统安装

用户可单击“下一步”按钮来确认开始安装,安装程序自动将 AutoCAD 2009 文件复制到用户的计算机中。

(七)结束安装

如果用户成功地完成了上述安装步骤,安装程序提示用户结束安装。

二、AutoCAD 2009 的卸载

启动 Windows 的“添加或删除程序”可卸载 AutoCAD 2009 软件。

三、AutoCAD 2009 启动与退出

双击桌面上的 AutoCAD 2009 快捷方式按钮或安装目录下的“acad. exe”可执行文件,即可启动 AutoCAD 2009(如图 1-6 所示)。

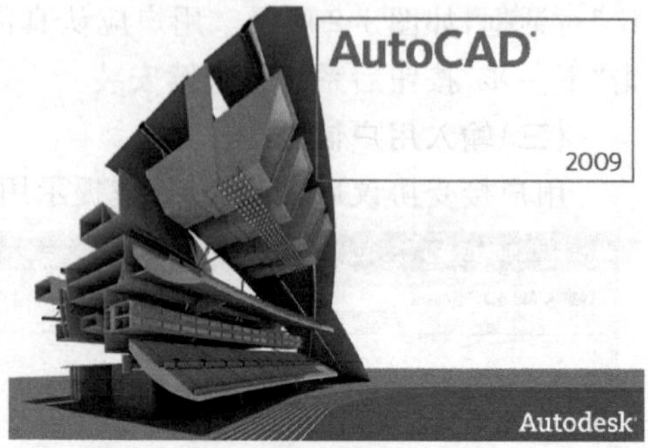

图 1-6　启动 AutoCAD 2009

单击“菜单浏览器”按钮,在弹出的菜单中选择“文件”→“退出”命令或单击标题栏上的按钮,将退出 AutoCAD 2009 软件系统,若当前正在编辑的图形文件未保存,系统将提示用户保存当前的图形文件,否则系统不做任何提示。

§1-3　AutoCAD 2009 的工作界面

当启动 AutoCAD 2009 时,它的默认工作界面如图 1-7 所示。

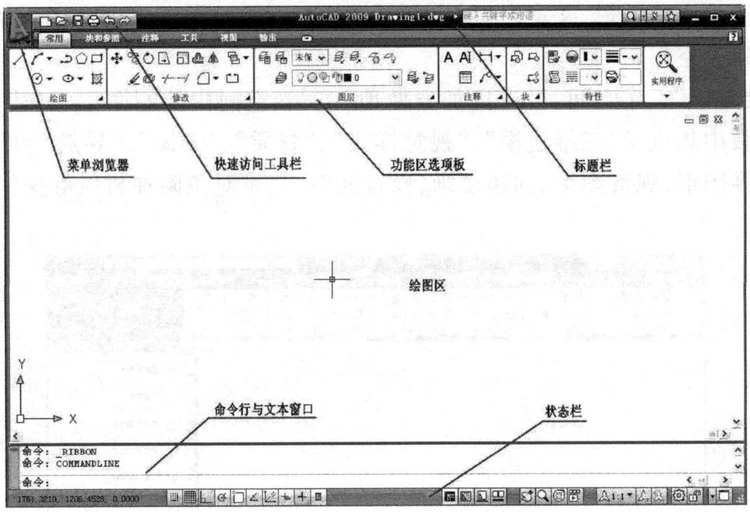

图 1-7　二维草图与注释空间

一、AutoCAD 2009 的工作空间

AutoCAD 2009 工作空间是由分组的菜单、工具栏、选项板和功能区控制面板组成的集合，使用户可以在专门的、面向任务的绘图环境中高效率地工作。

AutoCAD 2009 提供了“二维草图与注释”、“三维建模”和“AutoCAD 经典”三种工作空间模式。

(一)工作空间的选择

如果用户需要在三种工作空间模式中进行切换，只需单击“菜单浏览器”按钮，在弹出的菜单中选择“工具”→“工作空间”菜单中的子命令，如图 1-8 所示。或在状态栏中单击“切换工作空间”按钮，在弹出如图 1-9 所示的菜单中选择相应的选项即可。

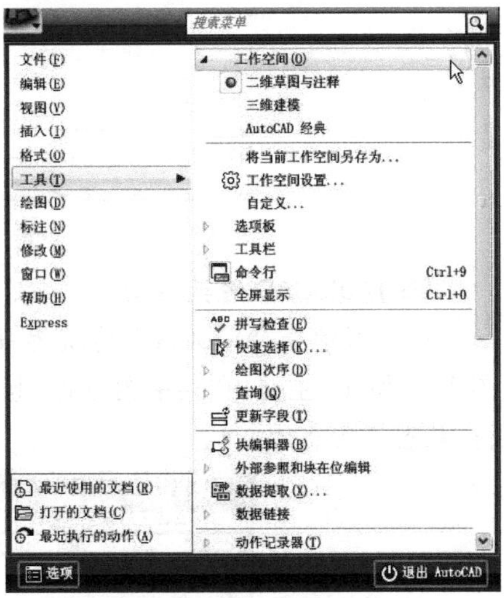

图 1-8　选择工作空间

在弹出的菜单中选择“工作空间设置”选项，将打开“工作空间设置”对话框，可以设置三种工作模式在菜单中是否显示及显示顺序，如图 1-10 所示。

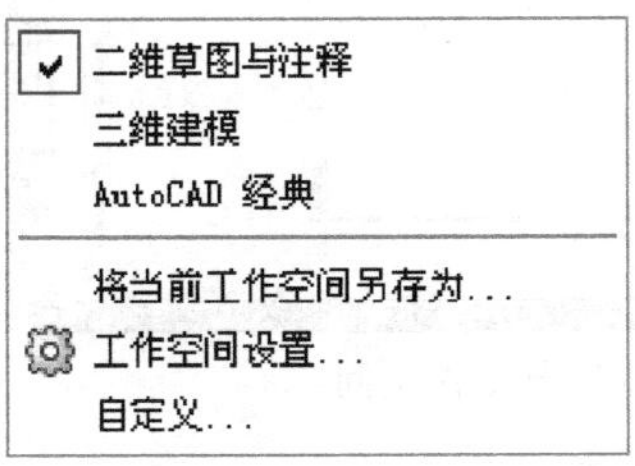

图 1-9　“切换工作空间”菜单

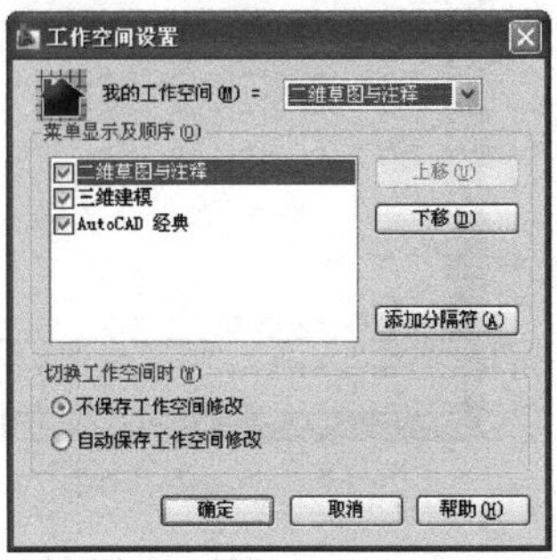

图 1-10　“工作空间设置”对话框

(二)二维草图与注释空间

默认状态下，打开“二维草图与注释”工作空间，其界面主要由“菜单浏览器”按钮、“功能

区”选项板、快速访问工具栏、文本窗口与命令行、状态栏等元素组成，如图 1-7 所示。

(三)三维建模空间

使用“三维建模”工作空间，可以更加方便地在三维空间中绘制图形。如图 1-11 所示，在“功能区”选项板中集成了“三维建模”、“视觉样式”、“材质”、“光源”、“导航”和“渲染”等面板，从而为绘制三维图形、观察图形、创建动画、设置光源、三维对象附加材质等操作提供了非常方便的工作环境。

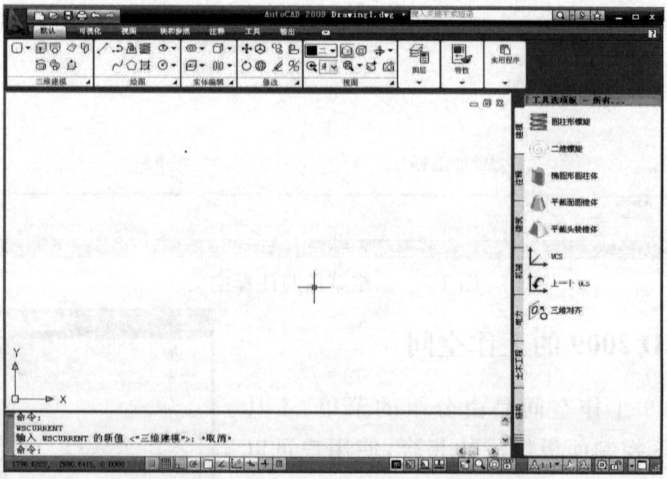

图 1-11 “三维建模”工作空间

(四)AutoCAD 经典空间

对于习惯于 AutoCAD 传统界面的用户来说，可以使用“AutoCAD 经典”工作空间，如图 1-12 所示，主要由“菜单浏览器”按钮，快捷访问工具栏、菜单栏、工具栏、文本窗口与命令行、状态栏等组成。

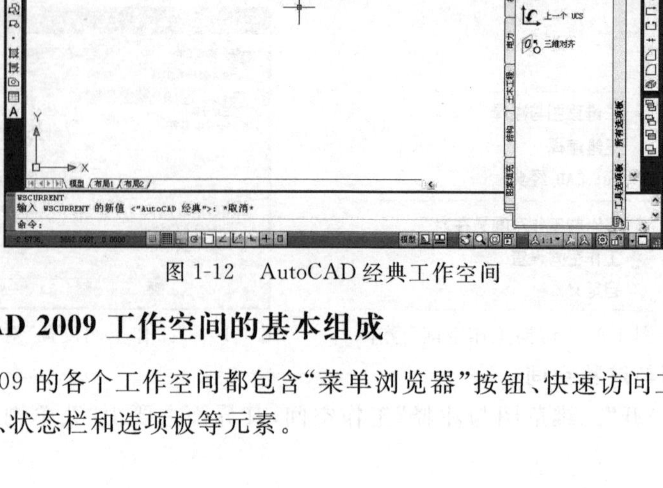

图 1-12 AutoCAD 经典工作空间

二、AutoCAD 2009 工作空间的基本组成

AutoCAD 2009 的各个工作空间都包含“菜单浏览器”按钮、快速访问工具栏、标题栏、绘图窗口、文本窗口、状态栏和选项板等元素。

(一)“菜单浏览器”按钮

“菜单浏览器”按钮位于工作界面左上角，是 AutoCAD 2009 新增的功能按钮。单击该按钮，弹出 AutoCAD 2009 菜单，如图 1-8 所示，该菜单包含了 AutoCAD 2009 的全部功能和命令，用户选择命令后即可执行相应操作。

(二)快速访问工具栏

快速访问工具栏包含最常用操作的快捷按钮，方便用户使用。该工具栏可以自定义包含由工作空间定义的命令集。在默认状态下，快速访问工具栏中包含新建、打开、保存、打印、放弃和重做六个快捷按钮，如图 1-13 所示。

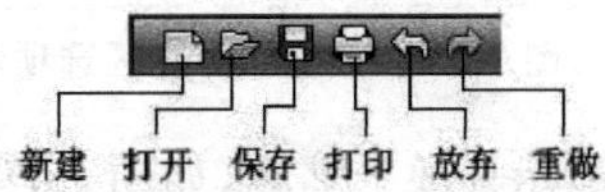

图 1-13　快速访问工具栏

用户需要在快速访问工具中栏添加、删除和重新定义命令按钮时，可将鼠标指向快速访问工具栏单击右键，在弹出的快捷菜单中选择“自定义快速访问工具栏…”项，在弹出的“自定义用户界面”对话框中进行设置。

(三)标题栏

AutoCAD 2009 的标题栏位于工作界面的顶端，用于显示当前正在运行的程序名称及打开文件名称、需要搜索帮助问题的文本输入框和“搜索”按钮、“通讯中心”按钮、“收藏夹”按钮、“最小化”、“最大化”(或还原)和“关闭”按钮，如图 1-14 所示。

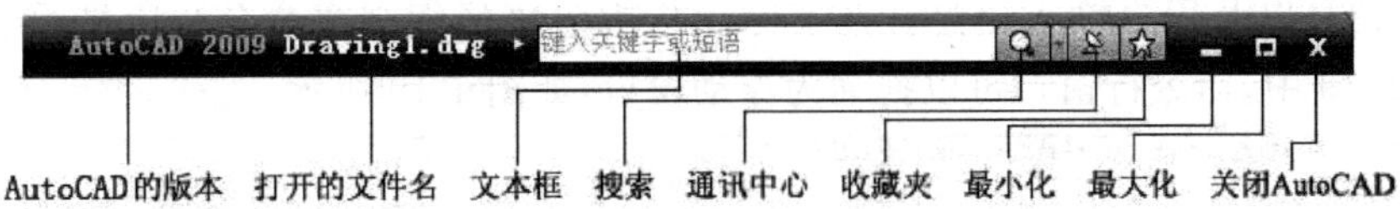

图 1-14　标题栏

(四)绘图窗口

绘图窗口是用户绘图的工作区域，它相当于桌面上的图纸，所有的操作都反映在该窗口内。用户可以根据需要关闭其周围的各个工具栏，以增大绘图空间。如果图纸较大的话，可以通过单击窗口右边与下边滚动条上的箭头按钮，或拖动滚动条滑块来移动图纸，从而显示图纸的各个部分。

在绘图窗口中显示当前使用的坐标系类型以及坐标原点 x、y、z 轴的方向等。默认情况下，坐标系为世界坐标系(WCS)。

(五)“功能区”选项板

“功能区”选项板位于绘图窗口的上方，用于显示与基本任务的工作空间关联的控件和按钮。默认情况下，在“二维草图和注释”空间中，“功能区”选项板有六个选项卡：常用、块和参照、注释、工具、视图、输出，如图 1-15 所示。

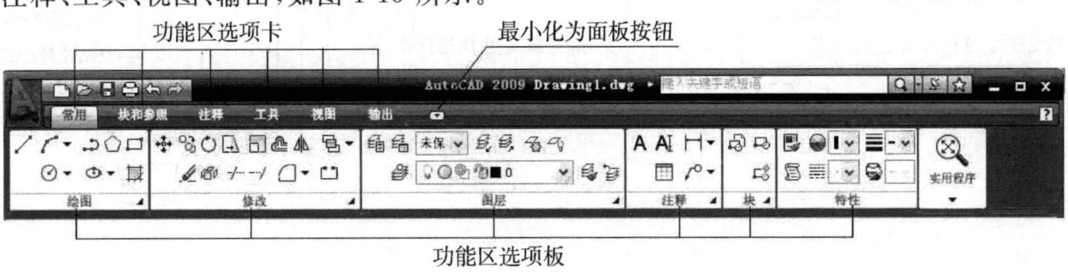

图 1-15　功能区选项板

图 1-16 “图层”功能区选项板

各个面板中,如果某个按钮后带有下三角按钮,表示该按钮下面包含有其他相关的按钮。如果某个面板中没有足够的空间显示所有的工具按钮,单击右下角的三角形按钮◢,即可展开折叠区域,显示其他相关的命令按钮,如图 1-16 所示为单击“图层”面板右下角的三角形按钮后效果。

如果在选项卡后面单击“最小化为面板”按钮,选项板区域将只显示面板标题,如图 1-17 所示。若再次单击该按钮,将只显示选项卡名称,如图 1-18 所示。这时再单击该按钮,将恢复默认样式。

图 1-17 最小化为面板显示标题一

图 1-18 最小化为面板显示标题二

(六)命令行与文本窗口

命令行窗口位于绘图窗口的底部,它是 AutoCAD 2009 与用户进行交互对话的地方,用于显示系统的信息以及用户输入信息。在实际操作中应该仔细观察命令行所显示的提示。在 AutoCAD 2009 中,命令行窗口可以拖动为浮动窗口,如图 1-19 所示。

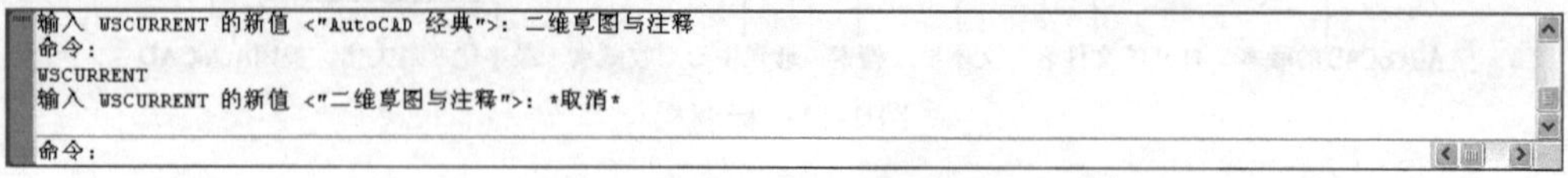

图 1-19 AutoCAD 2009 的命令行窗口

在 AutoCAD 2009 中,单击“菜单浏览器”按钮,在弹出的菜单中选择“视图”→“显示”→“文本窗口”命令,在命令行中执行 TEXTSCR 命令或按 F2 键来打开 AutoCAD 2009 的文本窗口。

(七)状态栏

状态栏位于 AutoCAD 主窗口的底部,用于显示当前绘图环境、光标位置、绘图工具、模型空间与布局、导航工具、注释工具、工作空间转换等命令和功能按钮的帮助说明信息,如图 1-20 所示。

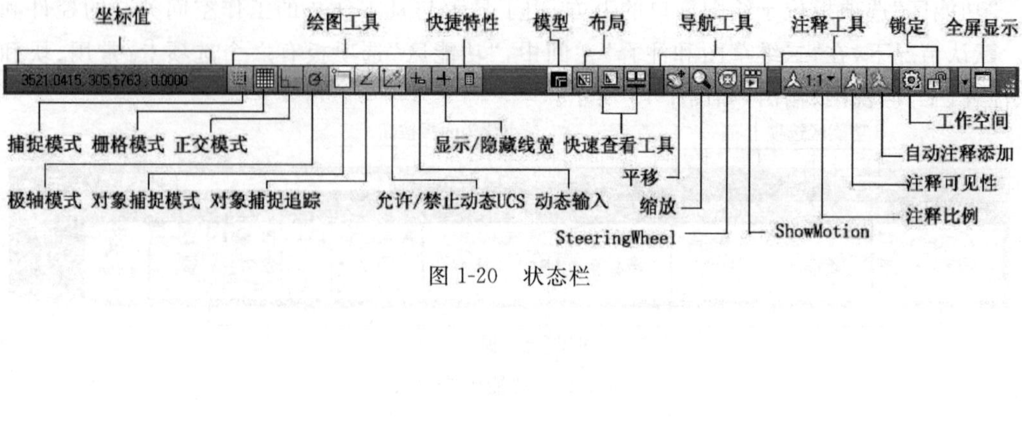

图 1-20 状态栏

复 习 题

1. AutoCAD 2009 有哪些主要功能和特性，测绘工程专业的人员应重点掌握哪些主要功能？

2. AutoCAD 2009 程序的启动方式有哪几种？

3. AutoCAD 2009 提供了哪几种工作空间模式，如何在这几种模式下进行切换？

4. AutoCAD 2009 打开时默认是哪个工作空间？界面包含哪些工具栏和窗口？

5. 在 AutoCAD 2009 绘图环境中，如何打开或关闭某些工具栏，并调整工具栏在工作界面的位置？

6. 什么是 AutoCAD 2009 文本窗口，如何打开 AutoCAD 2009 文本窗口？

7. AutoCAD 2009 工作界面由哪几部分组成？

8. AutoCAD 软件系统经历了哪些发展阶段？

第2章　AutoCAD 2009绘图环境设置

§2-1　绘图环境设置

一、设置图形界限

在AutoCAD 2009中，可以单击“菜单浏览器”按钮，在弹出的菜单中选择“格式”→“图形界限”命令或在命令行直接输入“Limits”命令来设置图形界限。

在世界坐标系中，界限由一对二维点确定，即左下角点和右上角点。当执行图形界限(Limits)命令时，在命令提示行将显示如下提示信息：

◇ 指定左下角点或[开(ON)/关(OFF)]〈0.0000，0.0000〉：

选择“开(ON)/关(OFF)”选项可以决定能否在图限之外指定一点。如果选择“开(ON)”选项，将打开界限检查，用户将无法输入图限之外的点，也不能使用“移动”或“复制”命令将图形移动到图限之外，但某些对象(例如圆)的一部分可能在界限之外；如果选择“关(OFF)”选项时，AutoCAD禁止界限检查，可以在图限之外绘制对象或指定点。

二、设置图形单位

在AutoCAD 2009中，可以单击“菜单浏览器”按钮，在弹出的菜单中选择“格式”→“单位”命令或在命令行直接输入“UNITS”命令，在打开的“图形单位”对话框中设置绘图时使用的长度单位、角度单位，以及单位的显示格式和精度等参数，如图2-1所示。

用“长度”选项组和“角度”选项组可分别对长度、角度的单位和精度进行设置。

(1)类型下拉列表：用于设置长度和角度单位。

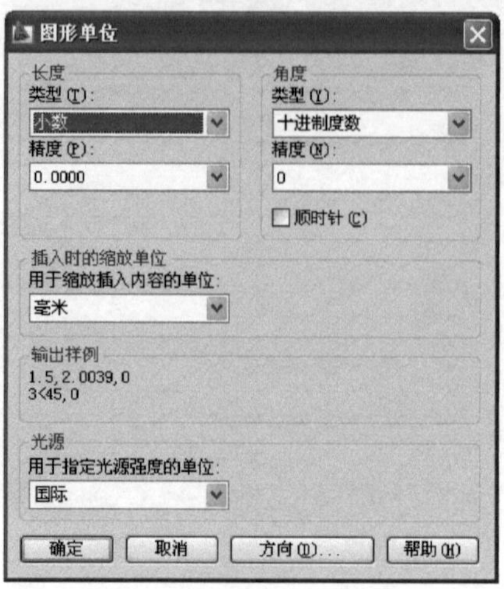

图2-1　图形单位设置

(2)精度下拉列表：用于设置长度和角度精度。

在长度单位设置的类型下拉列表框中有五个选项供用户选择。

①分数：是以分数形式表示数值，显示格式为0－0/0。

②工程：以工程格式表示数值，例如以0′－0.0000″显示的英尺和十进制英寸。

③建筑：表示建筑业格式，例如以0′－1/16″格式显示英尺和分数的英寸。

④科学：表示科学计数法，显示格式为0.0000E＋01。

⑤小数：表示十进制计数，显示格式如0.0000。

在角度单位设置的类型下拉列表框中也有多个选项供用户使用。

①十进制度数(默认角度单位)。

②度/分/秒:按 60 进制划分。

③弧度:180° 相当于 π,即 3.14 个弧度。

④勘测单位:角度从北方向线开始测量。

(3)“方向”按钮:点击该按钮可以打开“方向控制”对话框设置起始角度(0°角)的方向,如图 2-2 所示。默认情况下,角度和 0° 方向是指向右(即正东方)的方向。

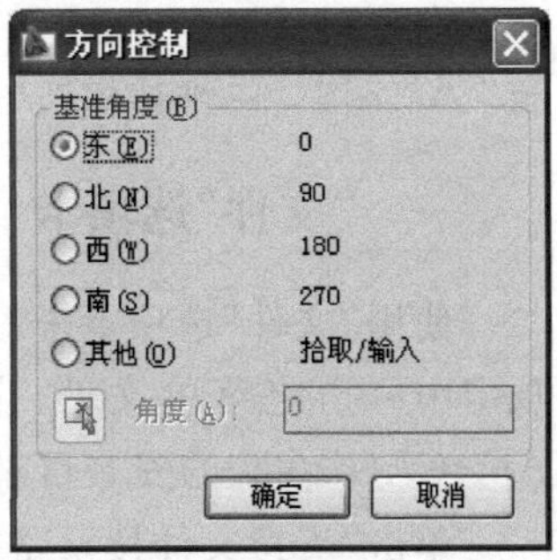

图 2-2　“方向控制”对话框

在“方向控制”对话框中,当选中“其他”单选按钮时,可以单击“拾取角度”按钮,切换到图形窗口中,通过拾取两个点确定基准角度的 0°方向。

三、工作空间设置

在 AutoCAD 2009 中,可以单击“菜单浏览器”按钮,在弹出的菜单中选择“工具”→“工作空间”或在状态栏中单击“切换工作空间”按钮,来设置用户使用的工作空间。如图 1-8 和图 1-9 所示。

§2-2　工作环境配置

在 AutoCAD 2009 中,可以单击“菜单浏览器”按钮,在弹出的菜单中选择“工具”→“选项”来配置绘图的工作环境。

命令启动后将打开“选项”对话框,如图 2-3 所示。

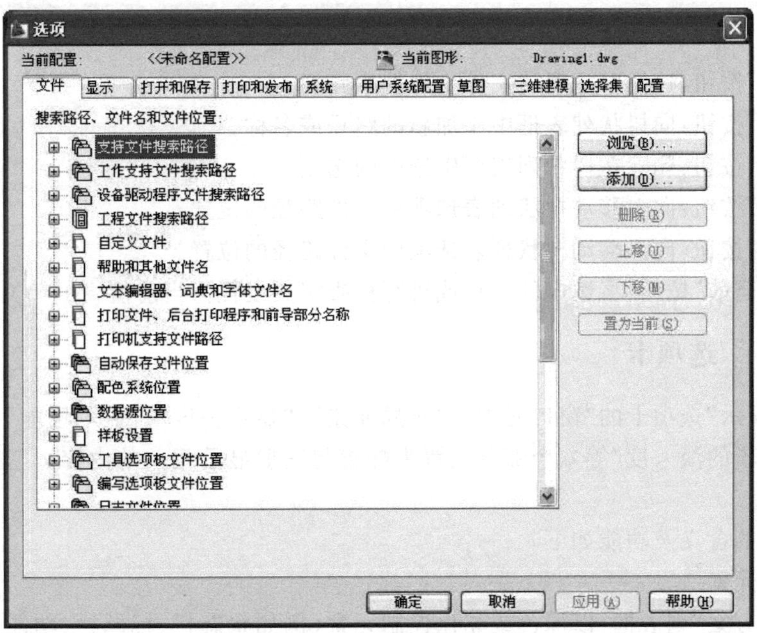

图 2-3　“选项”对话框

在该对话框中包含“文件”、“显示”、“打开和保存”、“打印和发布”、“系统”、“用户系统配置”、“草图”、“三维建模”、“选择集”和“配置”10 个选项卡。可对这些选项卡进行相关的设置。

一、“文件”选项卡

使用“文件”选项卡来对 AutoCAD 2009 软件系统所需文件的路径进行设置。在“文件”选项卡中可指定菜单文件、字体文件、线型和填充图案等的存放位置。系统的默认目录是 AutoCAD 2009 的安装目录,用户可通过对“文件”选项卡的配置重新指定存放位置。

单击“支持文件搜索路径”选项后,将弹出如图 2-4 所示树状列表。

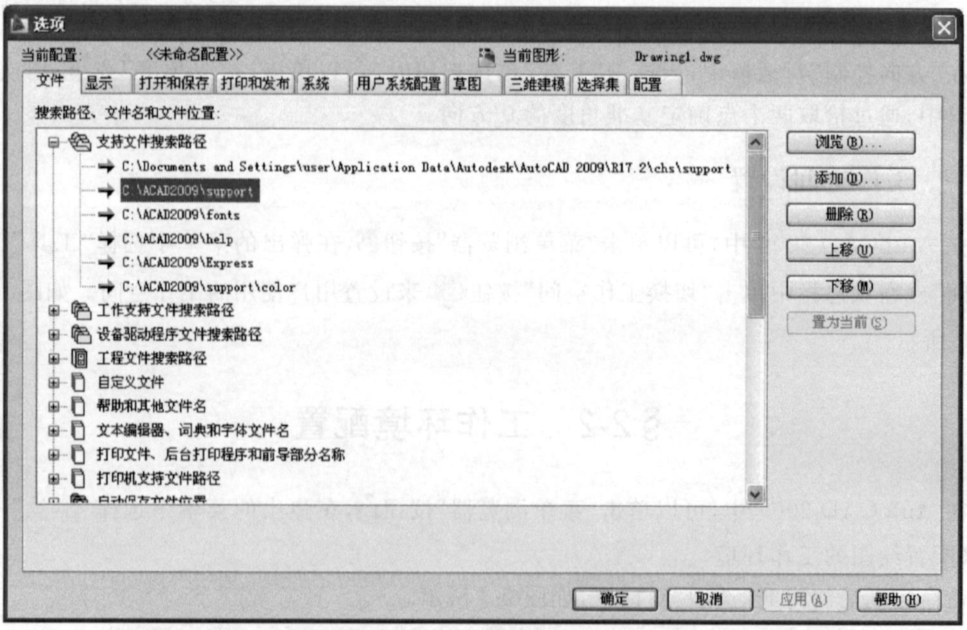

图 2-4 “文件”选项卡

(1)“浏览”按钮,选择要配置的文件支持搜索路径。

(2)“添加”按钮:向树状列表框中添加新的路径或名称。

(3)“删除”按钮:删除在树状列表框中选中的选项。

(4)“上移”按钮:向上移动树状列表选项中文件路径的位置。

(5)“下移”按钮:向下移动树状列表选项中文件路径的位置。

(6)“置为当前”按钮:将选定的工程或拼写检查字典设置为当前值。

二、“显示”选项卡

通过对“显示”选项卡的“窗口元素”、“布局元素”、“显示精度”、“显示性能”、“十字光标大小”和“参照编辑的淡入度”等六个部分设置来配置与图形显示相关的内容。“显示”选项卡如图 2-5 所示。

各个部分的含义及功能如下。

(一)窗口元素

(1)“配色方案”列表框:以深色或亮色控制元素(例如状态栏、标题栏、功能区栏和菜单浏览器边框)的颜色设置。

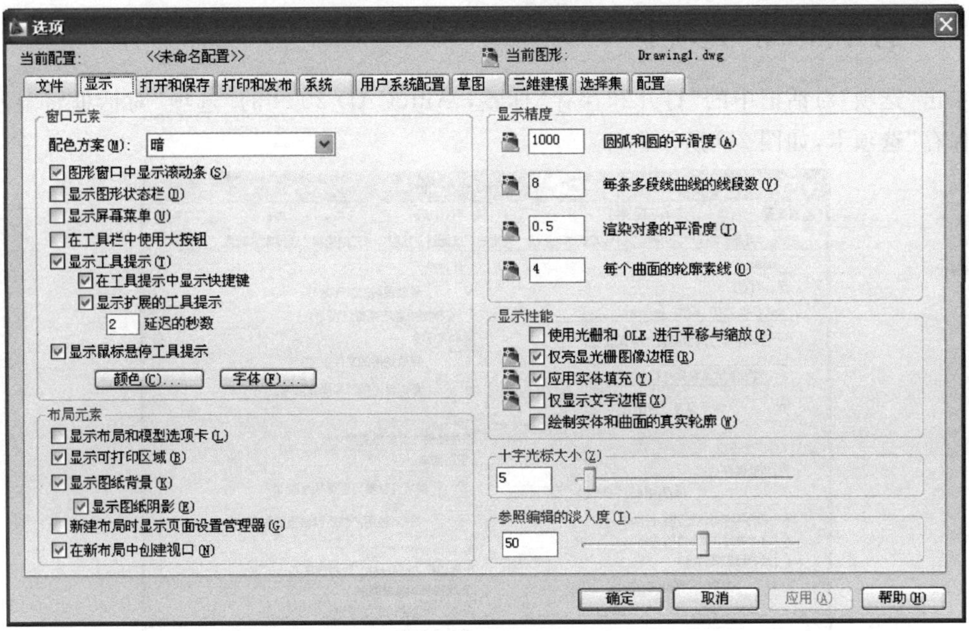

图 2-5　“显示”选项卡

(2)“图形窗口中显示滚动条”复选框：指定是否在绘图区域底部和右侧显示滚动条。

(3)“显示图形状态栏”复选框：显示“绘图”状态栏，此状态栏将显示用于缩放注释的若干工具。图形状态栏处于打开状态时，将显示在绘图区域的底部，图形状态栏处于关闭状态时，显示在图形状态栏中的工具将移到应用程序状态栏。

(4)“显示屏幕菜单”复选框：用于指定是否在屏幕的右侧显示屏幕菜单。

(5)“在工具栏中使用大按钮”复选框：以 32×30 像素的显示尺寸显示图标，默认显示尺寸为 15×16 像素。

(6)“显示工具提示”复选框：当光标移动到工具栏的按钮上时，显示工具栏提示。

(7)“在工具提示中显示快捷键”复选框：当光标移动到工具栏的按钮上时，显示快捷键。

(8)“颜色”按钮：用来对“模型”选项卡与“布局”选项卡中背景、光标和命令行的颜色进行设置。

(9)“字体”按钮：此按钮可打开“命令行窗口字体”对话框，用它来设置命令行文字的字体。

(二)布局元素

设置在绘图区域底部是否显示“布局”和“模型”选项卡等。

(三)显示精度

设置对象的显示精度。

(四)显示性能

指定 AutoCAD 2009 性能的显示设置。

(五)十字光标大小

设置光标的大小。

(六)参照编辑的淡入度

设置参考编辑的衰减度，一般不需要调整，保持默认值即可。

三、"打开和保存"选项卡

单击"选项"对话框中的"打开和保存"标签，AutoCAD 2009 的"选项"对话框将显示"打开和保存"选项卡，如图 2-6 所示。

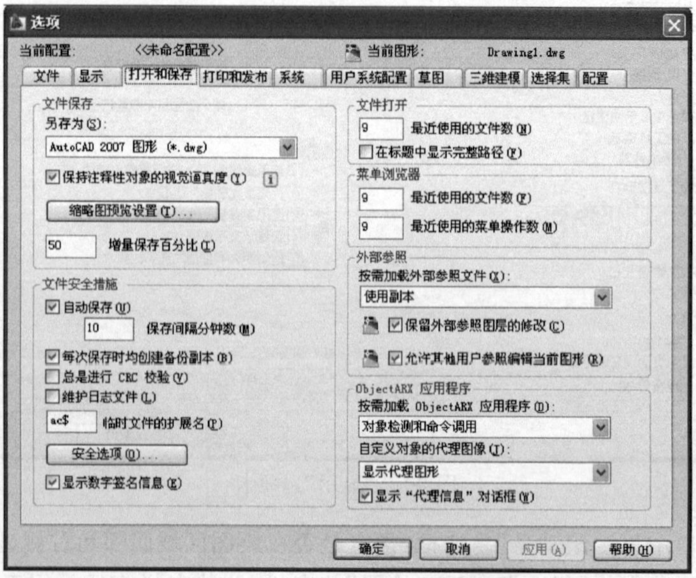

图 2-6 "打开和保存"选项卡

(一)"文件保存"选项组

(1)"另存为"列表框:用于指定 AutoCAD 2009 保存文件的默认格式。

(2)"缩略图预览设置"按钮:设置是否打开文件之前浏览文件的缩略图像。

(3)"增量保存百分比"文本框:设置保存图形时增加的空间百分数,即设定保存图形文件可能浪费的百分数。

(二)"文件安全措施"选项组

(1)"自动保存"复选框:设置系统自动保存文件。

(2)"保存间隔分钟数"文本框:设置文件自动保存的时间间隔数。时间间隔调整要适当,否则,遇突然断电或突发事件,损失较为严重。

(3)"每次保存时均创建备份副本"复选框:设置每次保存文件时都创建备份文件。

(4)其他选项一般都按默认值进行设置。

(三)"文件打开"选项组

(1)"最近使用的文件数"文本框:设置快速浏览最近打开的文件的数目。

(2)"在标题中显示完整路径"复选框:设置在标题栏中是否显示出文件的完整路径。

(四)"外部参照"选项组和"ObjectARX 应用程序"选项组

这两组中各项一般按默认值进行设置。

四、"打印和发布"选项卡

单击"选项"对话框中的"打印和发布"标签,AutoCAD 2009 的"选项"对话框将显示"打印和发布"选项卡,如图 2-7 所示。

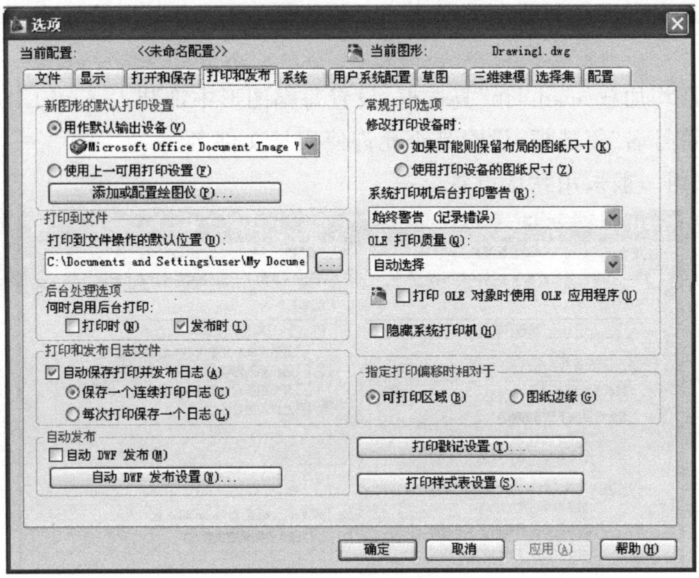

图 2-7　“打印和发布”选项卡

(一)新图形默认打印设置

(1)“用作默认输出设备”单选按钮:设置新绘图形的默认输出设置。

(2)“使用上一可用打印设置”单选按钮:设置是否使用最近效果良好的输出设置。

(3)“添加或配置绘图仪”按钮:单击该按钮,可通过“Plotters”对话框添加或者配置打印机。

(二)常规打印选项

(1)“如果可能则保留布局的图纸尺寸”单选按钮:设置尽可能保持图纸版面的大小。

(2)“使用打印设备的图纸尺寸”单选按钮:设置是否使用设置好的设备图纸尺寸。

(3)“系统打印机后台打印警告”文本框:设置系统打印机脱机警告方式。

(4)“OLE 打印质量”文本框:设置自动。

(5)“打印 OLE 对象时使用 OLE 应用程序”复选框:设置输出 OLE 对象时,是否使用 OLE 应用程序。

(6)其他选项组一般采用默认设置。

五、“系统”选项卡

单击“选项”对话框中的“系统”标签,AutoCAD 2009 的选项对话框将显示如图 2-8 所示的“系统”选项卡。

使用“系统”选项卡,可对整个 AutoCAD 2009 软件的系统环境进行设置。其中部分选项意义如下:

(1)“性能设置”按钮:控制三维显示性能。

(2)“当前系统定点设备”下拉列表:设置当前的输入设备。

(3)“在图形文件中保存链接索引”复选框:设置是否在绘图文件中保存链接索引。

(4)“以只读模式打开表格”复选框:设置是否以只读方式打开数据库表。

(5)“显示‘OLE 文字’大小”对话框复选框:设置是否显示 OLE 特性对话框。

(6)“用户输入内容出错时进行声音提示”复选框:设置当用户输入有误时是否发出报错警告。

(7)“每个图形均加载 acad.lsp”复选框:设置每幅图形中都装入 AutoLISP 文件。

(8)“允许长符号名”复选框:设置是否允许使用长文件名。

(9)其他选项组一般采用默认设置。

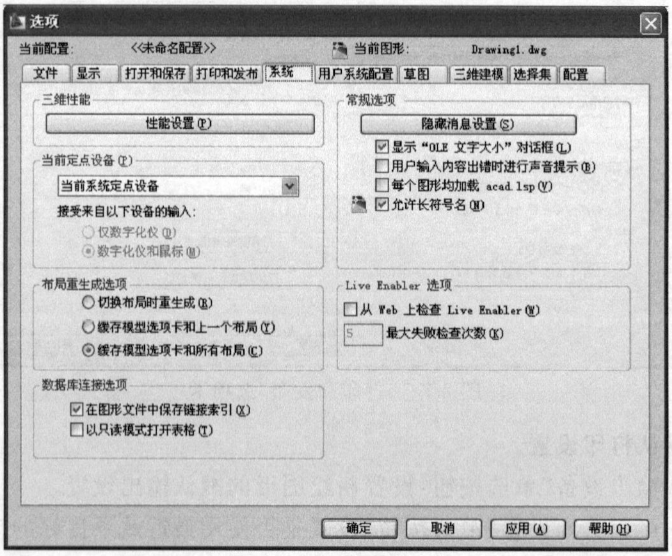

图 2-8 “系统”选项卡

六、“用户系统配置”选项卡

单击“选项”对话框中的“用户系统配置”标签,AutoCAD 2009 的“选项”对话框将显示如图 2-9 所示的“用户系统配置”选项卡。

在该选项卡中用户可设置是否使用快捷菜单和对象的排序方式,其他的一般采用默认设置。

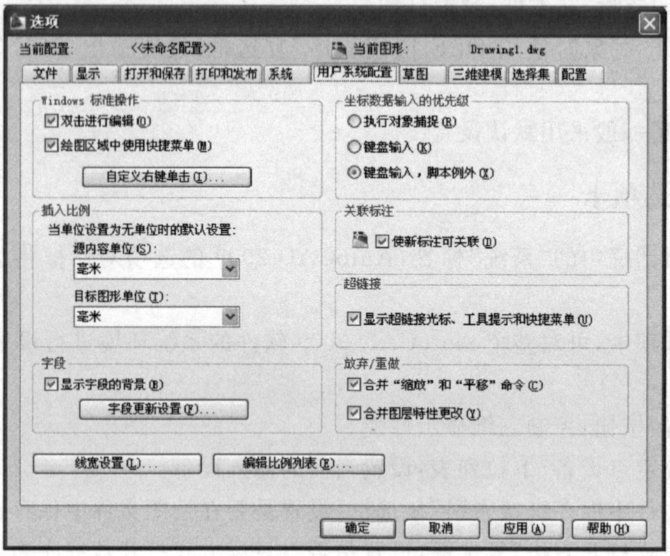

图 2-9 “用户系统配置”选项卡

七、“草图”选项卡

单击“选项”对话框中的“草图”标签，AutoCAD 2009 的“选项”对话框将显示如图 2-10 所示的“草图”选项卡。

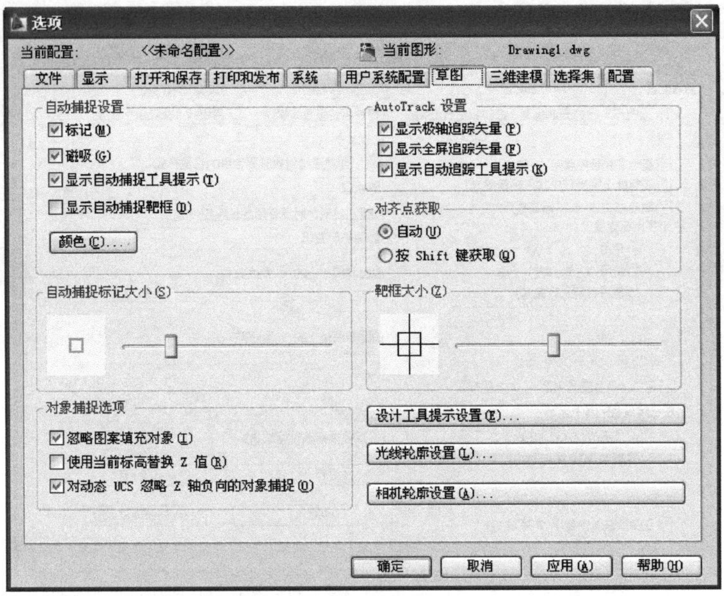

图 2-10　“草图”选项卡

“草图”选项卡可对需要的 AutoCAD 2009 工具进行设置，包括“自动捕捉设置”、“自动捕捉标记大小”、“对象捕捉选项”、“AutoTrack(自动追踪)设置”、“对齐点获取”和“靶框大小”六个部分。

(一)“自动捕捉设置”选项组

(1)“标记”复选框：设置是否使用标记。

(2)“磁吸”复选框：设置是否使用吸附功能。

(3)“显示自动捕捉工具提示”复选框：设置是否显示自动捕捉工具提示。

(4)“显示自动捕捉靶框”复选框：设置是否自动显示自动捕捉框。

(5)“颜色”按钮：设置自动捕捉标记的颜色。

(二)“自动捕捉标记大小”与“靶框大小”选项框

拖动滑块可以设置自动捕捉标记的大小，同样“靶框大小”选项框中拖动滑块可以设置靶框的大小。

(三)“AutoTrack(自动追踪)设置”选项组

(1)“显示极轴追踪矢量”复选框：设置是否显示角度跟踪功能。

(2)“显示全屏追踪矢量”复选框：设置是否全屏显示追踪过程。

(3)“显示自动追踪工具提示”复选框：设置是否显示自动跟踪工具提示说明。

(四)“对齐点获取”选项组

(1)“自动”单选按钮：当靶框移至捕捉对象上时，自动显示追踪矢量。

(2)“按 Shift 键获取”单选按钮：当按 Shift 键将靶框移到对象捕捉上时，将显示追踪矢量。

(3)其他选项组一般采用默认设置。

八、"三维建模"选项卡

单击"选项"对话框中的"三维建模"标签,AutoCAD 2009 的"选项"对话框将显示如图 2-11 所示的"三维建模"选项卡。

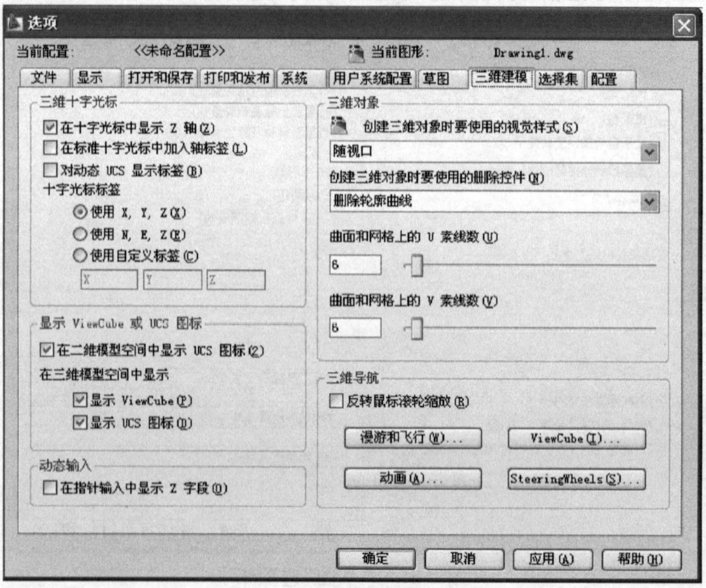

图 2-11　"三维建模"选项卡

在"三维建模"选项卡中包括"三维十字光标"、"显示 ViewCube 或 UCS 图标"、"动态输入"、"三维对象"和"三维导航"五个部分。部分选项含义如下。

(一)"三维十字光标"选项组

(1)"在十字光标中显示 *Z* 轴"复选框:控制十字光标指针是否显示 *Z* 轴。

(2)"在标准十字光标中加入轴标签"复选框:控制轴标签是否与十字光标指针一起显示。

(3)"对动态 UCS 显示标签"复选框:设置在动态 UCS 的十字光标指针上显示轴标签。

(4)"十字光标标签"选项组:选择要与十字光标指针一起显示的标签,包括"使用 *X*,*Y*,*Z*"、"使用 *N*,*E*,*Z*"和"使用自定义标签"三个单选按钮。

(二)"显示 ViewCube 或 UCS 图标"选项组

(1)"在二维模型空间中显示 UCS 图标"复选框:设置当前视觉样式为"二维线框"时,在模型空间中显示 UCS 图标。

(2)"在三维模型空间中显示"选项:控制将当前视觉样式设置为"三维隐藏"、"三维线框"、"概念"或"真实"时,ViewCube 和 UCS 图标在模型空间中的显示:①"显示 ViewCube"复选框:在启用了 ViewCube 的视口中显示 ViewCube;②"显示 UCS 图标"复选框:在启用了 UCS 图标的视口中显示 UCS 图标。

九、"选择集"选项卡

单击"选项"对话框中的"选择集"标签,AutoCAD 2009 的"选项"对话框将显示如图 2-12 所示的"选择集"选项卡。

“选择集”选项卡中包括“拾取框大小”、“选择集预览”、“选择集模式”、“夹点大小”和“夹点”五个部分。部分设置含义如下。

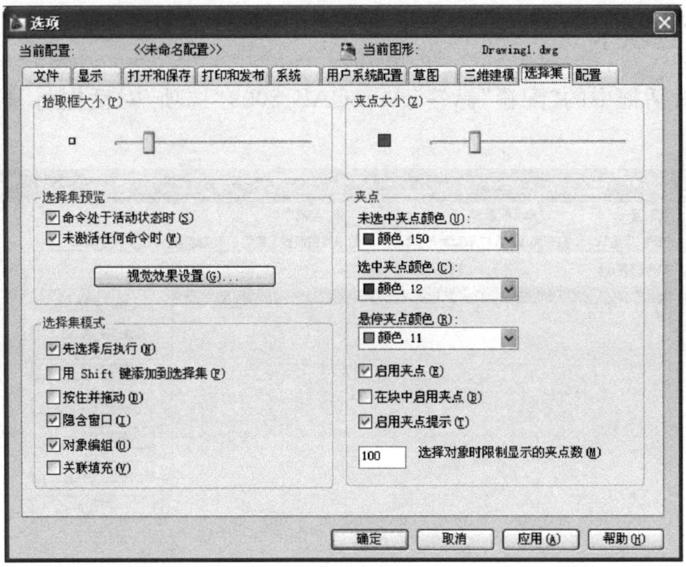

图 2-12　“选择集”选项卡

(一)拾取框大小

此选项控制拾取框的显示尺寸。拾取框是在编辑命令中出现的对象选择工具,通过调节滑块可以改变拾取框的大小。

(二)选择集预览

当拾取框光标滚动过对象时,亮显对象。

(1)“命令处于活动状态时”复选框:仅当某个命令处于活动状态并显示“选择对象”提示时,才会显示选择预览。

(2)“未激活任何命令时”复选框:即使未激活任何命令,也可显示选择预览。

(3)“视觉效果设置”按钮:显示“视觉效果设置”对话框设置视觉效果。

(三)“选择集模式”选项组

(1)“先选择后执行”复选框:设置是否使用动态选择。

(2)“用 Shift 键添加到选择集”复选框:设置是否使用 Shift 添加对象。

(3)“按住并拖动”复选框:设置是否拖动对象。

(4)“隐含窗口”复选框:设置是否使用不同含义的选择窗口。

(5)“对象编组”复选框:设置是否可以进行对象分组。

(6)“关联填充”复选框:确定选择关联填充时将选定哪些对象。

(四)“夹点大小”滑块

控制夹点的显示尺寸,通过调节滑块可以改变拾取框的大小。

(五)“夹点”选项组

(1)“启用夹点”复选框:设置是否打开夹点功能。

(2)“在块中启用夹点”复选框:设置块中的夹点功能是否打开。

(3)“启用夹点提示”复选框:设置是否显示夹点的特定提示功能。

(4)“未选中夹点颜色”下拉列表框:设置未选择区域夹点的颜色。

(5)“选中夹点颜色”下拉列表框:设置选中夹点颜色。

十、“配置”选项卡

单击“选项”对话框中的“配置”标签,AutoCAD 2009“选项”对话框将显示如图 2-13 所示的“配置”选项卡。

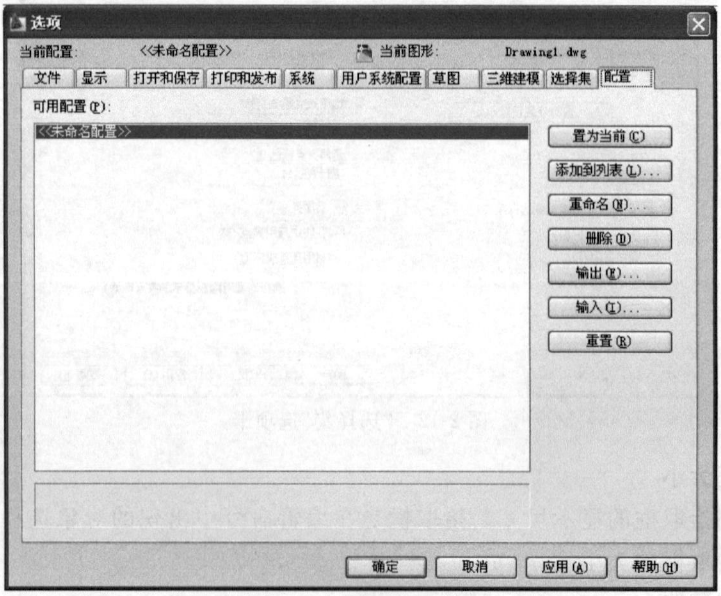

图 2-13 “配置”选项卡

在“配置”选项卡中,可以对系统配置文件进行相应的操作。AutoCAD 2009 的配置选项卡中部分按钮的意义如下:

(1)“置为当前”按钮:将选中的配置文件设置为当前配置文件。

(2)“添加到列表”按钮:将所选的配置文件保存到配置文件列表。

(3)“重命名”按钮:修改选中的配置文件的文件名。

(4)“删除”按钮:将选中的配置文件删除。

(5)“输出”按钮:单击该按钮,可输出选中的配置文件。

(6)“输入”按钮:单击该按钮可输入系统配置文件。

(7)“重置”按钮:恢复为系统默认的配置文件。

复 习 题

1. 什么是图形界限?它有何作用?如何设置 20 000 mm×20 000 mm 的图形界限?

2. 什么是图形单位?如何设置图形单位?试设置一个图形单位,要求长度类型为“小数”,精度为小数点后一位数,角度类型为“度/分/秒”。

3. 如何将新建的文件置每隔 10 分钟自动保存 1 次,自动保存文件的路径为“D:\我的 AutoCAD 2009 作业”?

4. 如何设置文件搜索路径？试将“D:\我的 AutoCAD 2009 作业”文件目录设置为自动搜索路径。

5. 如何改变模型空间的背景色为另一种颜色？

6. 如何改变命令行窗口中显示文字的字体？

7. 当突然断电造成计算机关机时，如何最大限度地恢复所作图形的内容？

8. 如何自定义鼠标右键的单击功能？

第 3 章　AutoCAD 2009 绘图基本操作

§ 3-1　图形文件操作

AutoCAD 2009 启动时，会自动创建一个未命名的新图形，用户可以在该空白图形上进行设计或打开现有图形文件。打开现有图形时，将恢复上一次绘图使用的环境和系统变量设置，因为这些信息是与图形文件一起保存的。在开始绘图之前，必须了解 AutoCAD 的一些基本操作命令，例如：图形文件的新建、打开和保存等命令。

一、新建图形文件

在快捷访问工具栏中单击“新建”按钮，或单击“菜单浏览器”按钮，在弹出的菜单中选择“文件”→“新建”命令，打开“选择样板”对话框，可以创建新的图形文件，如图 3-1 所示。

图 3-1　“选择样板”对话框

在“选择样板”对话框中，用户可以在样板列表框中选择某一个样板文件，作为后续绘图的模板。在样板文件中通常包含与绘图相关的一些设置，如线型、文字、图层、样式等。利用样板创建图形不仅提高了绘图的效率，而且还保证了图形的一致性。

二、打开已有图形文件

在快捷访问工具栏中单击“打开”按钮，或单击“菜单浏览器”按钮，在弹出的菜单中选择“文件”→“打开”命令，可以打开已经存在的图形文件，此时将显示“选择文件”对话框，如图 3-2 所示。

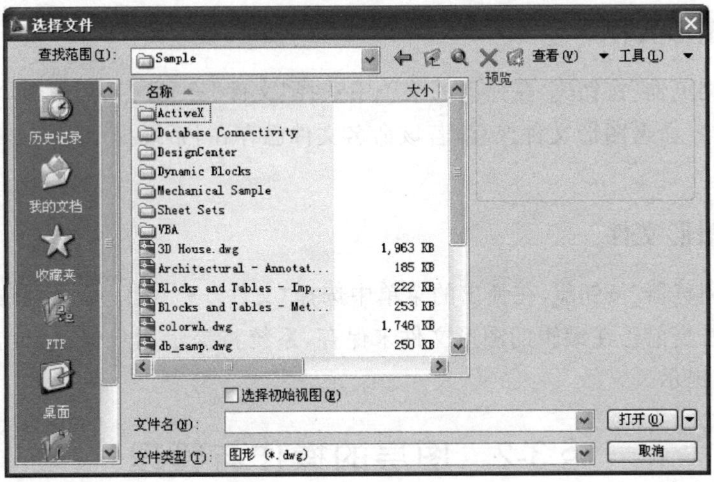

图 3-2　“选择文件”对话框

在“选择文件”对话框的文件列表中，选择打开的图形文件。通过单击“打开”按钮右侧的按钮，可选择打开图形的方式。如图 3-3 所示，有四种打开图形文件的方式，每种打开图形文件的方式有不同的限制。如果以“打开”和“局部打开”方式打开图形，可以对图形文件进行编辑；如果以“以只读方式打开”和“以只读方式局部打开”方式打开图形，则无法对图形文件进行编辑。

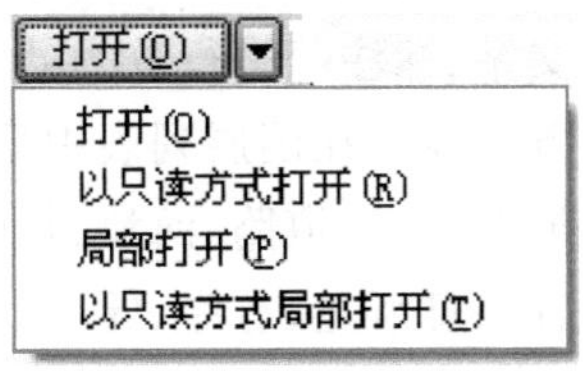

图 3-3　打开文件方式选择

三、保存图形文件

在快捷访问工具栏中单击“保存”按钮，或单击“菜单浏览器”按钮，在弹出的菜单中选择“文件”→“保存”命令，将当前图形以新的名字保存。当图形文件没有命名时，系统将打开“图形另存为”对话框(如图 3-4 所示)，提示用户给当前的图形文件命名保存。默认情况下，以“AutoCAD 2007 图形(*.dwg)”格式保存文件，用户也可以在“文件类型”下拉列表框中选择其他格式。如果是已经命名的图形文件，在这种保存方式下不做任何的提示。

图 3-4　“图形另存为”对话框

四、另存图形文件

单击“菜单浏览器”按钮，在弹出的菜单中选择“文件”→“另存为”命令，将当前正在编辑的图形文件以另一命名图形文件保存，若该命名文件已存在，系统提示用户是否替换已存在的文件。

五、关闭图形文件

单击“菜单浏览器”按钮，在弹出的菜单中选择“文件”→“关闭”命令，将关闭当前正在编辑的图形文件，若当前正在编辑的图形文件未保存，系统将提示用户保存当前的图形文件，否则系统不做任何提示。

§3-2　图层的操作与管理

图层是 AutoCAD 提供的一个管理图形对象的工具，用户可以根据图层对图形几何特性、文字、标注等进行分类处理。在 AutoCAD 2009 中，用户可对每个图层添加说明内容，还可以方便控制在图层列表中显示与否。在地质、测绘、采矿等制图中，图形中包括各种边界、巷道、地类符号、道路、河流、行政区域、文字说明等元素，如果使用图层来管理它们，不仅使图形的各种信息清楚、有序、便于观察，而且方便图形的编辑、修改和输出。

一、创建和命名图层

在默认情况下，AutoCAD 2009 自动创建一个图层(0 图层)。如果用户想用图层来管理自己的图形，就需要先创建新图层。

单击“菜单浏览器”按钮，在弹出的菜单中选择“格式”→“图层”命令，或在“功能区”选项板中选择“常用”选项卡(如图 3-5 所示)，在“图层”面板中单击“图层特性”按钮，打开“图层特性管理器”选项板，如图 3-6 所示。

图 3-5　“常用”选项卡

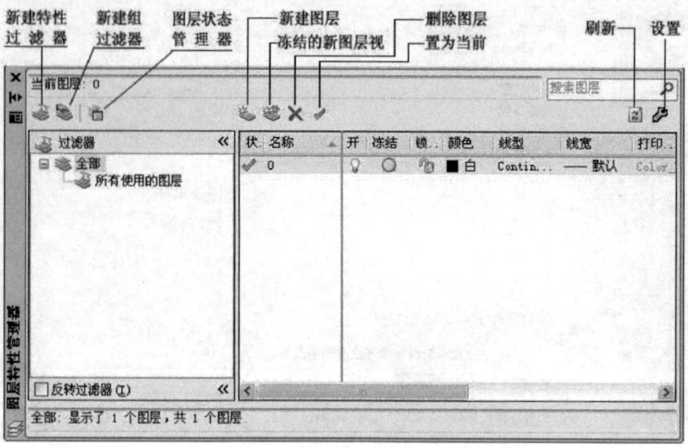

图 3-6　“图层特性管理器”选项板

在“图层特性管理器”选项板单击“新建图层”按钮，添加名为“图层 1”的新图层。默认情况下，新建图层与当前图层的状态、颜色、线性及线宽等设置相同。当创建图层后，图层的名称将显示在图层列表框中，用户如果要更改图层名称，可使用鼠标单击该图层名，然后输入一个新的图层名并按“Enter”键确认。

二、设置图层线型

线型是由沿图线显示的线、点和间隔组成的图样。可以通过图层指定对象的线型，也可以不依赖图层而明确地指定线型。除了选择线型外，还可以设置线型比例以控制横线和空格的大小，也可以创建自定义线型。

(一)设置图层线型

在系统默认情况下，图层的线型为连续线(Continuous)。当要改变线型时，可在图层列表中单击“线型”列的“Continuous”，打开“选择线型”对话框，在“已加载的线型”列表框中选择一种线型即可应用的图层中，如图 3-7 所示。

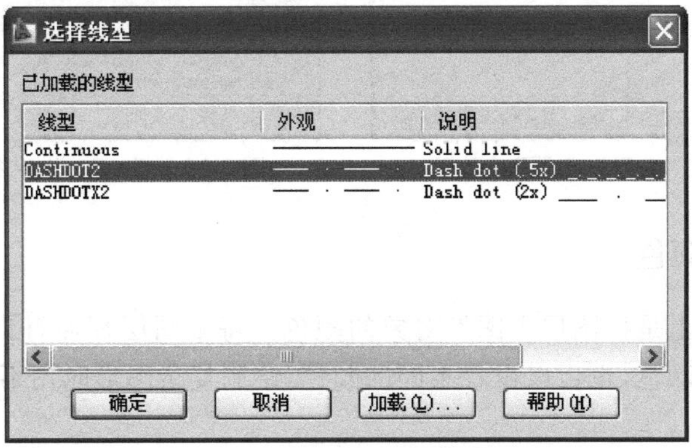

图 3-7 “选择线型”对话框

(二)加载线型

如果使用其他线型，必须添加需要的线型到“已加载的线型”列表框中。单击“加载”按钮，打开“加载或重载线型”对话框，如图 3-8 所示，从当前线型库中选择需要加载的线型后，单击“确定”按钮。

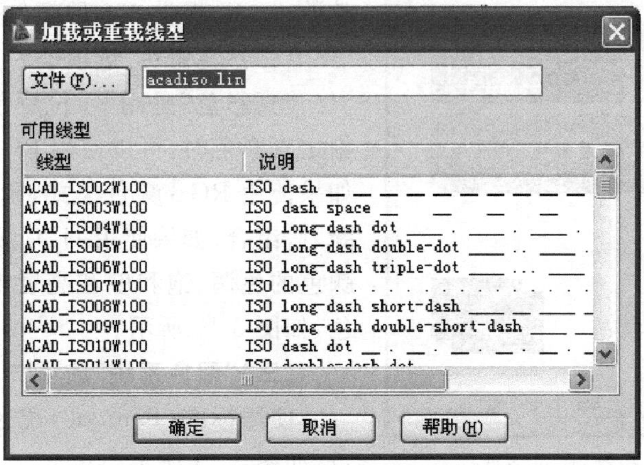

图 3-8 “加载或重载线型”对话框

(三)设置线型比例

单击"菜单浏览器"按钮，在弹出的菜单中选择"格式"→"线型"命令，打开"线型管理器"对话框，可设置图形中线型比例，从而改变非连续线型的外观，如图 3-9 所示。

"线型管理器"对话框显示了当前使用的线型和可选择的其他线型。当前线型列表中选择了某一线型后，并且单击"显示细节"按钮，可以在"详细信息"选项区域设置线型的"全局比例因子"和"当前对象缩放比例"，如图 3-10 所示。其中，"全局比例因子"用于设置图形中所有线型的比例，"当前对象缩放比例"用于设置当前选中线型的比例。

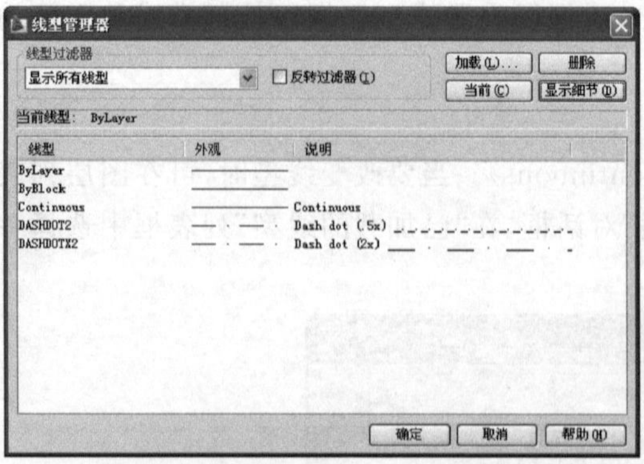

图 3-9　隐藏细节的"线型管理器"对话框

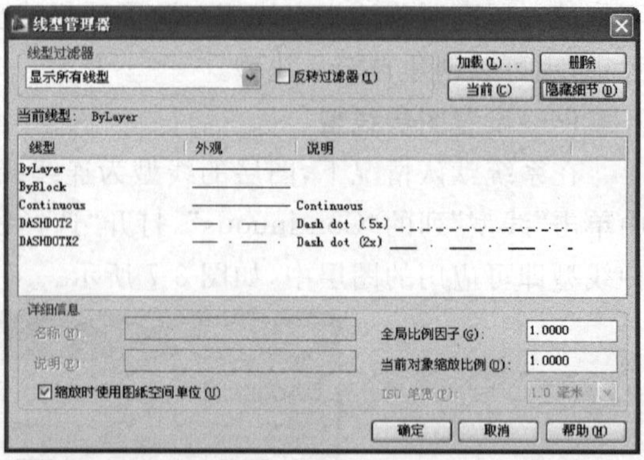

图 3-10　显示细节的"线型管理器"对话框

三、设置图层颜色

图层的颜色实际上是指图层中图形对象的颜色。每个图层都拥有自己的颜色，对不同的图层可以设置相同的颜色，也可以设置不同的颜色，绘制复杂图形时用不同的颜色很容易区分图形的各部分。

要改变图层的颜色，可单击"图层特性管理器"选项板中相应图层的"颜色"列对应的图标，即可打开"选择颜色"对话框，如图 3-11 所示。

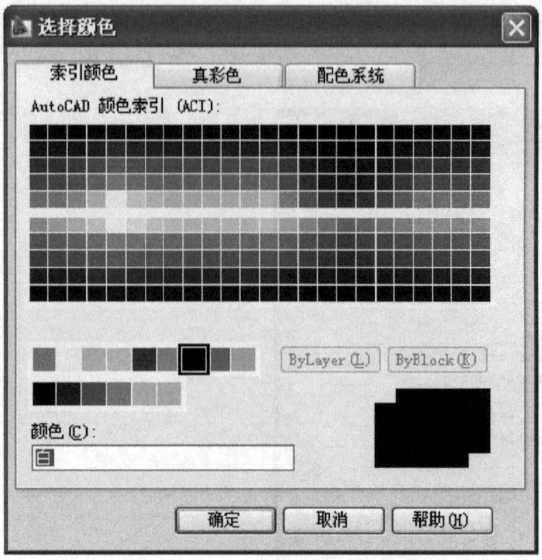

图 3-11　"选择颜色"对话框

(一)"索引颜色"选项卡

"索引颜色"是 AutoCAD 的标准颜色(ACI 颜色)。每一种颜色用一个 ACI 编号(1～255 的整数)标识，提供 256 种颜色选择。

(二)"真彩色"选项卡

"真彩色"是用 24 位颜色定义显示 16 M 色。指定真彩色时，可以使用 RGB 或 HSL 颜色模式。如果使用 RGB 颜色模式，则可以指定颜色的红、绿、蓝组合；如果使用 HSL 颜色模式，则可以指定颜色的色调、饱和度和亮度框中设定值来指定颜色，如图 3-12 所示。

(三)"配色系统"选项卡

使用标准(Pantone)配色系统设置图层的颜色，如图 3-13 所示。

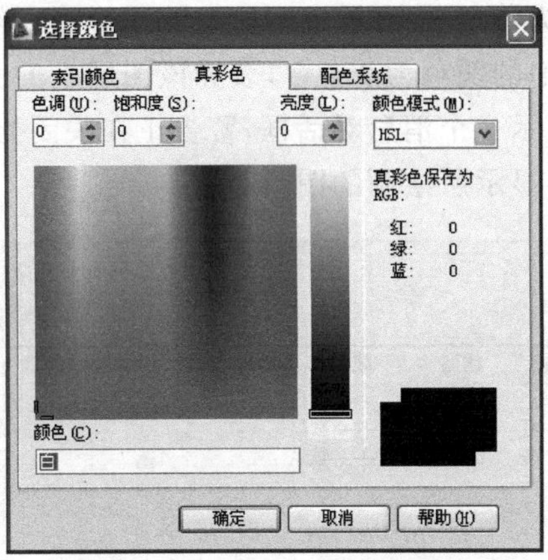

图 3-12　“真彩色”选项卡

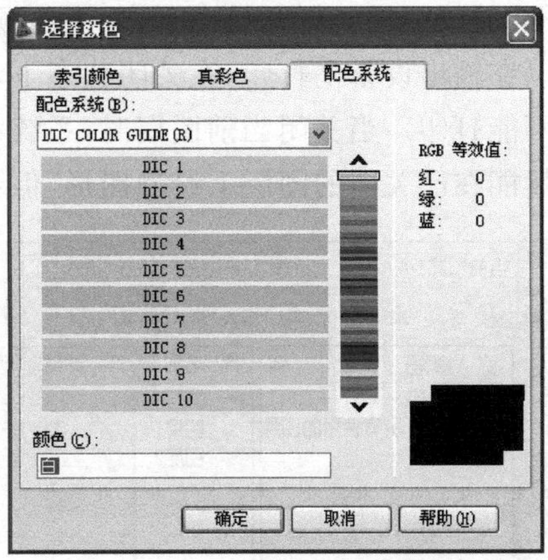

图 3-13　“配色系统”选项卡

四、设置图层线宽

线宽设置就是改变线条的宽度。在 AutoCAD 2009 中，使用不同宽度的线条表现对象的大小或类型，可以提高图形的表达能力和可读性。

要设置图层的线宽，可在“图层特性管理器”选项板的“线宽”列中单击该图层对应的线宽图标，打开“线宽”对话框，如图 3-14 所示。或单击“菜单浏览器”按钮，在弹出的菜单中选择“格式”→“线宽”命令，打开“线宽设置”对话框，通过调整线宽比例，使图形中的线宽显示得更宽或更窄，如图 3-15 所示。对于地质、测绘、采矿等专业的图件，由于同一图层上的图形线宽不一致，因此，一般不采用设置图层线宽的方法来定义图形对象的线宽。

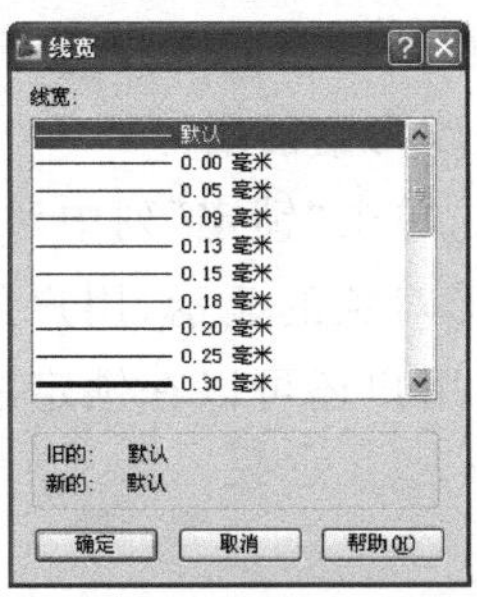

图 3-14　“线宽”对话框

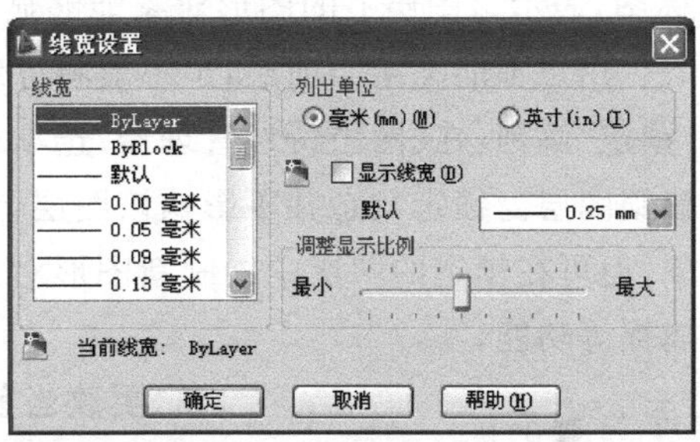

图 3-15　“线宽设置”对话框

五、图层管理

使用“图层特性管理器”选项板不仅可以创建图层、设置图层颜色、线型及线宽，还可以对图层进行更多的设置与管理，如图层的切换、重命名、删除以及图层的显示控制等操作。

(一)设置图层特性

在图层内，各实体对象的特性是由当前图层的默认设置决定的，用户也可通过单独设置对象的特性替换原来随层的特性。在“图层特性管理器”对话框中，可以看到图层都有名称、开/关、冻结/解冻、锁定/解锁、线型、颜色、线宽及打印样式等特性，如图 3-16 所示。

(1)名称：图层的唯一的标识即为图层的名字。默认情况下，图层的名称按 0、图层 1、图层 2、……的编号依次递增。

(2)打开/关闭图层：在“图层特性管理器”选项板上，单击“开”列中对应的小灯泡图标，可以打开或关闭图层。打开状态下,灯泡的颜色为黄色,表示该图层上的图形可在绘图区显示,也可以在输出设备上打印;在关闭状态下,灯泡的颜色为灰色,表标该图层上的图形不能显示,也不能打印。当关闭当前图层时,系统将显示一个消息对话框,警告正在关闭当前图层,此时,虽然能在已关闭的图层上绘制图形,但不会显示所绘制的图形对象。

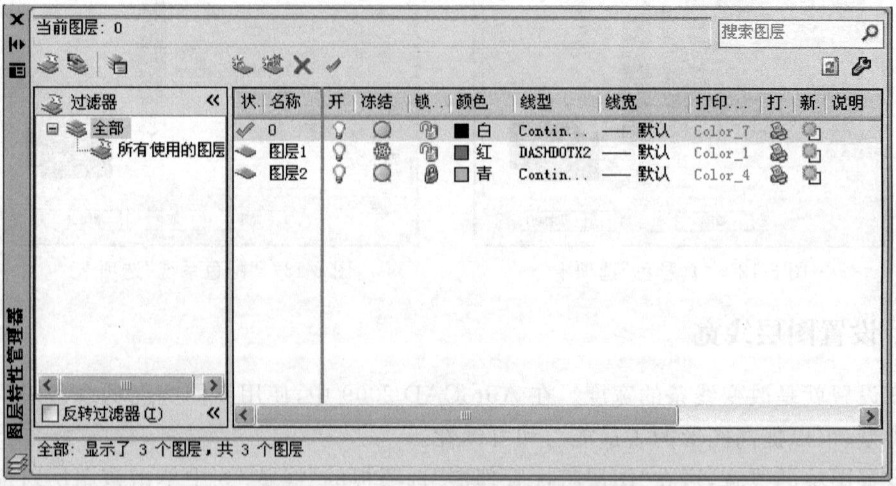

图 3-16　“图层特性管理器”对话框

(3)冻结/解冻层:在“图层特性管理器”选项板上,单击“冻结”列中的对应的图标或,可以冻结或解冻图层。如果图层被冻结,此时显示标图,表示该图层上的图形对象不能显示出来,也不能打印输出,而且也不能编辑或修改该图层上的图形对象;当图层被解冻时显示标图,表示该图层上的图形对象能够显示,也能够打印输出,并且可以在该图层上编辑图形对象。用户不能冻结当前层,也不能将冻结层改为当前层。

(4)锁定/解锁:在“图层特性管理器”选项板上,单击“锁定”列中对应的或图标,可以锁定或解锁图层。锁定状态并不影响该图层上图形对象的显示,用户虽然不能编辑锁定图层上的对象,但可在锁定的图层中绘制新图形对象。用户还可以在锁定的图层上使用查询命令和对象捕捉等功能。

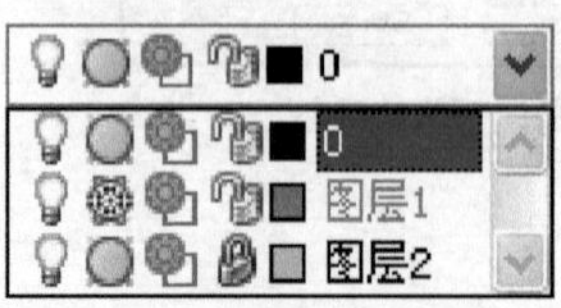

图 3-17　“图层控制”列表框

(二)更改当前层

在“图层特性管理器”选项板的图层列表中,选择某一图层后,单击选项板上方的“置为当前”按钮,即可将该图层设置为当前图层。在实际绘图操作时,也常通过在“图层”面板中的“图层控制”下拉列表框来实现这种切换,如图 3-17 所示,这时只需要选择要设置为当前的图层名即可,用户就可以在该层上绘制或编辑图形。

(三)过滤图层

在“图层特性管理器”选项板中,单击“新建特性过滤器”按钮,将打开“图层过滤器特性”对话框,利用该对话框可命名图层过滤器,如图 3-18 所示。

在该对话框中,用户可以在“过滤器定义”列表框中设置图层名称、状态、颜色、线型及线宽等过滤条件。当指定图层名称、颜色、线宽、线型以及打印样式时,可以使用标准的“?”和“*”多种通配符,其中“*”用于代替任意多个字符,“?”用来代替一个字符。

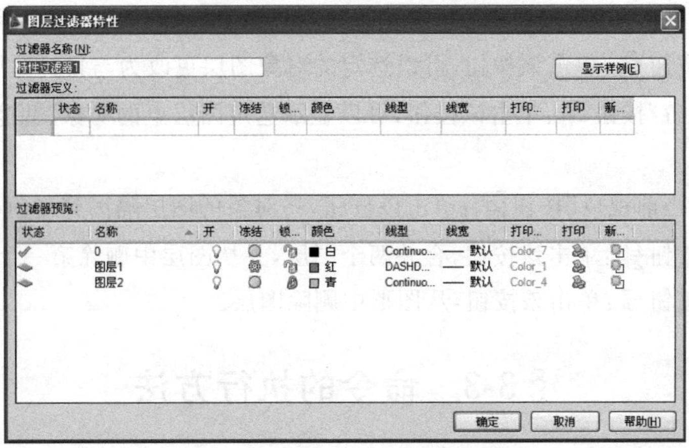

图 3-18 “图层过滤器特性”对话框

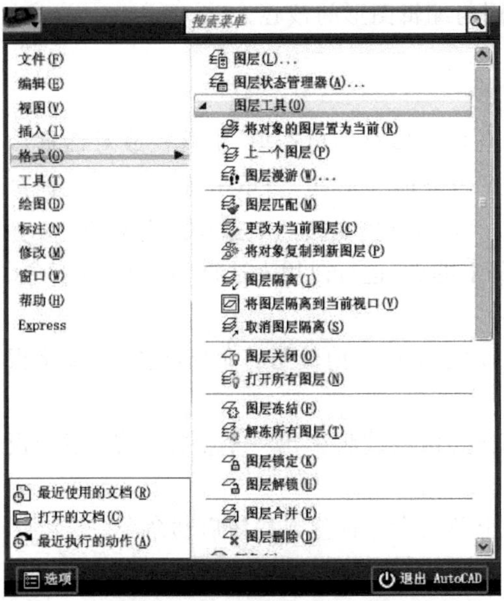

图 3-19 “图层工具”子菜单

(四)用图层工具管理图层

在 AutoCAD 2009 中使用图层管理工具可更加方便地管理图层。单击“菜单浏览器”按钮，在弹出的菜单中选择“格式”→“图层工具”命令中的子命令(如图 3-19 所示)，或在“功能区”选项板中选择“常用”选项卡，在“图层”面板中单击相应的按钮(如图 3-20 所示)，都可以使用图层工具来管理图层。

图 3-20 “图层”面板

“图层工具”子命令与“图层”面板中的各按钮的功能相对应，其主要按钮功能如下：

(1)“隔离”按钮：单击该按钮，可以将选定对象的图层隔离。

(2)“取消隔离”按钮：单击该按钮，可以恢复“隔离”命令隔离的图层。

(3)“冻结”按钮：单击该按钮，可以将选定对象的图层冻结。

(4)“解冻所有图层”按钮：单击该按钮，将解冻图形中所有的图层。

(5)“关”按钮：单击该按钮，可以将选定对象的图层关闭。

(6)“上一个”按钮：单击该按钮，将恢复上一个图层设置。

(7)“打开所有图层”按钮：单击该按钮，可以打开图形中的所有图层。

(8)“锁定”按钮：单击该按钮，将锁定选定对象的图层。

(9)“解锁”按钮：单击该按钮，将选定对象的图层解锁。

(10)“更改为当前图层”按钮：单击该按钮，将选定对象的图层更改为当前图层。

(11)“匹配”按钮：单击该按钮，可以选定的对象图层更改为与目标图层相匹配。

(12)“图层漫游”按钮：单击该按钮，可以显示选定图层上的对象，并隐藏其他图层上的所有对象。

(13)“隔离到当前视口”按钮：单击该按钮，将对象的图层隔离到当前视口。

(14)“合并”按钮：单击该按钮，合并两个图层，并从图层中删除第一个图层。

(15)“删除”按钮：单击该按钮，从图形中删除图层。

§3-3 命令的执行方法

在 AutoCAD 2009 中，菜单、工具按钮、键盘命令大都是相互对应的。可以选择任一方式来执行相应命令，可以说命令是 AutoCAD 2009 绘图与编辑图形的核心。

一、使用鼠标操作执行命令

在绘图窗口，光标通常显示为“十”字线形式。当光标移至菜单选项、工具栏或对话框内时，它会变成一个箭头。无论光标是“十”字线形式还是箭头形式，当单击或者按动鼠标键时，都会执行相应的命令或动作。在 AutoCAD 2009 中，鼠标键是按照下述规则定义的。

(1)拾取键：通常指点击鼠标左键，用于指定屏幕上的点，也可以用来选择 Windows 对象、AutoCAD 对象、工具栏按钮和菜单命令等。

(2)回车键：指点击鼠标右键，相当于“Enter”键，用于结束当前使用的命令，此时系统将根据当前绘图状态而弹出不同的快捷菜单。

(3)弹出菜单：当使用“Shift”键和鼠标右键的组合时，系统将弹出一个快捷菜单，用于设置捕捉点的方法。

利用鼠标可在菜单、工具栏、状态栏或快捷菜单上单击命令标签或按钮启动命令。

二、键盘命令输入

在 AutoCAD 2009 中，可在当前命令行提示符下用键盘直接键入命令全称或别名(关键字)、对象参数等而执行命令。

在“命令行”窗口中右击鼠标键，AutoCAD 2009 将显示一个快捷菜单。通过它可以选择最近使用过的命令、复制选定的文字或全部命令历史记录、粘贴文字，以及打开“选项”对话框。

在命令行中，还可以使用 BackSpace 或 Delete 键删除命令行中的文字；也可以选中命令历史，并执行“粘贴”，将其粘贴到命令行中。

“acad. pgp”文件列出了命令别名(关键字)。要访问“acad. pgp”，可在“工具”菜单的“自定义设置”面板上单击“编辑 PGP”按钮来编辑命令别名(编辑 acad. pgp 文件中命令关键字定义)。

三、重复执行和撤销命令

在 AutoCAD 2009 执行完某个命令后，若需要立即重复执行该命令，只需按一下回车键或空格键即可，当然，若定义了鼠标右键为回车键，也可单击鼠标右键。

如果需要终止或退出正在执行的命令，可按"Esc"键，完成此项工作。

四、透明命令

在 AutoCAD 2009 中，透明命令是指在执行其他命令的过程中可以执行的命令。常使用的透明命令多为修改图形设置的命令、绘图辅助工具命令，例如 SNAP、GRID、ZOOM、HELP 等。

要以透明方式使用命令，应在输入命令之前输入单引号"'"。在命令行中，透明命令的提示前有一个双折号"≫"，完成透明命令后将继续执行原命令。

§3-4　坐标系与数据输入方法

一、坐标系

AutoCAD 2009 采用两种坐标系：一个是被称为世界坐标系（WCS）的固定坐标系，一个是被称为用户坐标系（UCS）的可移动坐标系。默认情况下，这两个坐标系在新图形中是重合的。

通常在二维视图中，"WCS" 的 X 轴水平，Y 轴垂直，X 和 Y 的轴方向采用右手系规则，"WCS"的原点为 X 轴和 Y 轴的交点（0,0）。图形文件中的所有对象均由"WCS"坐标定义。但是，使用可移动的"UCS"创建和编辑对象通常更方便。

在测绘工程绘图中应注意测量坐标系与 AutoCAD 2009 中坐标系规定是不同的，测量坐标系的 X 和 Y 坐标轴方向采用左手系规则。当把测绘工程专业使用坐标输入 AutoCAD 2009 时，X 和 Y 坐标值应互换，即测绘工程使用的 X 坐标为 AutoCAD 的 Y 坐标，测绘工程使用的 Y 坐标为 AutoCAD 的 X 坐标。

二、静态数据输入方法

在 AutoCAD 2009 中，点的坐标可用直角坐标、极坐标、球面坐标和柱面坐标来表示，而每一种坐标又可分为两种输入方式，即绝对坐标和相对坐标。其中直角坐标和极坐标最为常用，以下主要介绍这两种坐标的输入方法。

(一)直角坐标

用点的 x、y 坐标表示点的位置，例如在命令行中输入点的坐标"10,15"，则表示输入了一个 x、y 的坐标值分别为 10、15 的点，这是绝对的直角坐标输入方式，表示了该点的坐标是相对于当前坐标原点的坐标值，如图 3-21(a)所示。若输入"@15,10"，则为相对的直角坐标输入方式，表示该点的坐标相对于前一个操作点的坐标值，如图 3-21(b)所示。

(二)极坐标法

用长度和角度表示的点的位置，只能用来表示二维点的坐标。

在绝对坐标输入方式下的格式为"长度＜角度"，例如"10＜56"，其中长度表示为该点到坐标原点的距离，角度表示为该点和坐标原点连线与 X 轴正方向的夹角，如图 3-21(c)所示。

在相对极坐标输入方式下的格式为“@长度＜角度”，例如“@10＜34”，其中长度表示为该点到上一操作点的距离，角度表示为该点和上一操作点连线与 X 轴正方向的夹角，如图 3-21(d)所示。

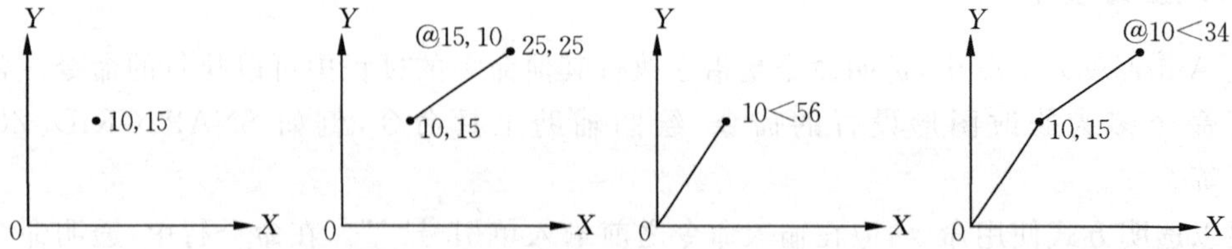

(a)　　(b)　　(c)　　(d)

图 3-21　数据输入方法

三、动态数据输入方法

“动态输入”在光标附近提供了一个命令界面，以帮助用户专注于绘图区域。

启用“动态输入”时，工具提示将在光标附近显示信息，该信息会随着光标的移动而动态更新。当某命令处于活动状态时，工具提示将为用户提供输入的位置。

在输入字段中输入值并按“Tab”键后，该字段将显示一个锁定图标，并且光标会受用户输入的值约束，随后可以在第二个输入字段中输入一个值。另外，如果用户输入一个值后按“Enter”键，则第二个输入字段将被忽略，且该值将被视为直接距离输入。

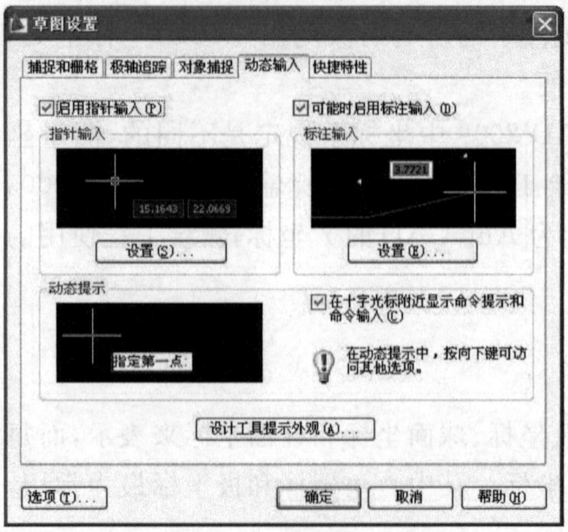

图 3-22　动态输入设置

动态输入不会取代命令窗口。用户可以隐藏命令窗口以增加绘图屏幕区域，但是在有些操作中还是需要显示命令窗口，按“F2”键可根据需要隐藏和显示命令提示和错误消息。另外，也可以浮动命令窗口，并使用“自动隐藏”功能来展开或卷起该窗口。

(一)打开和关闭动态输入

单击状态栏(如图 1-20 所示)上的“动态输入”按钮，可打开或关闭“动态输入”，按 F12 键可以临时将其关闭。“动态输入”有三个组件：“指针输入”、“标注输入”和“动态提示”。在按键上单击鼠标右键，然后选择“设置”以控制在启用“动态输入”时每个部件所显示的内容，如图 3-22 所示。

(二)指针输入

当启用指针输入且有命令在执行时，十字光标的位置将在光标附近的工具提示中显示为坐标。可以在工具提示中输入坐标值，而不用在命令行中输入，如图 3-23 所示。

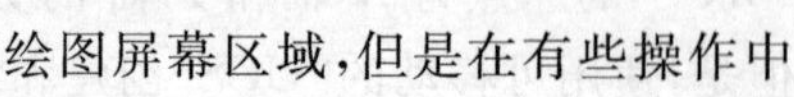

图 3-23　动态输入

第二个点和后续点的默认设置为相对极坐标，如图 3-24 所示。不需要输入“@”符号。如果需要使用绝对坐标，需使用“＃”号为前缀，例如，要输入绝对坐标 150,410 的点，可在提示输入第二个点时，输入“＃150,410”，如图 3-25 所示。

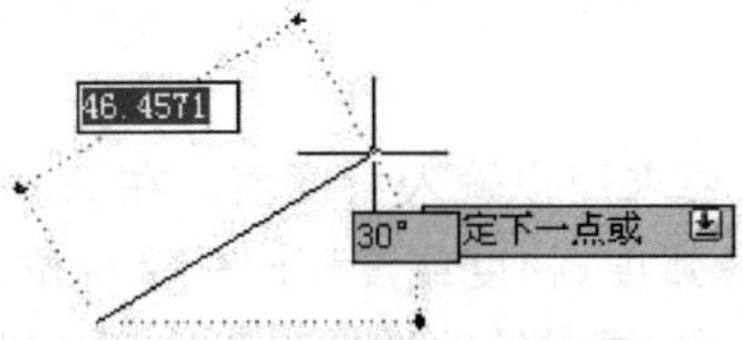

图 3-24　动态输入相对极对坐标

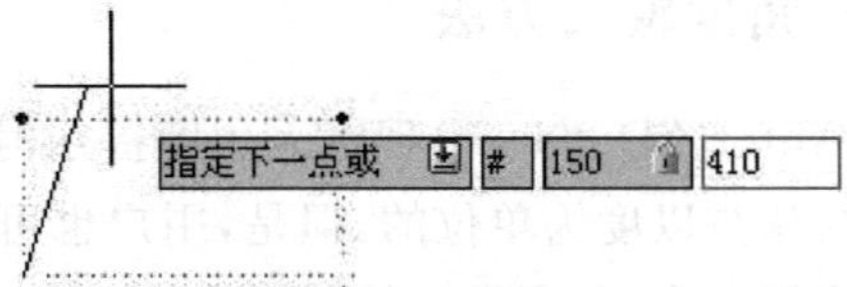

图 3-25　动态输入绝对直角坐标

（三）标注输入

启用标注输入时，当命令提示输入第二点时，工具提示将显示距离和角度值（如图 3-24 所示）。在工具提示中的值将随着光标移动而改变，按“Tab”键可以移动到要更改的值。标注输入可用于 ARC、CIRCLE、ELLIPSE、LINE 和 PLINE，使用夹点编辑上述对象时，标注输入工具提示可能会显示以下信息：

（1）旧的长度。

（2）移动夹点时更新的长度。

（3）长度的改变。

（4）角度。

（5）移动夹点时角度的变化。

（6）圆弧的半径。

如图 3-26 为用夹点编辑 LINE 命令绘制的对象时显示的提示信息。

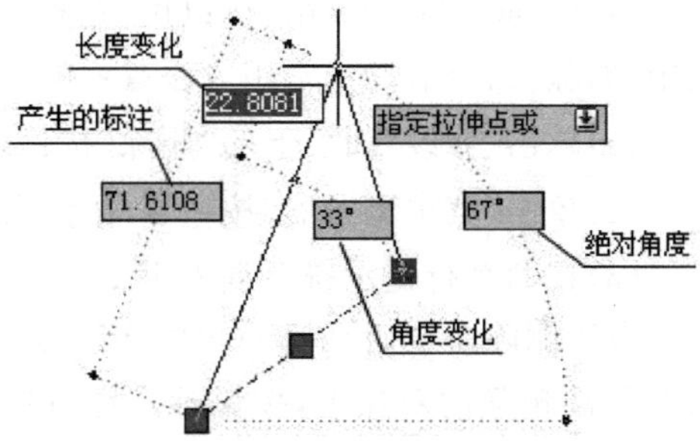

图 3-26　夹点编辑“直线”时的标注输入

（四）动态输入操作

使用以下方法之一可输入坐标值或选择选项：

（1）要输入极坐标，在输入与上一操作点的距离后按“Tab”键，然后输入角度值并按 Enter 键，此时是按相对极坐标输入方法；若要按绝对极坐标输入时，需先按“＃”键，输入距离，再按“＜”键，输入角度。

（2）要输入笛卡儿坐标，输入 *X* 坐标值和逗号“,”，然后输入 *Y* 坐标值并按 Enter 键，此时是按相对直角坐标输入方法；若要按绝对直角坐标输入时，需先按“＃”键，*X* 坐标值和逗号“,”，然后输入 *Y* 坐标值。

（3）如果提示后有一个下箭头，按键盘上的向下箭头键，直到选项旁边出现一个点为止，按“Enter”键。

（4）按键盘上的向上箭头键可访问最近输入的坐标，也可以通过单击鼠标右键在显示的快捷菜单中选择“最近的输入”选项，从中访问最近输入的坐标。

四、距离输入方法

在 AutoCAD 2009 命令中，有时需要提供宽度、半径、长度等距离值，AutoCAD 2009 提供了两种输入距离的方法，一是用键盘在命令行中直接输入数值；另一种是在屏幕上用鼠标拾取两点，软件系统自动算出距离值作为需要的数据。

五、角度输入方法

在 AutoCAD 2009 出现输入角度提示时,表示要求用户输入角度值。在 AutoCAD 2009 中角度默认是以度为单位的,但是,用户也可以选择弧度、梯度或度/分/秒等单位。系统默认的角度值规定为:角度的起始基准边为 X 轴的正方向,逆时针的增量为正角,顺时针方向的增量为负角。

角度输入可用键盘输入和鼠标拾取点输入。当用键盘输入时,可直接在"角度"输入提示符后直接键入角度值或在角度数字前加符号"<";当用鼠标拾取点输入角度时,需指定一点,系统会自动计算出前一操作点与刚指定点连线和 X 轴之间的夹角作为输入的角度值。

§3-5 修正错误的一般方法

在绘图的操作过程中,难免会产生一些错误,例如一次错误操作、激活一个错误的命令、输入一个错误的数据等。对于这些错误,我们可以采取措施随时加以修正。

一、图形的删除与恢复

(一)图形的删除

在 AutoCAD 2009 中,可以用"删除"命令,删除选中的对象。在"二维草图与注释"工作空间中"删除"命令启动的常用方法有:

(1)单击"修改"面板下的"删除"按钮。

(2)单击"菜单浏览器"按钮,在弹出的菜单中选择"修改"→"删除"命令。

(3)在命令行提示符下键入 Erase(缩写为 E) 后按空格键或"Enter"键。

激活删除命令后,屏幕上的"十"字光标会变成一个小的正方形框,称为"拾取框"。移动拾取框到被删除的对象上,按鼠标左键选中要删除的对象,此时,被选中的对象将以虚线显示。选择完对象后,按"空格键"、"Enter"或鼠标右键确认,所选对象即被删除。

(二)图形的恢复

如果删除图形后,发现被删除的对象是不该删除的,此时可用"恢复"(OOPS)命令来恢复刚刚被删除的一个或一组对象。"恢复"命令的执行方法为

命令:输入 OOPS 后并按回车键或空格键。

注:"恢复"命令,只能恢复最近一次使用 Erase 命令删除的对象,在此之前被删除的对象将不能被恢复。

二、放弃与重做命令

AutoCAD 2009 提供了两条非常有用的命令——放弃命令和重做命令,用于帮助用户纠正错误操作。

(一)放弃(UNDO)命令

如果在绘图的过程中进行了一次误操作,例如删除了不该删除的图形或是其他任何操作,则可以立即用"放弃"命令来取消这次操作,恢复到该次操作之前图形的状态。命令执行方法有:

(1)在命令行上直接键入命令,“放弃”命令的省略形式是“U”命令,用户可以在命令行上键入“U”并按回车键或空格键。

(2)单击“快捷工具栏”上的按钮。

(3)单击“菜单浏览器”按钮,在弹出的菜单中选择“编辑”→“放弃”命令。

(二)重做(REDO)命令

如果要恢复被“放弃”命令取消的操作,则可以使用“重做”命令。

“重做”命令的执行方法有:

(1)在命令行上直接键入“REDO”命令后,按回车键或空格键。

(2)单击“快捷工具栏”上的按钮。

(3)单击“菜单浏览器”按钮,在弹出的菜单中选择“编辑”→“重做”命令。

复　习　题

1. 在 AutoCAD 安装目录下的 Sample 子目录中,AutoCAD 2009 提供了一些示例文件,打开并浏览这些文件,试着将这些文件换名保存在自己的目录中。

2. 图层的特性包括哪些?

3. 简述冻结、关闭、锁定图层的区别。

4. 哪些图层是不能删除的?

5. 如何实现为同一图层上的实体指定不同的线型、线宽、颜色?

6. 什么是透明命令?常用的透明命令有哪些?

7. 修正绘图错误的方法有哪些?

8. 在 AutoCAD 2009 中启动某一命令方法有哪些?如何中断或取消正在执行的命令?

9. 常用的坐标输入方法有哪些?如何将测绘工程使用的坐标输入到 AutoCAD 2009 中?

10. 如何设置“随层”的颜色、线型和线宽?

11. 如何新建图层和命名?

第 4 章　绘制平面图形

§4-1　基本图形绘制

一、直线的绘制

直线是组成各种图形的最基本的图形元素。这里所指的直线，是指几何意义上的直线即直线段(有两个端点)。

“直线”是各种绘图中最常用、最简单的一类图形对象。用户可通过鼠标或键盘来决定线段的起点和终点。

(一)命令启动方法

(1)单击“菜单浏览器”按钮，在弹出的菜单中选择“绘图”→“直线”命令。

(2)在“功能区”选项板中选择“常用”选项卡，在“绘图”面板中单击“直线”按钮。

(3)在命令行提示符下键入“LINE”或“L”后，按回车键或空格键。

(二)命令操作方法

命令启动后，命令行依次出现如下提示信息：

◇ _line 指定第一点：

◇ 指定下一点或[放弃(U)]：

◇ 指定下一点或[放弃(U)]：

◇ 指定下一点或[闭合(C)/放弃(U)]：

上述命令行的说明：“指定第一点”即指定直线的起点，在第一次出现“指定下一点或[放弃(U)]：”时指定的点为直线终点，下条命令提示出现时就可以选择放弃(“U”选项)。如果想通过多点绘制直线则在选中第一点之后继续选择点直至直线绘制结束。

【例 4-1】直线绘制，方法步骤如图 4-1 所示。

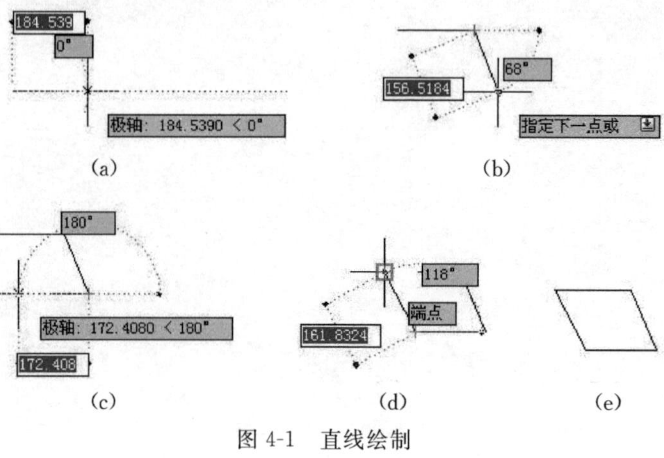

图 4-1　直线绘制

二、圆的绘制

在工程制图中另一种常见的基本实体是圆。AutoCAD 2009 提供了六种绘制圆的方式。下面对这六种绘制圆的方式一一介绍。

(一)命令启动方法

(1)单击“菜单浏览器”按钮，在弹出的菜单中选择“绘图”→“圆”命令中的子命令，如图 4-2 所示。

(2)在“功能区”选项板中选择“常用”选项卡，在“绘图”面板中单击按钮后选择一种画圆的方式，如图 4-3 所示。

(3)在命令行提示符下键入“CIRCLE”或“C”后，按回车键。

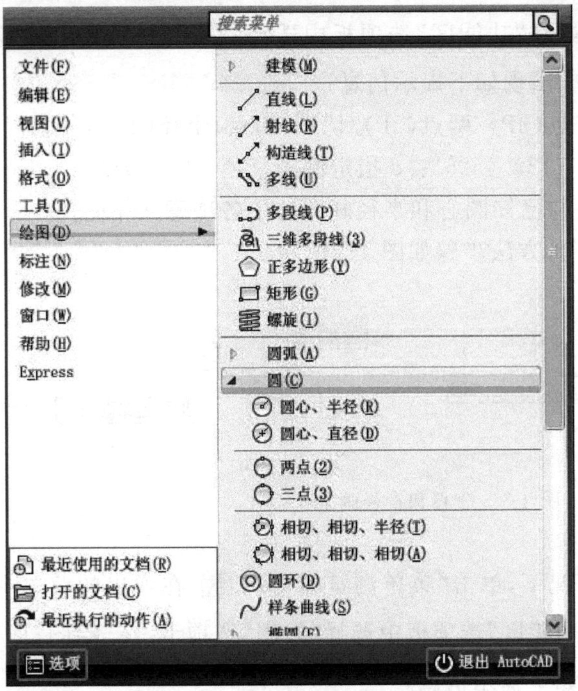

图 4-2　菜单浏览器启动画圆命令

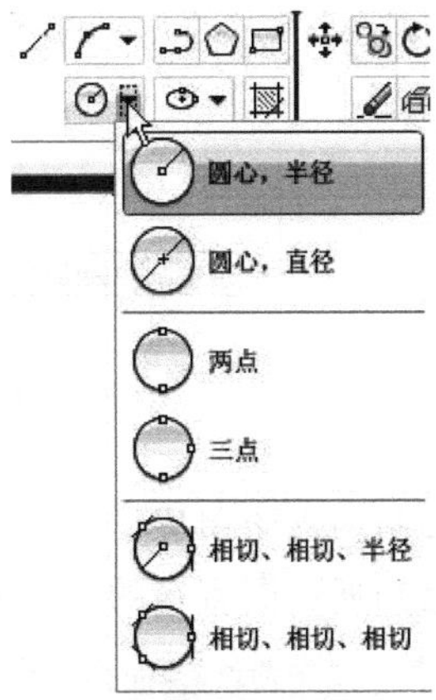

图 4-3　绘图面板启动画圆命令

(二)命令操作方法

1. 已知圆心和半径绘制圆

在已知圆心位置和圆半径的情况下，单击“菜单浏览器”按钮，在弹出的菜单中选择“绘图”→“圆”→“圆心、半径(R)”命令，或在“功能区”选项板中选择“常用”选项卡，在“绘图”面板中单击“圆”下的按钮，命令行依次出现如下提示信息：

◇ _circle 指定圆的圆心或[三点(3P)/两点(2P)/切点、切点、半径(T)]：

◇ 指定圆的半径或[直径(D)]〈当前值〉：

在命令提示行中各项的意义如下：

(1)指定圆的圆心：指定所绘制圆的圆心位置，这是该命令的默认选项。

(2)三点：通过圆周上给定的三点绘制圆。

(3)两点：通过确定圆直径的两个点绘制圆。

(4)相切、相切、半径:通过两条切线和半径绘制圆。

【例 4-2】已知圆心和半径绘制圆,方法步骤如图 4-4 所示。

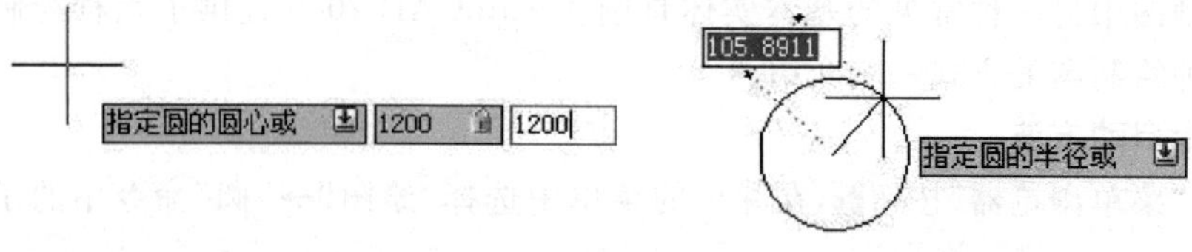

(a) (b)

图 4-4 圆心和半径画圆

2. 已知圆心和直径绘制圆

在已知圆心位置和圆直径的情况下,单击"菜单浏览器"按钮,在弹出的菜单中选择"绘图"→"圆"→ 圆心、直径(D) 命令,或在"功能区"选项板中选择"常用"选项卡,在"绘图"面板中单击"圆"下的按钮,命令行依次出现如下提示信息:

◇ _circle 指定圆的圆心或[三点(3P)/两点(2P)/切点、切点、半径(T)]:

◇ 指定圆的半径或[直径(D)]〈129.4526〉:_d 指定圆的直径〈105.8911〉:

其中命令提示行中各项的意义与已知圆心和半径画圆法中各项意义相同。

【例 4-3】已知圆心和直径绘制圆,方法步骤如图 4-5 所示。

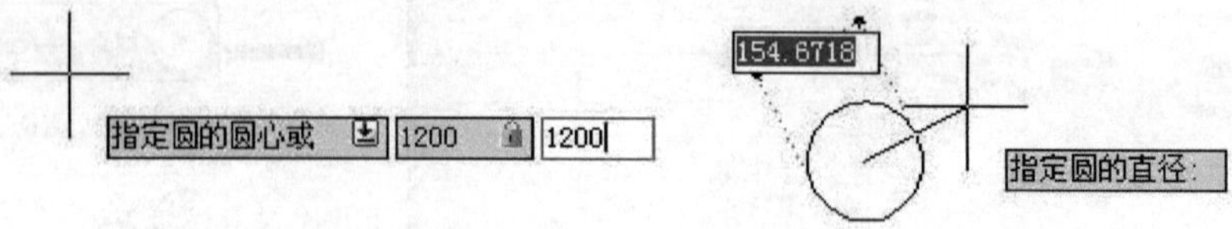

(a) (b)

图 4-5 圆心和直径画圆

3. 已知两点绘制圆

在已知通过圆直径的两点的情况下,单击"菜单浏览器"按钮,在弹出的菜单中选择"绘图"→"圆"→ 两点(2) 命令,或在"功能区"选项板中选择"常用"选项卡,在"绘图"面板中单击"圆"下的按钮,命令行依次出现如下提示信息:

◇ 指定圆的圆心或[三点(3P)/两点(2P)/切点、切点、半径(T)]:_2p 指定圆直径的第一个端点:

◇ 指定圆直径的第二个端点:

其中命令提示行中各项的意义与已知圆心和半径画圆法中各项意义相同。

【例 4-4】已知两点绘制圆,方法步骤如图 4-6 所示。

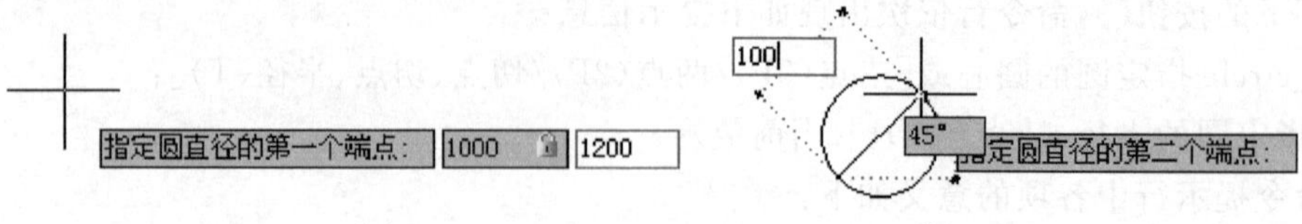

(a) (b)

图 4-6 两点画圆

4. 已知三点绘制圆

在已知三个点的情况下，单击“菜单浏览器”按钮，在弹出的菜单中选择“绘图”→“圆”→三点(3)命令，或在“功能区”选项板中选择“常用”选项卡，在“绘图”面板中单击“圆”下的按钮，命令行依次出现如下提示信息：

◇ 指定圆的圆心或[三点(3P)/两点(2P)/切点、切点、半径(T)]：_3p 指定圆上的第一个点：

◇ 指定圆上的第二个点：

◇ 指定圆上的第三个点：

【例 4-5】已知三点绘制圆，方法步骤如图 4-7 所示。

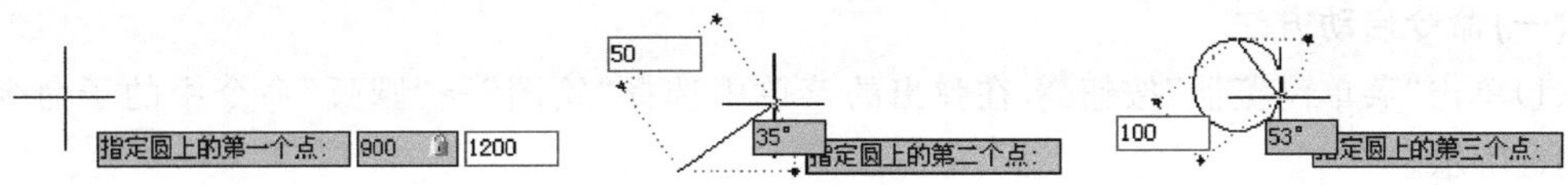

(a)　(b)　(c)

图 4-7　三点画圆

5. 已知两切点和半径绘制圆

在已知与圆相切的两个点和圆半径的情况下，单击“菜单浏览器”按钮，在弹出的菜单中选择“绘图”→“圆”→相切、相切、半径(T)命令，或在“功能区”选项板中选择“常用”选项卡，在“绘图”面板中单击“圆”下的按钮，命令行依次出现如下提示信息：

◇ _circle 指定圆的圆心或[三点(3P)/两点(2P)/切点、切点、半径(T)]：_ttr 指定对象与圆的第一个切点：

◇ 指定对象与圆的第二个切点：

◇ 指定圆的半径：

【例 4-6】已知两切点和半径绘制圆，方法步骤如图 4-8 所示。

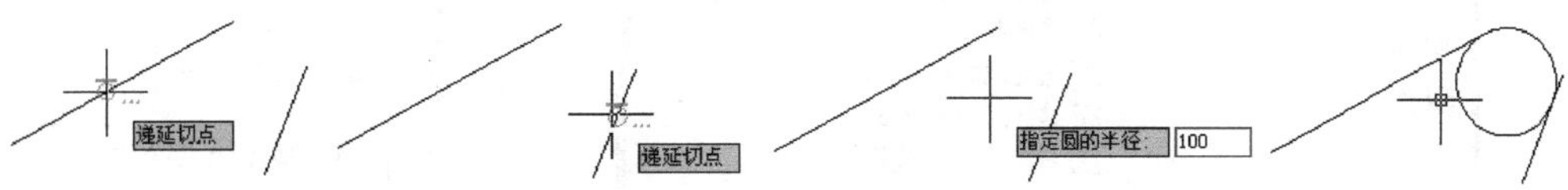

(a)　(b)　(c)　(d)

图 4-8　两切点和半径画圆

6. 已知三切点绘制圆

在已知与圆相切的三个点的情况下，单击“菜单浏览器”按钮，在弹出的菜单中选择“绘图”→“圆”→相切、相切、相切(A)命令，或在“功能区”选项板中选择“常用”选项卡，在“绘图”面板中单击“圆”下的按钮，命令行依次出现如下提示信息：

◇ _circle 指定圆的圆心或[三点(3P)/两点(2P)/切点、切点、半径(T)]：_3p 指定圆上的第一个点：_tan 到

◇ 指定圆上的第二个点：_tan 到

◇ 指定圆上的第三个点：_tan 到

【例 4-7】已知三切点绘制圆，方法步骤如图 4-9 所示。

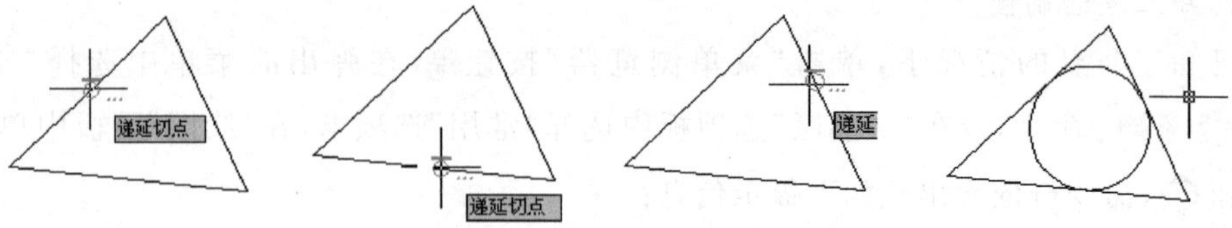

(a)　　(b)　　(c)　　(d)

图 4-9　三切点画圆

三、圆弧的绘制

工程中另一种常见的基本实体是圆弧。

(一)命令启动方法

(1)单击“菜单浏览器”按钮，在弹出的菜单中选择“绘图”→“圆弧”命令中的子命令，如图 4-10 所示。

(2)在“功能区”选项板中选择“常用”选项卡，在“绘图”面板中单击“圆弧”按钮，如图 4-11 所示。

(3)在命令行提示符下键入“ACR”或“A”后，按回车键。

在 AutoCAD 2009 中，提供了 11 种绘制圆的方式。下面对这 11 种绘制圆弧方式一一介绍。

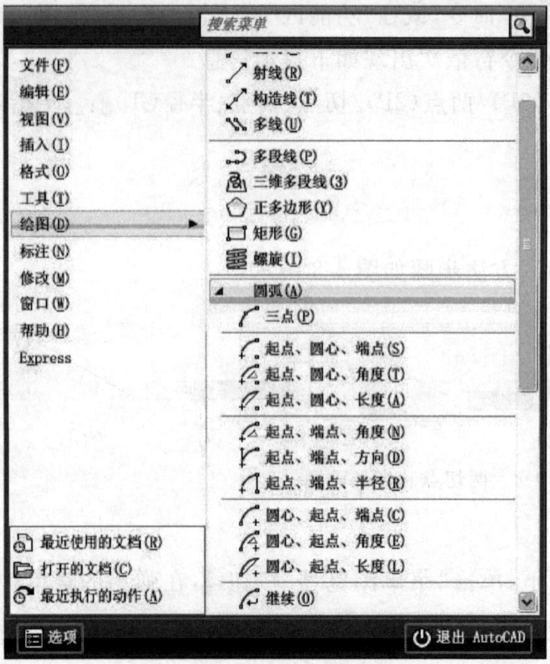

图 4-10　菜单浏览器启动画圆命令

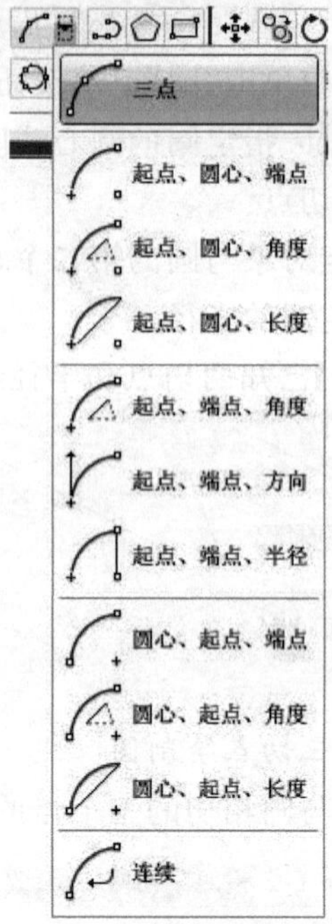

图 4-11　绘图面板启动画圆命令

(二)命令操作方法

1. 已知三点绘制圆弧

在已知圆弧上的三个点的情况下，单击“菜单浏览器”按钮，在弹出的菜单中选择“绘图”→“圆弧”→“三点(P)”命令，或在“功能区”选项板中选择“常用”选项卡，在“绘图”面板中单击“圆弧”下的按钮，命令行依次出现如下提示信息：

◇ _arc 指定圆弧的起点或［圆心(C)］：800,1200

◇ 指定圆弧的第二个点或［圆心(C)/端点(E)］：@20<55

◇ 指定圆弧的端点：@20<20

【例 4-8】已知三点绘制圆弧，方法步骤如图 4-12 所示。

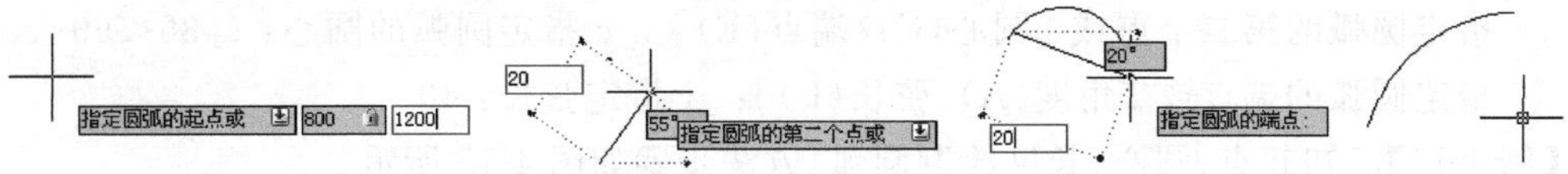

(a)　(b)　(c)　(d)

图 4-12　三点绘制圆弧

2. 已知起点、圆心、端点绘制圆弧

在已知圆弧起点、圆心、端点的情况下，单击“菜单浏览器”按钮，在弹出的菜单中选择“绘图”→“圆弧”→ 起点、圆心、端点(S) 命令，或在“功能区”选项板中选择“常用”选项卡，在“绘图”面板中单击“圆弧”下的按钮，命令行依次出现如下提示信息：

◇ _arc 指定圆弧的起点或［圆心(C)］：800,1200

◇ 指定圆弧的第二个点或［圆心(C)/端点(E)］：_c 指定圆弧的圆心：@21<50

◇ 指定圆弧的端点或［角度(A)/弦长(L)］：

【例 4-9】已知起点、圆心、端点绘制圆弧，方法步骤如图 4-13 所示。

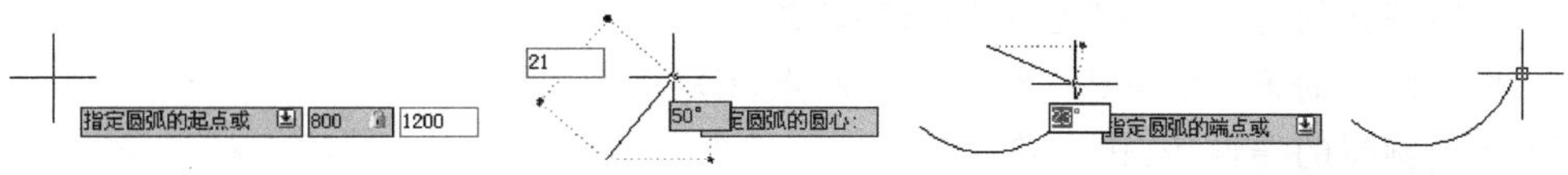

(a)　(b)　(c)　(d)

图 4-13　起点、圆心、端点绘制圆弧

3. 已知起点、圆心、角度绘制圆弧

在已知圆弧上的起点和圆心以及角度的情况下，单击“菜单浏览器”按钮，在弹出的菜单中选择“绘图”→“圆弧”→ 起点、圆心、角度(T) 命令，或在“功能区”选项板中选择“常用”选项卡，在“绘图”面板中单击“圆弧”下的按钮，命令行依次出现如下提示信息：

◇ _arc 指定圆弧的起点或［圆心(C)］：1100,1350

◇ 指定圆弧的第二个点或［圆心(C)/端点(E)］：_c 指定圆弧的圆心：@180<300

◇ 指定圆弧的端点或［角度(A)/弦长(L)］：选择 A

◇ 指定包含角：120

【例 4-10】已知起点、圆心、角度绘制圆弧，方法步骤如图 4-14 所示。

(a)　(b)　(c)

图 4-14　起点、圆心、角度绘制圆弧

4.已知起点、圆心、长度绘制圆弧

在已知圆弧上的起点、圆心和弦长的情况下,单击“菜单浏览器”按钮,在弹出的菜单中选择“绘图”→“圆弧”→ 起点、圆心、长度(A) 命令,或在“功能区”选项板中选择“常用”选项卡,在“绘图”面板中单击“圆弧”下的按钮,命令行依次出现如下提示信息:

◇ _arc 指定圆弧的起点或[圆心(C)]:600,1100

◇ 指定圆弧的第二个点或[圆心(C)/端点(E)]:_c 指定圆弧的圆心:@35<60

◇ 指定圆弧的端点或[角度(A)/弦长(L)]:_l 指定弦长:40

【例 4-11】已知起点、圆心、长度绘制圆弧,方法步骤如图 4-15 所示。

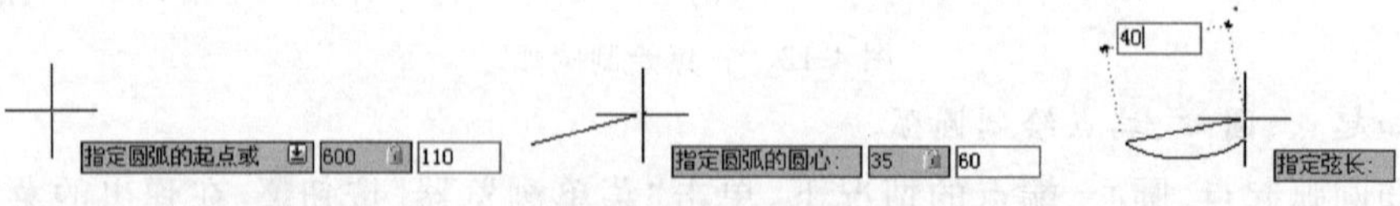

(a)　　(b)　　(c)

图 4-15　起点、圆心、长度绘制圆弧

5.已知起点、端点、角度绘制圆弧

在已知圆弧的起点、端点和角度的情况下,单击“菜单浏览器”按钮,在弹出的菜单中选择“绘图”→“圆弧”→ 起点、端点、角度(N) 命令,或在“功能区”选项板中选择“常用”选项卡,在“绘图”面板中单击“圆弧”下的按钮,命令行依次出现如下提示信息:

◇ 指定圆弧的起点或[圆心(C)]:650,1200

◇ 指定圆弧的第二个点或[圆心(C)/端点(E)]:_e

◇ 指定圆弧的端点:@40<38

◇ 指定圆弧的圆心或[角度(A)/方向(D)/半径(R)]:_a 指定包含角:120

【例 4-12】已知起点、端点、角度绘制圆弧,方法步骤如图 4-16 所示。

(a)　　(b)　　(c)

图 4-16　起点、圆心、长度绘制圆弧

6.已知起点、端点、方向绘制圆弧

在已知圆弧起点、端点和起点方向的情况下,单击“菜单浏览器”按钮,在弹出的菜单中选择“绘图”→“圆弧”→ 起点、端点、方向(D) 命令,或在“功能区”选项板中选择“常用”选项卡,在“绘图”面板中单击“圆弧”下的按钮,命令行依次出现如下提示信息:

◇ _arc 指定圆弧的起点或[圆心(C)]:1000,1000

◇ 指定圆弧的第二个点或[圆心(C)/端点(E)]:_e

◇ 指定圆弧的端点:@250<40

◇ 指定圆弧的圆心或[角度(A)/方向(D)/半径(R)]:_d 指定圆弧的起点切向:75

【例 4-13】已知起点、端点、方向绘制圆弧,方法步骤如图 4-17 所示。

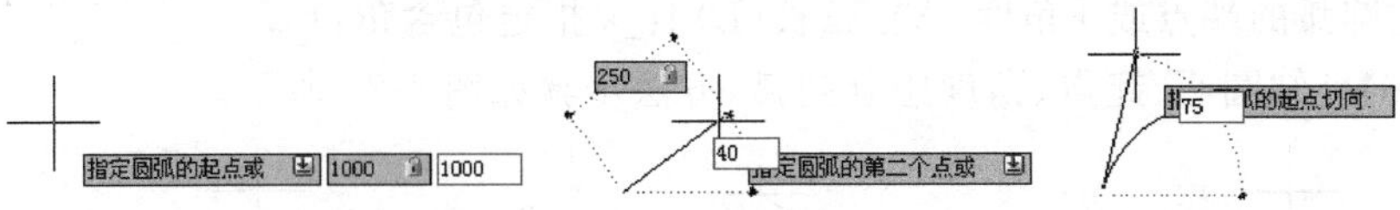

(a)　(b)　(c)

图 4-17　起点、端点、方向绘制圆弧

7. 已知起点、端点、半径绘制圆弧

在已知圆弧起点、端点、半径的情况下，单击“菜单浏览器”按钮，在弹出的菜单中选择“绘图”→“圆弧”→ 起点、端点、半径(R) 命令，或在“功能区”选项板中选择“常用”选项卡，在“绘图”面板中单击“圆弧”下的按钮，命令行依次出现如下提示信息：

◇ _arc 指定圆弧的起点或［圆心(C)］:500,500

◇ 指定圆弧的第二个点或［圆心(C)/端点(E)］:_e

◇ 指定圆弧的端点:@250＜30

◇ 指定圆弧的圆心或［角度(A)/方向(D)/半径(R)］:_r 指定圆弧的半径:370

【例 4-14】已知起点、端点、半径绘制圆弧，方法步骤如图 4-18 所示。

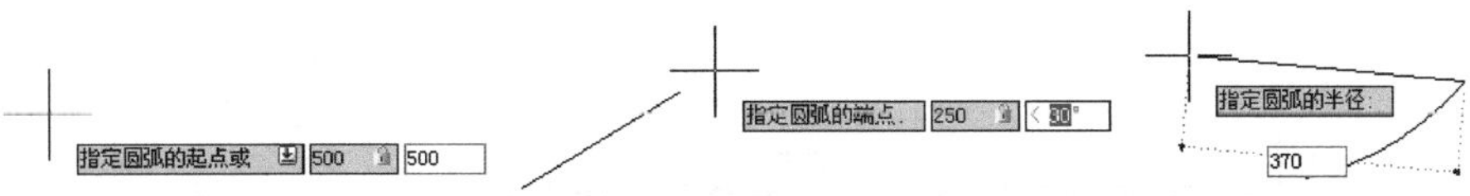

(a)　(b)　(c)

图 4-18　起点、端点、半径绘制圆弧

8. 已知圆心、起点、端点绘制圆弧

在已知圆弧的圆心、起点、端点情况下，单击“菜单浏览器”按钮，在弹出的菜单中选择“绘图”→“圆弧”→ 圆心、起点、端点(C) 命令，或在“功能区”选项板中选择“常用”选项卡，在“绘图”面板中单击“圆弧”下的按钮，命令行依次出现如下提示信息：

◇ _arc 指定圆弧的起点或［圆心(C)］:_c 指定圆弧的圆心:450,500

◇ 指定圆弧的起点:@80＜69

◇ 指定圆弧的端点或［角度(A)/弦长(L)］:36

【例 4-15】已知圆心、起点、端点绘制圆弧，方法步骤如图 4-19 所示。

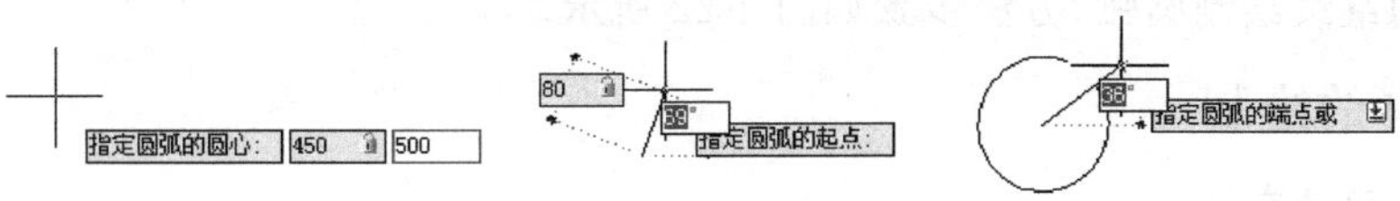

(a)　(b)　(c)

图 4-19　圆心、起点、端点绘制圆弧

9. 已知圆心、起点、角度绘制圆弧

在已知圆弧上的圆心、起点、角度的情况下，单击“菜单浏览器”按钮，在弹出的菜单中选择“绘图”→“圆弧”→ 圆心、起点、角度(E) 命令，或在“功能区”选项板中选择“常用”选项卡，在“绘图”面板中单击“圆弧”下的按钮，命令行依次出现如下提示信息：

◇ _arc 指定圆弧的起点或［圆心(C)］:_c 指定圆弧的圆心:500,450

◇ 指定圆弧的起点:@120＜33

◇ 指定圆弧的端点或[角度(A)/弦长(L)]:_a 指定包含角:137

【例 4-16】已知圆心、起点、角度绘制圆弧,方法步骤如图 4-20 所示。

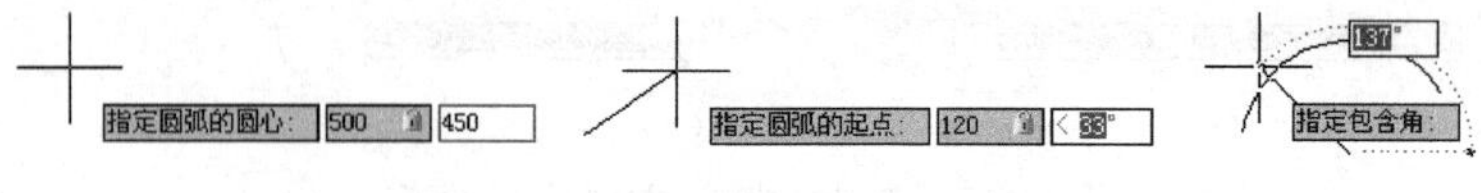

(a) (b) (c)

图 4-20 圆心、起点、角度绘制圆弧

10. 已知圆心、起点、长度绘制圆弧

在已知圆弧的圆心、起点、长度的情况下,单击"菜单浏览器"按钮,在弹出的菜单中选择"绘图"→"圆弧"→圆心、起点、长度(L)命令,或在"功能区"选项板中选择"常用"选项卡,在"绘图"面板中单击"圆弧"下的按钮,命令行依次出现如下提示信息:

◇ _arc 指定圆弧的起点或[圆心(C)]:_c 指定圆弧的圆心:550,550

◇ 指定圆弧的起点:@100<70

◇ 指定圆弧的端点或[角度(A)/弦长(L)]:_l 指定弦长:150

【例 4-17】已知圆心、起点、长度绘制圆弧,方法步骤如图 4-21 所示。

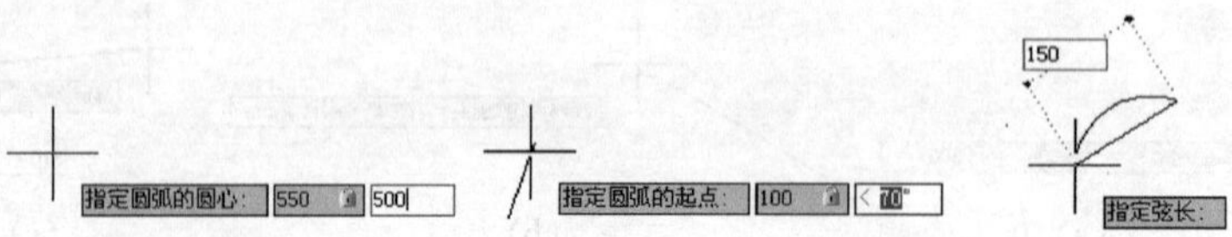

(a) (b) (c)

图 4-21 圆心、起点、长度绘制圆弧

11. 继续绘制圆弧

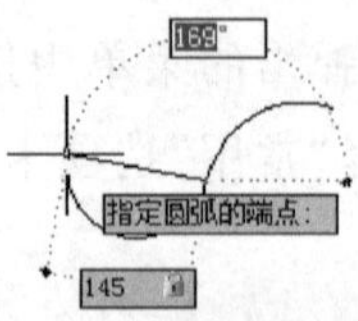

图 4-22 继续绘制圆弧

当用"继续"绘制圆弧时,可单击"菜单浏览器"按钮,在弹出的菜单中选择"绘图"→"圆弧"→继续(O)命令,或在"功能区"选项板中选择"常用"选项卡,在"绘图"面板中单击"圆弧"下的按钮,命令行将出现如下提示信息:

◇ _arc 指定圆弧的起点或[圆心(C)]:

◇ 指定圆弧的端点@145<169

【例 4-18】继续绘制圆弧,方法步骤如图 4-22 所示。

四、圆环的绘制

(一)命令启动方法

(1)单击"菜单浏览器"按钮,在弹出的菜单中选择"绘图"→圆环(D)命令。

(2)在"功能区"选项板中选择"常用"选项卡,在"绘图"面板中单击"圆环"按钮。

(3)在命令行提示符下键入"DONUT"或"DO"后,按回车键。

(二)命令操作方法

启动命令后,命令行依次出现如下提示信息:

◇ 指定圆环的内径〈0.5000〉:

◇ 指定圆环的外径〈1.0000〉:

◇ 指定圆环的中心点或〈退出〉:

命令行中各项的意义如下：

(1)指定圆环的内径：输入所绘制圆环的内径值。若将内径值设为“0”，则得到填充的圆。

(2)指定圆环的外径：输入所绘制圆环的外径值。

(3)指定圆环的中心点：指定圆环中心的位置。

使用“FILL”命令可以改变圆环的填充效果。在“FILL”命令的提示下，选择“开”选项，可对圆环进行填充，否则对圆环不进行填充，只显示轮廓线。

◇ 命令：_fill

◇ 输入模式［开(ON)/关(OFF)］〈开〉：off

如图 4-23 所示为绘制圆环的实例，其中图(a)为选中 FILL 命令下的“开”所绘制出来的圆环，图(b)为选中 FILL 命令下的“关”所绘制出来的圆环。

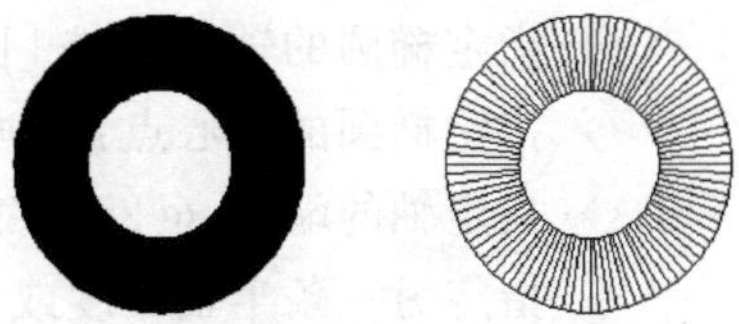

(a)　(b)

图 4-23　FILL 命令效果

【例 4-19】圆环绘制，方法步骤见图 4-24 所示。

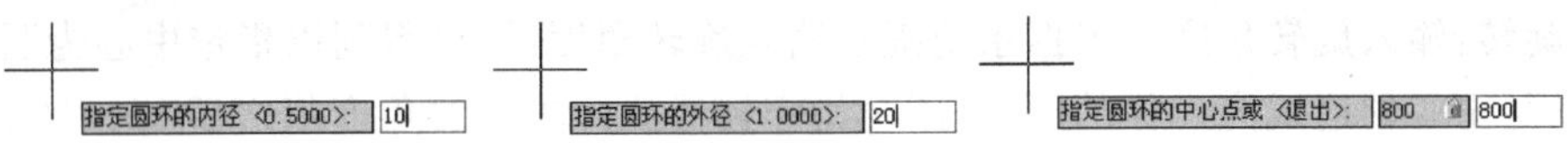

(a)　(b)　(c)

图 4-24　圆环绘制

五、椭圆的绘制

椭圆也是基本图形元素之一。

(一)命令启动方法

(1)单击“菜单浏览器”按钮，在弹出的菜单中选择“绘图”→“椭圆”命令中的子命令，如图 4-25 所示。

(2)在“功能区”选项板中选择“常用”选项卡，在“绘图”面板中单击“椭圆”按钮，如图 4-26 所示。

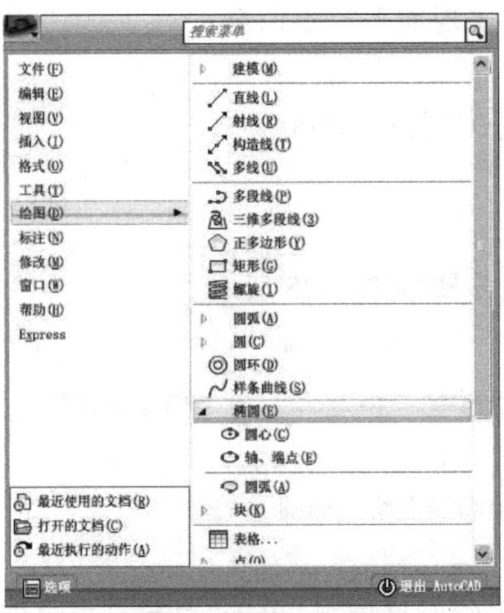

图 4-25　菜单浏览器启动椭圆命令

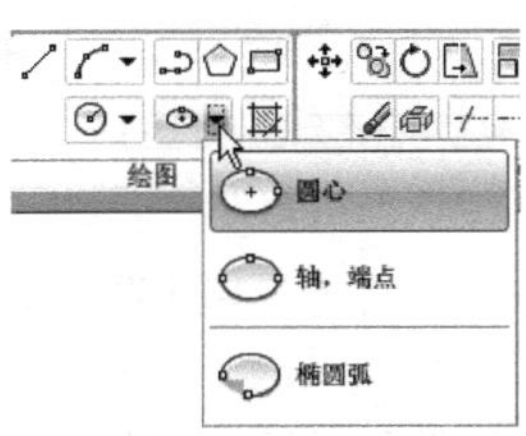

图 4-26　绘图面板启动椭圆命令

(3)在命令行提示符下键入“ELLIPSE”或“EL”后，按回车键。

AutoCAD 2009 提供了三种绘制圆和椭圆弧的方式。下面将对这三种方式一一介绍。

(二)命令操作方法

1. 已知椭圆中心点绘制椭圆

在已知椭圆中心点、端点和另一半轴长的情况下,单击“菜单浏览器”按钮,在弹出的菜单中选择“绘图”→“椭圆”→ 圆心(C) 命令,或在“功能区”选项板中选择“常用”选项卡,在“绘图”面板中单击“椭圆”下的按钮,命令行依次出现如下提示信息:

◇ _ellipse

◇ 指定椭圆的轴端点或[圆弧(A)/中心点(C)]:_a

◇ 指定椭圆的中心点:1000,1000

◇ 指定轴的端点:@250<120

◇ 指定另一条半轴长度或[旋转(R)]:100

命令行中各项的意义如下:

(1)指定另一半轴长度:(系统默认选项)输入另一半轴长度。

(2)旋转:输入旋转角度。根据系统提示输入旋转角度后,可得到以指定中心为圆心,指定轴线端点与中心的连线为半径的圆,该圆绕指定轴线旋转输入的角度值之后,在 *XOY* 平面上产生的投影即为所绘制的椭圆。

【例 4-20】已知椭圆中心点绘制椭圆,方法步骤如图 4-27 所示。

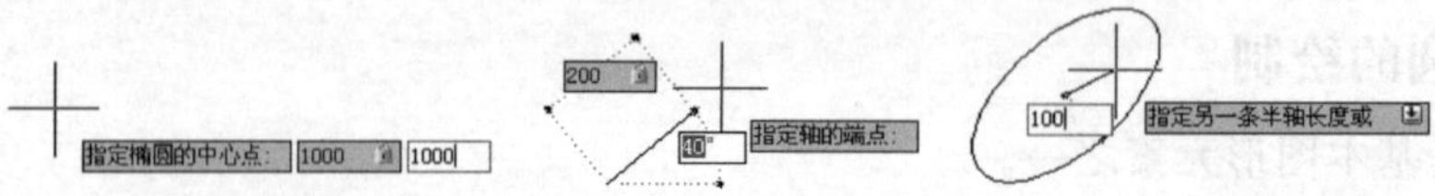

(a)　　(b)　　(c)

图 4-27　已知椭圆中心点绘制椭圆

2. 已知椭圆轴和端点画法

在已知椭圆轴端点和另一半轴长的情况下,单击“菜单浏览器”按钮,在弹出的菜单中选择“绘图”→“椭圆”→ 轴、端点(E) 命令,或在“功能区”选项板中选择“常用”选项卡,在“绘图”面板中单击“椭圆”下的按钮,命令行依次出现如下提示信息:

◇ _ellipse

◇ 指定椭圆的轴端点或[圆弧(A)/中心点(C)]:100,900

◇ 指定轴的另一个端点:@250<30

◇ 指定另一条半轴长度或[旋转(R)]:90

【例 4-21】已知椭圆轴和端点绘制椭圆,方法步骤如图 4-28 所示。

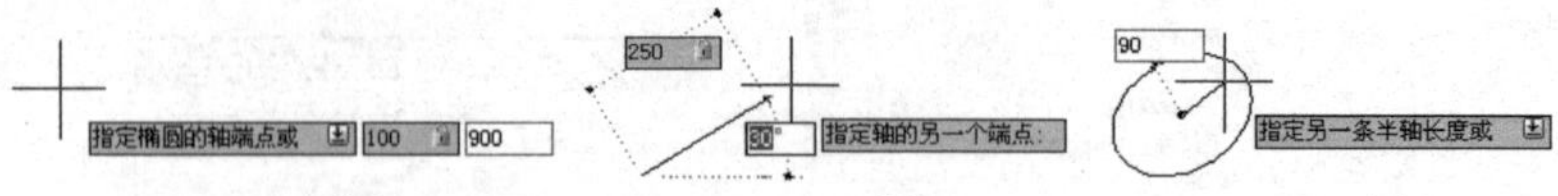

(a)　　(b)　　(c)

图 4-28　已知椭圆轴和端点绘制椭圆

3. 绘制椭圆弧

在已知椭圆两个端点和另一半轴长的情况下绘制椭圆弧,单击“菜单浏览器”按钮,在弹出的菜单中选择“绘图”→“椭圆”→ 圆弧(A) 命令,或在“功能区”选项板中选择“常用”选项卡,在“绘图”面板中单击“椭圆”下的按钮,命令行依次出现如下提示信息:

◇ _ellipse

◇ 指定椭圆的轴端点或［圆弧(A)/中心点(C)］:_a

◇ 指定椭圆弧的轴端点或［中心点(C)］:900,850

◇ 指定轴的另一个端点:@250<120

◇ 指定另一条半轴长度或［旋转(R)］:175

◇ 指定起始角度或［参数(P)］:10

◇ 指定终止角度或［参数(P)/包含角度(I)］:170

【例 4-22】已知椭圆两个端点和另一半轴长绘制椭圆弧，方法步骤如图 4-29 所示。

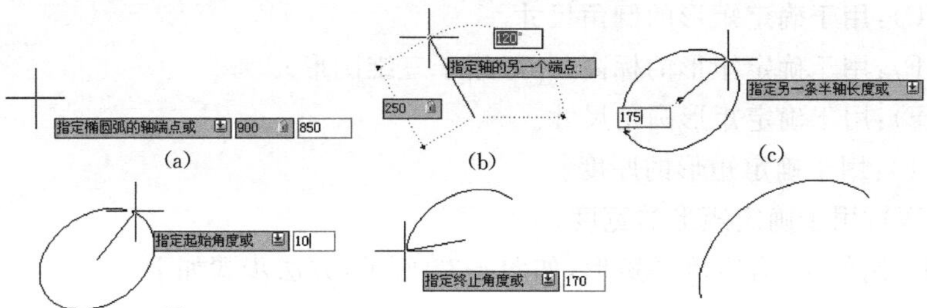

图 4-29　绘制椭圆弧

六、矩形的绘制

矩形是绘制二维平面图形时常用的简单图形元素之一。在 AutoCAD 2009 中可绘制出倒角矩形、圆角矩形、有厚度的矩形等多种矩形，如图 4-30 所示。

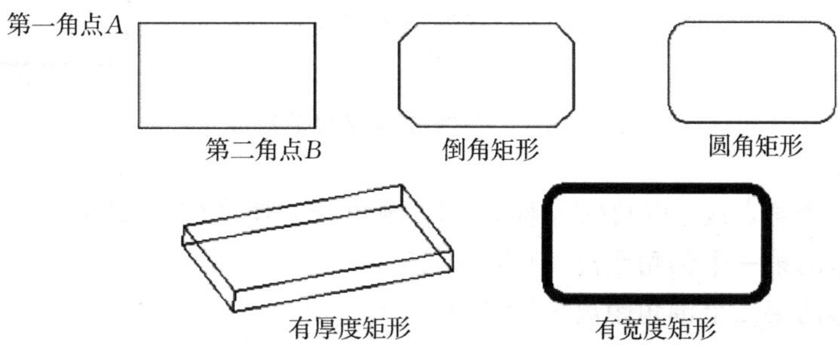

图 4-30　矩形样式

(一)命令启动方法

(1)单击“菜单浏览器”按钮，在弹出的菜单中选择“绘图”→ 矩形(G) 命令，如图 4-31 所示。

(2)在“功能区”选项板中选择“常用”选项卡，在“绘图”面板中单击“矩形”按钮，如图 4-32 所示。

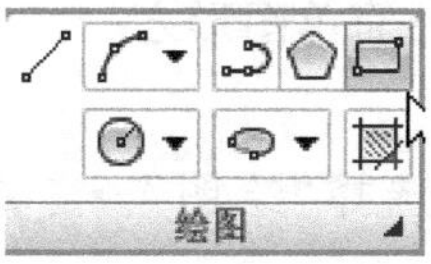

图 4-32　绘图面板启动矩形命令

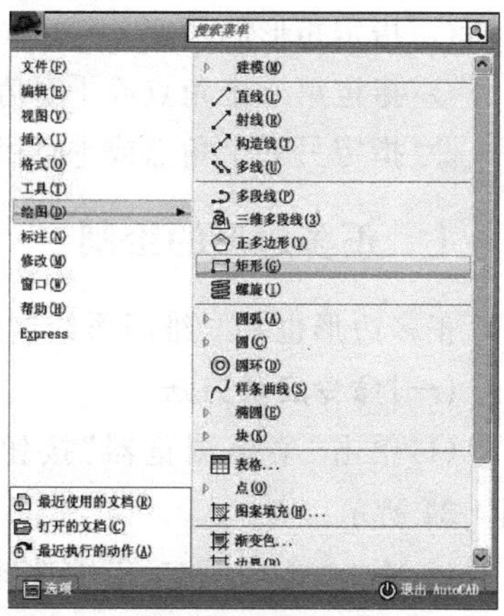

图 4-31　菜单浏览器启动矩形命令

(3)在命令行提示符下键入“RECTANG”或“REC”后，按回车键。

(二)命令操作方法

启动命令后,命令行依次出现如下提示信息:

◇ _rectang

◇ 指定第一个角点或[倒角(C)/标高(E)/圆角(F)/厚度(T)/宽度(W)]:

◇ 指定另一个角点或[面积(A)/尺寸(D)/旋转(R)]:

其中命令行信息中各项的意义如下:

(1)指定第一个角点:用于确定矩形第一个角的位置,该项为系统默认选项。

(2)倒角(C):用于确定矩形的倒角尺寸。

(3)标高(E):用于确定矩形的标高(一般用于三维图形)。

(4)圆角(F):用于确定矩形圆角尺寸。

(5)厚度(T):用于确定矩形的厚度。

(6)宽度(W):用于确定矩形的宽度。

【例 4-23】绘制倒角、有宽度的矩形,如图 4-33 所示,方法步骤如下:

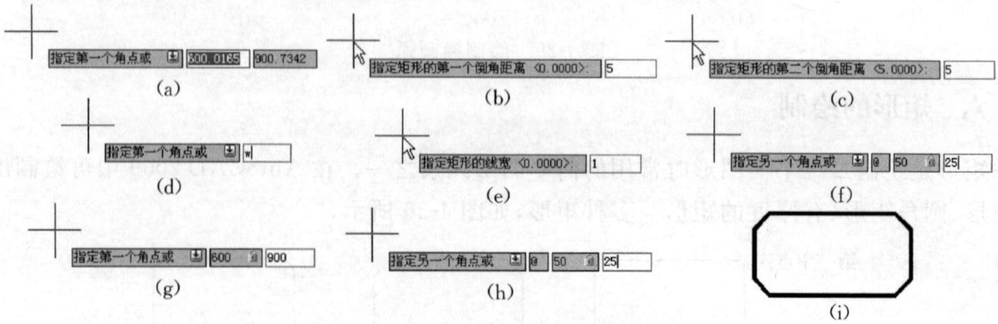

图 4-33 绘制倒角、有宽度的矩形

◇ _rectang

◇ 指定第一个角点或[倒角(C)/标高(E)/圆角(F)/厚度(T)/宽度(W)]:选择 C

◇ 指定矩形的第一个倒角距离〈0.0000〉:5

◇ 指定矩形的第二个倒角距离〈5.0000〉:5

◇ 指定第一个角点或[倒角(C)/标高(E)/圆角(F)/厚度(T)/宽度(W)]:选择 W

◇ 指定矩形的线宽〈0.0000〉:2

◇ 指定第一个角点或[倒角(C)/标高(E)/圆角(F)/厚度(T)/宽度(W)]:600,900

◇ 指定另一个角点或[面积(A)/尺寸(D)/旋转(R)]:@50,25

七、正多边形的绘制

正多边形也是二维图形绘制过程中使用较多的一种简单图形之一。

(一)命令启动方法

(1)单击"菜单浏览器"按钮,在弹出的菜单中选择"绘图"→ 正多边形(Y) 命令,如图 4-34 所示。

(2)在"功能区"选项板中选择"常用"选项卡,在"绘图"面板中单击"正多边形"按钮,如图 4-35 所示。

(3)在命令行提示符下键入"POLYGON"或"POL"后,按回车键。

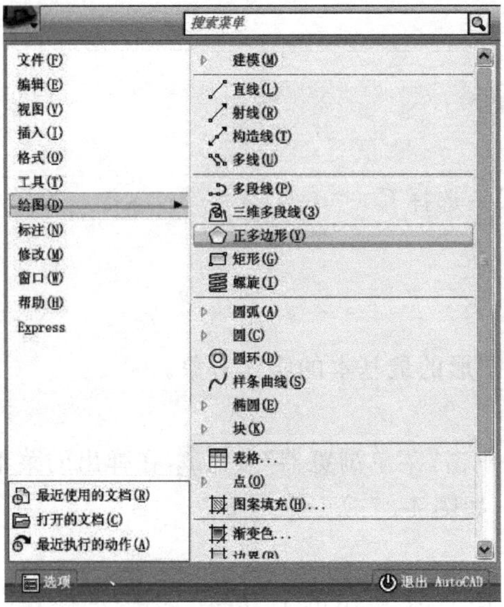

图 4-34　菜单浏览器启动正多边形命令

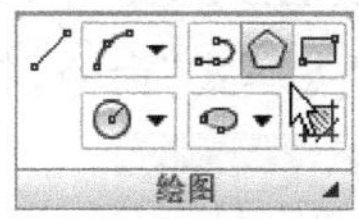

图 4-35　绘图面板启动正多边形命令

(二)命令操作方法

启动命令后，命令行依次出现如下提示信息：

◇ _polygon 输入边的数目〈4〉：

◇ 指定正多边形的中心点或[边(E)]：

◇ 输入选项[内接于圆(I)/外切于圆(C)]〈I〉：

◇ 指定圆的半径：

其中命令行中各项的意义如下：

(1)指定正多边形的中心点：该选项通过中心点绘制多边形。

(2)边：该选项用于通过边长绘制正多边形。

(3)内接于圆：该选项为通过内接圆法绘制正多边形。选中该项后，会出现“指定圆半径”提示信息，要求输入内接圆半径。

(4)外切于圆：该选项为通过外切圆法绘制正多边形。选中该项后，会出现“指定圆半径”提示信息，要求输入外切圆半径。

如图 4-36 所示为正多边形绘制的实例，其中(a)图是利用内接圆法绘制的，(b)图为利用外切于圆法绘制的。

【例 4-24】内接于圆绘制正多边形。

具体操作过程如下：

◇ 命令：_polygon

◇ 输入边的数目〈4〉：6

◇ 指定正多边形的中心点或[边(E)]：600,900

◇ 输入选项[内接于圆(I)/外切于圆(C)]〈I〉：

◇ 指定圆的半径：25

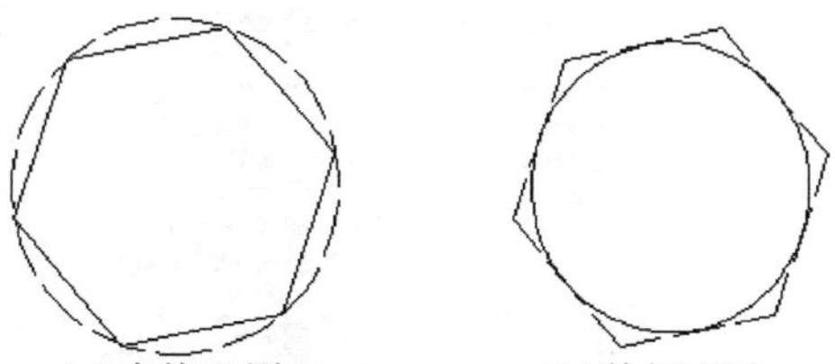

(a)内接于圆　　(b)外切于圆

图 4-36　内、外接正多边形

【例 4-25】外接于圆绘制正多边形。

具体操作过程如下：

◇ 命令:_polygon 输入边的数目〈6〉:700,900

◇ 指定正多边形的中心点或[边(E)]:

◇ 输入选项[内接于圆(I)/外切于圆(C)]〈I〉:选择 C

◇ 指定圆的半径:25

八、点的绘制

任何图形都可以看成由点组成,即点是组成图形的最基本的实体对象。

(一)点的样式

在 AutoCAD 2009 中,设置点样式的方法为单击“菜单浏览器”按钮,在弹出的菜单中选择“格式”→“点样式”命令,打开“点样式”对话框,如图 4-37 所示。

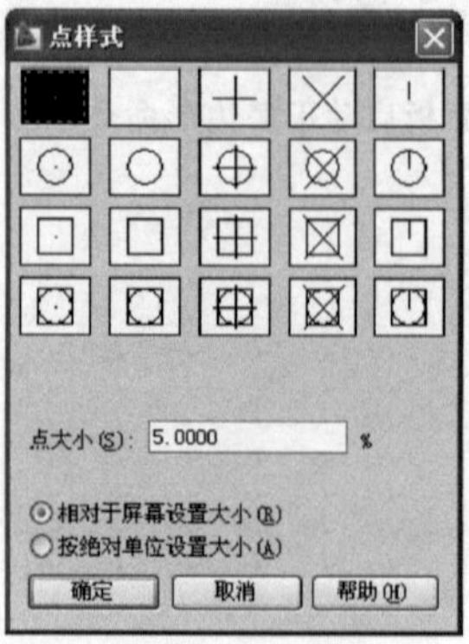

图 4-37　点的样式

在对话框中包括：

(1)图形选择框:如图 4-37 所示的上方,有 20 种点样式供用户选择,其中点的默认样式是一个小圆点(第一种点样式)。

(2)点大小文本框:设置点的大小。

(3)相对于屏幕设置大小单选按钮:是否相对于屏幕的尺寸大小,来设置点的尺寸大小。

(4)按绝对单位设置大小单选按钮:是否用绝对坐标单位,设置点的尺寸大小。

(二)命令的启动方法

(1)单击“菜单浏览器”按钮,在弹出的菜单中选择“绘图”→ 点(O) 命令,如图 4-38 所示。

(2)在“功能区”选项板中选择“常用”选项卡,在“绘图”面板中单击“多点”按钮,如图 4-39 所示。

(3)在命令行提示符下键入“POINT”或“PO”后,按回车键。

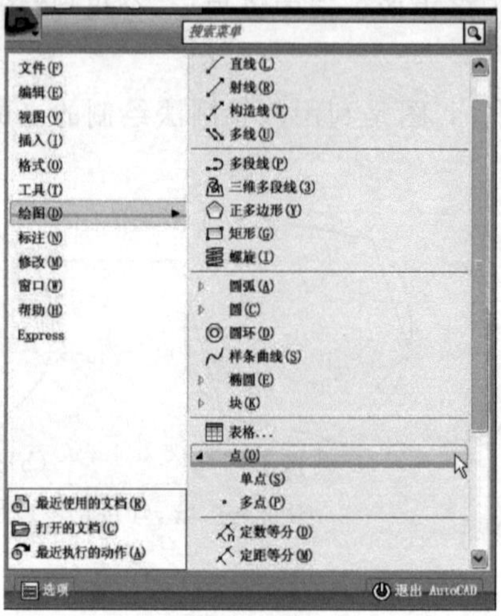

图 4-38　菜单浏览器启动点命令

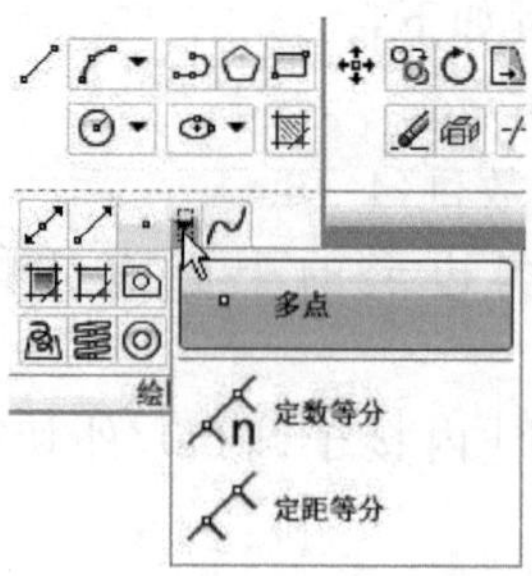

图 4-39　绘图面板启动点命令

(三)命令操作方法

启动命令后，命令行依次出现如下提示信息：

◇ 命令：_point

◇ 当前点模式：PDMODE＝0　PDSIZE＝0.0000

◇ 指定点：

可以在窗口中一次指定多个点，直到按 Esc 键结束。

§4-2　复杂图形的绘制

一、多段线的绘制

由若干直线和圆弧连接而成的不同宽度的曲线或折线称为多段线。

(一)命令的启动方法

(1)单击“菜单浏览器”按钮，在弹出的菜单中选择“绘图”→多段线(P)命令。

(2)在“功能区”选项板中选择“常用”选项卡，在“绘图”面板中单击“多段线”按钮。

(3)在命令行提示符下键入“PLINE”或“PL”后，按回车键。

(二)命令操作方法

启动命令后，命令行依次出现如下提示信息：

◇ 命令：_pline

◇ 指定起点：

◇ 当前线宽为 0.0000

◇ 指定下一个点或[圆弧(A)/半宽(H)/长度(L)/放弃(U)/宽度(W)]：

◇ 指定下一点或[圆弧(A)/闭合(C)/半宽(H)/长度(L)/放弃(U)/宽度(W)]：

其中各项的意义如下：

(1)圆弧(A)：以圆弧的形式绘制多段线。

(2)闭合(C)：自动将多段线的首尾闭合。

(3)半宽(H)：设置多段线的半宽值。

(4)长度(L)：指定下一段多段线的长度。

(5)放弃(U)：取消刚绘制的那一段多段线。

(6)宽度(W)：设置多段线的宽度值。

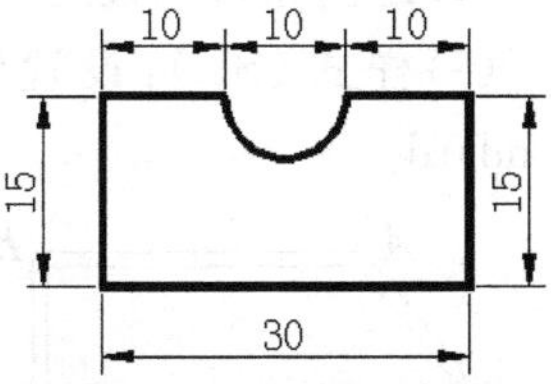

图 4-40　绘制多段线

【例 4-26】绘制如图 4-40 所示多段线。

启动“多段线”命令后，按如下操作：

◇ 命令：_pline

◇ 指定起点：1350,1200

◇ 当前线宽为 0.0000

◇ 指定下一个点或[圆弧(A)/半宽(H)/长度(L)/放弃(U)/宽度(W)]：选择 W

◇ 指定起点宽度〈0.0000〉：0.5

◇ 指定端点宽度〈0.5000〉：0.5

◇ 指定下一个点或[圆弧(A)/半宽(H)/长度(L)/放弃(U)/宽度(W)]：@15＜270

◇ 指定下一点或[圆弧(A)/闭合(C)/半宽(H)/长度(L)/放弃(U)/宽度(W)]：@30<0

◇ 指定下一点或[圆弧(A)/闭合(C)/半宽(H)/长度(L)/放弃(U)/宽度(W)]：@15<90

◇ 指定下一点或[圆弧(A)/闭合(C)/半宽(H)/长度(L)/放弃(U)/宽度(W)]：@10<180

◇ 指定下一点或[圆弧(A)/闭合(C)/半宽(H)/长度(L)/放弃(U)/宽度(W)]：选择 A

◇ 指定圆弧的端点或[角度(A)/圆心(CE)/闭合(CL)/方向(D)/半宽(H)/直线(L)/半径(R)/第二个点(S)/放弃(U)/宽度(W)]：选择 A

◇ 指定包含角：−180

◇ 指定圆弧的端点或[圆心(CE)/半径(R)]：@10<180

◇ 指定圆弧的端点或[角度(A)/圆心(CE)/闭合(CL)/方向(D)/半宽(H)/直线(L)/半径(R)/第二个点(S)/放弃(U)/宽度(W)]：选择 L

◇ 指定下一点或[圆弧(A)/闭合(C)/半宽(H)/长度(L)/放弃(U)/宽度(W)]：选择 C

二、多线的绘制

绘制多条相互平行的线，多线命令常用于绘制墙线、道路、巷道等。

（一）命令的启动方法

(1)单击“菜单浏览器”按钮，在弹出的菜单中选择“绘图”→ 多线(U) 命令。

(2)在命令行提示符下键入“MLINE”或“ML”后，按回车键。

（二）命令操作方法

启动命令后，命令行依次出现如下提示信息：

◇ 命令：_mline

◇ 当前设置：对正＝上，比例＝20.00，样式＝Standard

◇ 指定起点或[对正(J)/比例(S)/样式(ST)]：

◇ 指定下一点：

◇ 指定下一点或[放弃(U)]：

◇ 指定下一点或[闭合(C)/放弃(U)]：

其中各项的意义如下：

(1)对正(J)：设置多线相对于用户输入端点的偏移位置。

(2)比例(S)：设置定义的平行多线绘制时的比例。

(3)样式(ST)：设置绘制平行多线时使用的样式。AutoCAD 2009 默认的样式为：Standard。

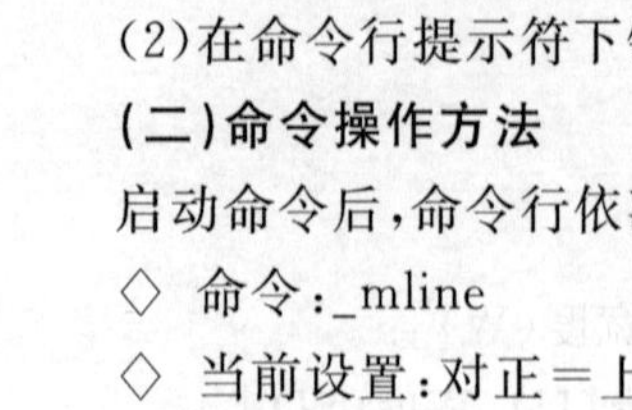

图 4-41　绘制多线

【例 4-27】绘制如图 4-41 所示多线。

启动“多线”命令后，按如下操作：

◇ 指定起点或[对正(J)/比例(S)/样式(ST)]：选择 J

◇ 输入对正类型[上(T)/无(Z)/下(B)]：输入 B 或按 Enter 键选默认值

◇ 指定起点或[对正(J)/比例(S)/样式(ST)]：选择 S

◇ 输入多线比例：输入 5 后，按 Enter 键

◇ 指定起点或[对正(J)/比例(S)/样式(ST)]:指定 A 点

◇ 指定下一点:指定 B 点

◇ 指定下一点[或放弃]:指定 C 点

◇ 指定下一点或[闭合(C)/放弃(U)]:指定 D 点

◇ 指定下一点或[闭合(C)/放弃(U)]:输入 C 选择闭合

三、样条曲线的绘制

样条曲线是一种通过接近指定点的拟合曲线。

(一)命令的启动方法

(1)单击“菜单浏览器”按钮,在弹出的菜单中选择“绘图”→样条曲线(S)命令。

(2)在“功能区”选项板中选择“常用”选项卡,在“绘图”面板(如图 4-42 所示)中单击“样条曲线”按钮。

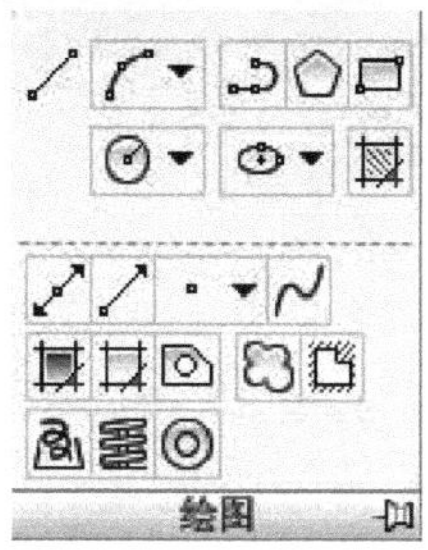

图 4-42　绘图面板

(3)在命令行提示符下键入“SPLINE”或“SPL”后,按回车键。

(二)命令操作方法

启动命令后,命令行依次出现如下提示信息:

◇ 命令:_spline

◇ 指定第一个点或 [对象(O)]:

◇ 指定下一点:

◇ 指定下一点或 [闭合(C)/拟合公差(F)]〈起点切向〉:

其中各项的意义如下:

(1)对象(O):将二维或三维的二次或三次样条曲线拟合多段线转换成等效的样条曲线并删除多段线。

(2)闭合(C):生成一条闭合的样条曲线。

(3)拟合公差(F):输入曲线的偏差值。

【例 4-28】绘制样条曲线,方法步骤如图 4-43 所示。

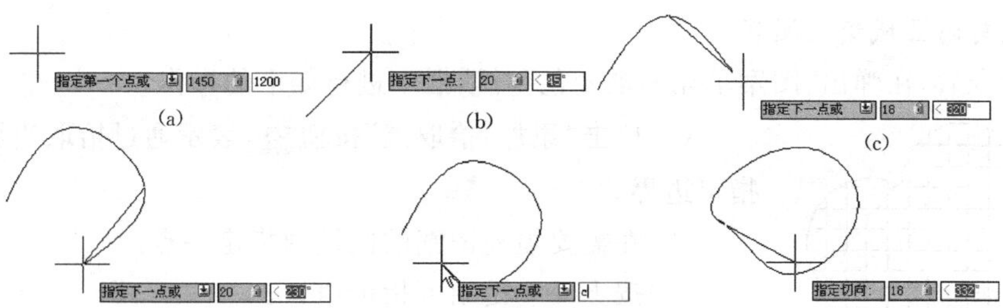

图 4-43　样条曲线绘制

四、区域填充

图案填充是一种使用指定图案来充满指定区域的图形对象操作,常用于表示剖切面和不同类型对象的外观纹理等,被广泛应用于绘制机械图、建筑图、地质构造图等各类图形中。

AutoCAD 2009 不仅可以填充某一图形区域,而且可以根据需要对填充的图案、填充的样式进行设置。图案填充可使用 BHATCH 和 HHATCH 等图案填充命令来完成。图案填充可以分为关联或非关联的图案填充。所谓关联图案填充就是图案填充与它们的边界相连接并且当修改边界时自动更新,非关联图案填充则独立于它们的边界,即使修改图案填充和渐变色也不会变化。因此,关联图案填充适合于封闭图形的填充,而非关联图案填充特别适用于非封闭图形的填充。

(一)命令的启动方法

(1)单击“菜单浏览器”按钮,在弹出的菜单中选择“绘图”→图案填充(H)...命令。

(2)在“功能区”选项板中选择“常用”选项卡,在“绘图”面板中单击“图案填充”按钮。

(3)在命令行提示符下键入“BHATCH”或“H”后,按回车键。

(二)命令操作方法

启动命令后,将弹出“图案填充和渐变色”对话框,如图 4-44 所示。

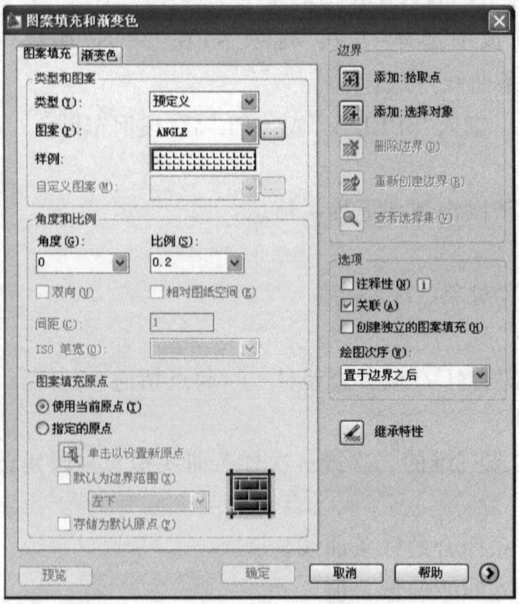

图 4-44 “图案填充和渐变色”对话框一

1. 查找封闭区域填充图案

启动命令后,在弹出“图案填充和渐变色”对话框中进行如下的操作:

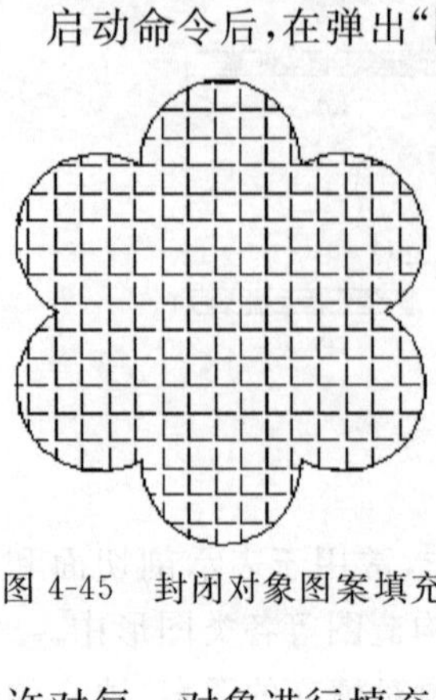

图 4-45 封闭对象图案填充

(1)单击“添加:拾取点”按钮,表示通过拾取边界内部的点指定边界。

(2)在需要填充图案的区域内指定一点。

(3)按 Enter 键结束指定边界。

(4)单击“确定”按钮即可以使用当前的图案、缩放比例和角度填充封闭区域,当然也可以根据需要修改这些设置。

如图 4-45 所示为查找封闭区域填充图案后的效果。

2. 选择对象填充图案

除使用特定图案和样式填充封闭的面域外,AutoCAD 2009 允许对每一对象进行填充。此时,对象可为封闭的边界,也可为不封闭的边界对象。

启动命令后,在弹出“图案填充和渐变色”对话框中进行如下的操作:

(1)使用“添加:选择对象”按钮,拾取需要图案填充的对象,对象无须具有闭合的边界。

(2)按 Enter 键,结束对象拾取。在“图案填充和渐变色”对话框中,单击“确定”按钮,就会发现所选的对象以特定的图案样式、缩放比例等进行了图案填充。

若选择的对象是封闭的图形填充后结果如图 4-45 所示,若选择的对象不是封闭的图形填充后结果如图 4-46 所示,可见不是闭合的区域也可以进行图案填充,但很明显不是完全填充。

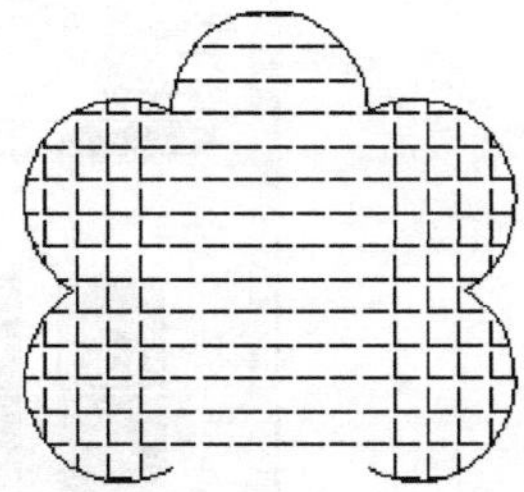

图 4-46　非封闭对象图案填充

3. 定义图案填充边界

边界是构成封闭对象的轮廓,它可以是线、圆弧、圆、二维多段线、椭圆、样条曲线等的任意组合。

在如图 4-44 所示的“图案填充和渐变色”对话框中单击右下角的“更多选项”按钮,在打开的对话框(如图 4-47 所示)中,可以设置填充图形中的孤岛及边界等选项。

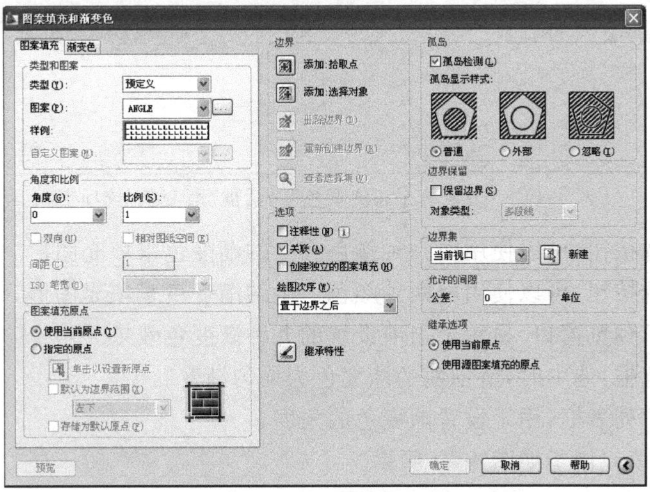

图 4-47　“图案填充和渐变色”对话框二

“孤岛显示样式”选项区域:用于设置孤岛的填充方式,其中包括“普通”、“外部”和“忽略”三种方式。

(1)“普通”方式:从最外边界向里面填充线,遇到与之相交的内部边界时断开填充线,再遇到下一个内部边界时再继续绘制填充线。如图 4-48(a) 所示。

(2)“外部”方式:从最外边界向里面填充线,遇到与之相交的内部边界时断开填充线,不再继续往里绘制填充线,如图 4-48(b)所示。

(3)“忽略”方式:忽略边界内的对象,所有内部结构都被填充线覆盖,如图 4-48(c)所示。

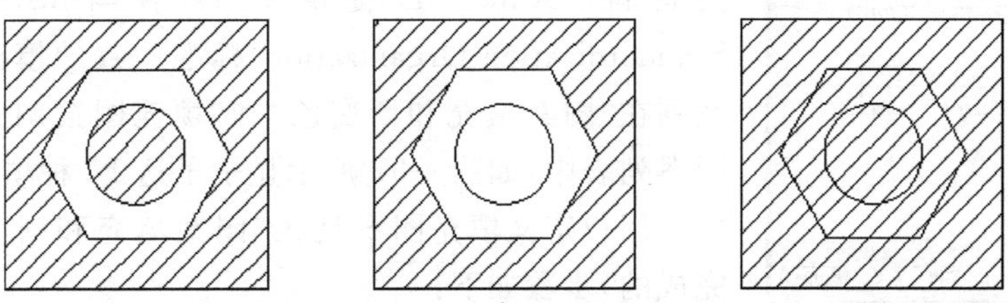

(a)　　(b)　　(c)

图 4-48　定义图案填充边界

4.“渐变色”选项卡

在 AutoCAD 2009 中,使用“渐变色”选项卡,可以使用一种或两种颜色形成的渐变色来填充图形,如图 4-49 所示。

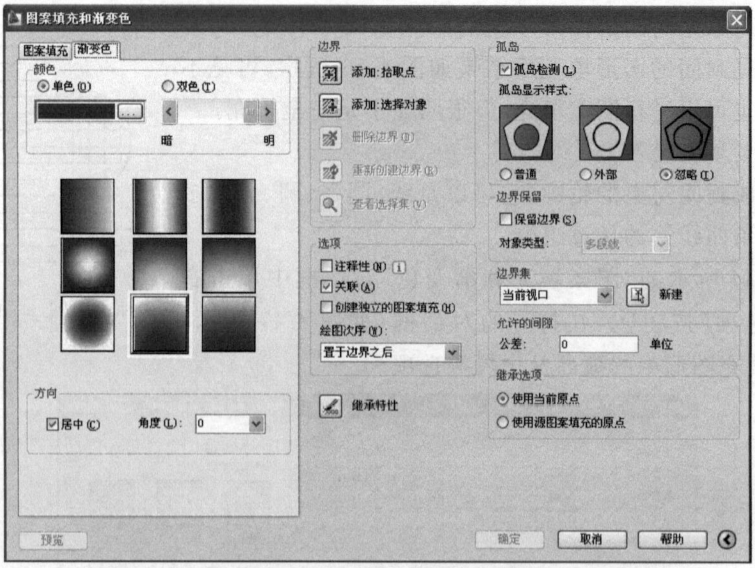

图 4-49　“图案填充和渐变色”对话框“渐变色”选项卡

(1)“单色”单选按钮:可以使用由一种颜色产生的渐变色来填充图形。

(2)“双色”单选按钮:可以使用由两种颜色产生的渐变色来填充图形。

(3)“渐变图案”预览窗口:显示了当前设置的九种渐变色效果。

(4)“居中”复选框:选中时,所创建的渐变色为均匀渐变。

(5)“角度”下拉列表框:用于设置渐变色的角度。

“渐变色”图案填充例子如图 4-50 所示。

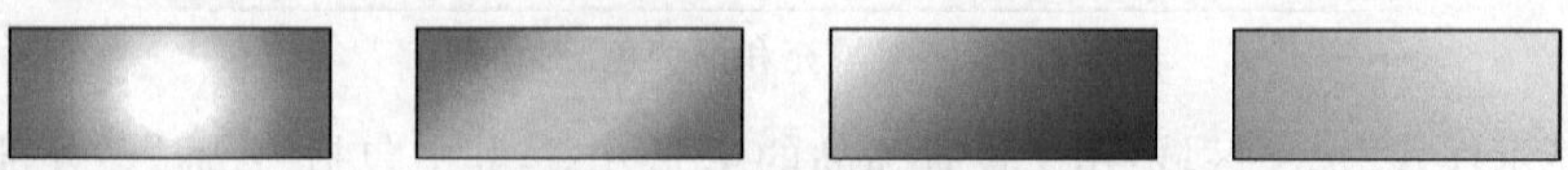

(a)　(b)　(c)　(d)

图 4-50　渐变色图案填充

5. 用户定义填充图案

AutoCAD 2009 提供了实体填充和 50 多种工业标准填充图案,填充图案亮显了图形的某一特征或某一区域。例如,填充图案可以帮助区分三维对象的部件或表示组成对象的材料。AutoCAD 提供了 14 种与 ISO(International Standardization Organization)标准一致的填充图案,这些图案列在“图案填充和渐变色”和“填充图案调色板”对话框的图案列表中,如图 4-51 所示显示了这 14 种填充图案。

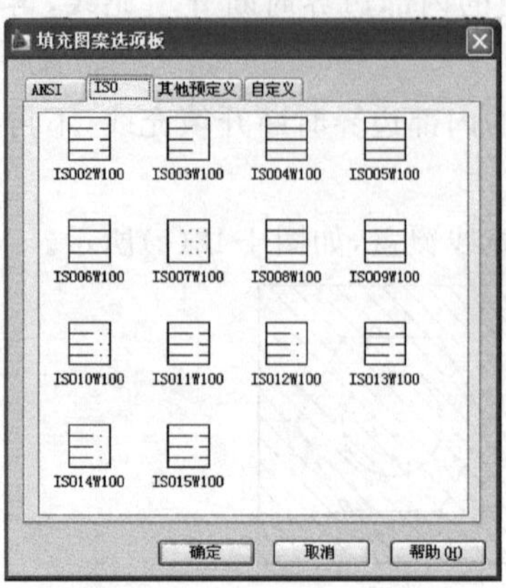

图 4-51　ISO 标准填充图案

用户定义填充图案是在“图案填充和渐变色”对话框中完成的,步骤如下:

(1)启动命令,弹出“图案填充和渐变色”对话框,如

图 4-44 所示。

(2)在"图案填充和渐变色"对话框中的"类型"下，单击"用户定义"，表示按用户定义的填充图案样式填充区域。

(3)角度：指定填充图案的角度(相对当前 UCS 坐标系的 X 轴)。

(4)间距：指定用户定义图案中的直线间距，只有将"类型"设置为"用户定义"，此选项才可用。

(5)双向：对于用户定义的图案，将绘制第二组直线，这些直线与原来的直线成 90°角，从而构成交叉线。只有在"图案填充"选项卡上将"类型"设置为"用户定义"时，此选项才可用。

(6)单击"添加：拾取点"按钮，指定内部点。

(7)单击"确定"按钮，就以用户自定义的图案填充样式填充区域。

用户定义填充图案效果如图 4-52 所示。

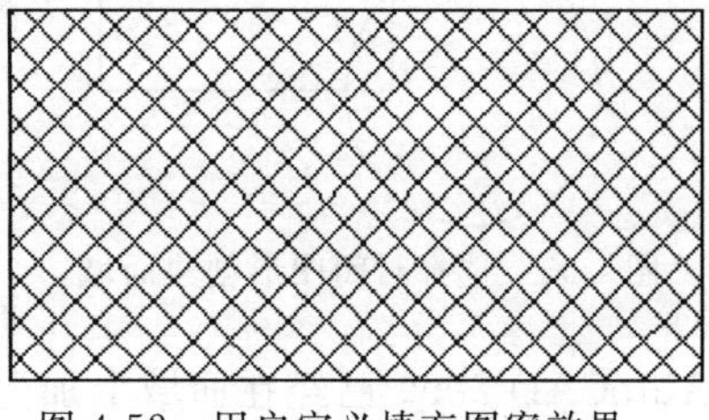

图 4-52　用户定义填充图案效果

6. 孤岛设置

在进行图案填充时，通常将一个已定义的填充区域内的封闭区域称为孤岛。单击"图案填充和渐变色"对话框(如图 4-44 所示)右下角的⊙按钮，将显示如图 4-47 所示的对话框，可以对孤岛和边界进行设置，该选项卡中各项的具体意义如下：

(1)保留边界：根据临时图案填充边界创建边界对象，并将其添加到图形中。

(2)对象类型：控制新边界对象的类型。生成的边界对象可以是面域或多段线对象。仅当选中"保留边界"时，此选项才可用。

(3)边界集：当使用"选择对象"定义边界时，选定的边界集无效。默认情况下，当使用"拾取点"定义边界时，AutoCAD 2009 分析当前视口中所有可见的对象。

(4)当前视口：根据当前视口范围中的所有对象定义边界集，选择此选项将放弃当前的任何边界集。

(5)现有集合：从使用"新建"选定的对象定义边界集。如果还没有用"新建"创建边界集，则"现有集合"选项不可用。

(6)新建：提示用户选择用来定义边界集的对象。

(7)允许的间隙区域：设置将对象用作图案填充边界时可以忽略的最大间隙。默认值为 0，此值指定对象必须封闭区域而没有间隙。

(8)继承选项区域：使用"继承特性"创建图案填充时，这些设置将控制图案填充原点的位置。

五、面域

面域是具有物理特性的二维封闭区域。可以将现有面域合并为单个复合面域来计算面积。它是使用形成闭合环的对象创建的二维闭合区域。环可以是直线、多段线、圆、圆弧、椭圆、椭圆弧和样条曲线的组合。组成环的对象必须闭合或通过与其他对象共享端点而形成闭合的区域。

(一)命令的启动方法

(1)单击"菜单浏览器"按钮，在弹出的菜单中选择"绘图"→面域(N)命令。

(2)在"功能区"选项板中选择"常用"选项卡，在"绘图"面板中单击"面域"按钮。

(3)在命令行提示符下键入“REGION”或“REG”后,按回车键。

(二)命令操作方法

1. 选择封闭图形创建面域

当启动“面域”命令后,选择封闭图形创建面域的方法步骤如下:

◇ 命令行提示:“选择对象:”用鼠标选取封闭图形对象(如矩形和圆形)来创建面域

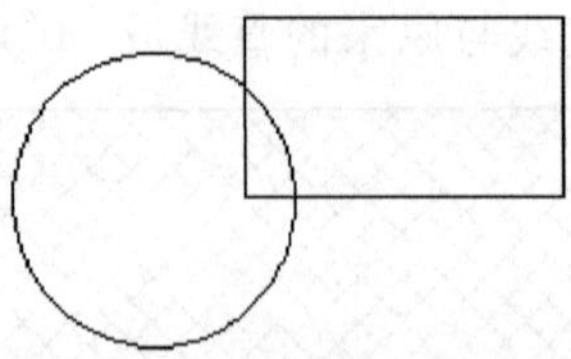

图 4-53　选择封闭图形创建面域

◇ “选择对象:找到 1 个,总计 2 个”给出 AutoCAD 检测到多少个封闭环面的信息,按 Enter 键结束面域的创建

◇ 已提取 2 个环

◇ 已创建 2 个面域

如图 4-53 所示有两个闭合图形,故能创建两个面域。表面上看来,创建面域与原来的图形没有什么区别,但 AutoCAD 2009 已经在面域上加上了标记。

2. 使用边界创建面域

AutoCAD 2009 中创建面域是一种很灵活的操作,除了通过选取封闭面来创建面域之外,还可以通过图形边界创建面域。当启动“面域”命令后,使用边界创建面域的步骤如下:

(1)设置边界:单击“菜单浏览器”按钮,在弹出的菜单中选择“绘图”→边界(B)...命令,或在“功能区”选项板中选择“常用”选项卡,在“绘图”面板中单击“边界”按钮,或在命令行键入 BOUNDARY 后按回车键,弹出“边界创建”对话框,如图 4-54 所示。

(2)在“边界创建”对话框的“对象类型”下,可以选择创建的边界类型,选择“面域”,即可以创建面域的边界。

(3)单击“新建”按钮,表示标记新的边界。

(4)选择用边界创建面域的对象,如图 4-55 所示,选择大圆和小圆。命令行中显示创建了两个面域,按 Enter 键回到“边界创建”对话框。

(5)然后选择“拾取点”,在想要定义为面域的图形的每一个区域内指定一点,然后按鼠标左键,该点就作为所创建面域的内部点,虚线包围的区域为创建的面域,而虚线就是标记的边界,如图 4-55 所示。

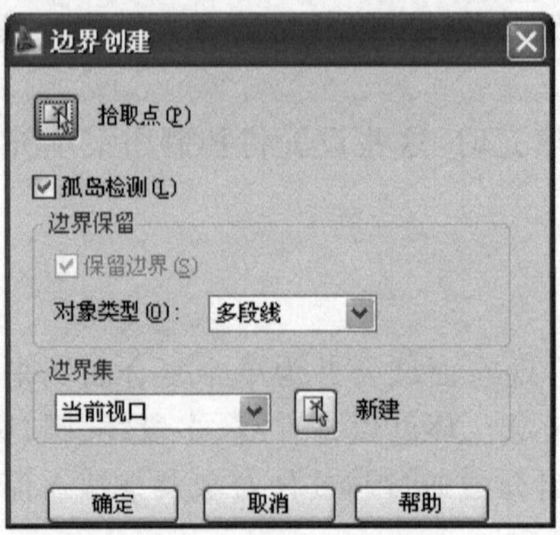

图 4-54　边界创建对话框

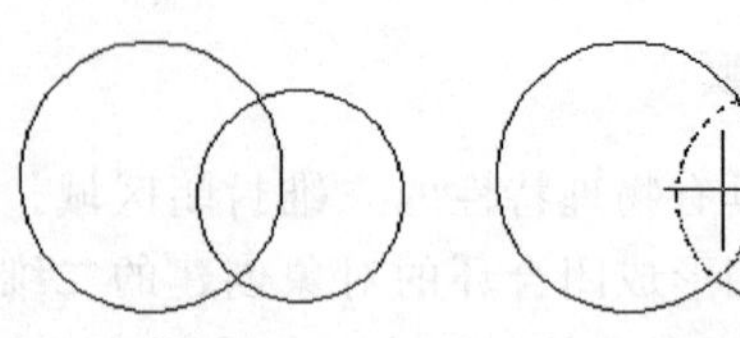

(a)　(b)

图 4-55　选择边界创建面域

§4-3　辅助作图

一、构造线的绘制

在利用 AutoCAD 2009 作图时，构造线命令可创建无限长的直线，用于辅助线。

(一)命令的启动方法

(1)单击"菜单浏览器"按钮，在弹出的菜单中选择"绘图"→ 构造线(T) 命令。

(2)在"功能区"选项板中选择"常用"选项卡，在"绘图"面板中单击"构造线"按钮。

(3)在命令行提示符下键入"XLINE"或"XL"后，按回车键。

(二)命令操作方法

命令启动后依次有如下的提示信息：

◇ 命令：_xline

◇ 指定点或［水平(H)/垂直(V)/角度(A)/二等分(B)/偏移(O)］：

◇ 指定通过点：

其中各项的意义如下：

(1)指定点：指定构造线通过的起始点，将来创建通过指定点的构造线；

(2)水平(H)：创建一条通过选定点的平行于 X 轴的构造线；

(3)垂直(V)：创建一条通过选定点的平行于 Y 轴的构造线；

(4)角度(A)：以指定的角度创建一条参照线，选择此项后另有提示：

◇ 输入构造线的角度 (0) 或 ［参照(R)］：①输入构造线的角度(0)：指定放置直线的角度；②参照(R)：指定与选定参照线之间的夹角。

(5)二等分(B)：创建一条参照线，它经过选定的角顶点，并且将选定的两条线之间的夹角平分。

(6)偏移(O)：创建平行于另一个对象的构造线，选择此项后另有如下提示：

◇ 指定偏移距离或［通过(T)］〈当前〉：①指定偏移距离：指定构造线偏离选定对象的距离；②通过：指定通过点创建构造线。

(7)指定通过点：指定构造线通过的点。

【例 4-29】绘制如图 4-56(a)所示 $\angle AOB$ 的角平分线。

具体方法步骤如下：

◇ _xline 指定点或［水平(H)/垂直(V)/角度(A)/二等分(B)/偏移(O)］：选择 B；

◇ 指定角的顶点：指定 O 点；

◇ 指定角的起点：指定 B 点；

◇ 指定角的端点：指定 A 点；

◇ 指定角的端点：按回车键结束命令。

操作过程及结果如图 4-56 所示。

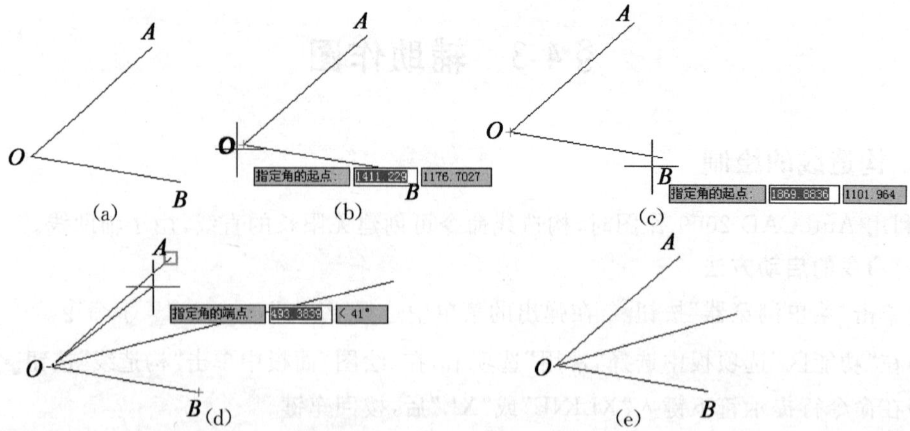

图 4-56　绘制角度的平分线

二、射线的绘制

在利用 AutoCAD 2009 作图时,射线命令可创建向一个方向无限延伸的直线(称为射线),可用于创建其他对象的作图辅助线。

(一)命令的启动方法

(1)单击“菜单浏览器”按钮,在弹出的菜单中选择“绘图”→射线(R)命令。

(2)在“功能区”选项板中选择“常用”选项卡,在“绘图”面板中单击“射线”按钮。

(3)在命令行提示符下键入“RAY”后,按回车键。

(二)命令操作方法

命令启动后依次有如下的提示信息:

◇ 命令:_ray

◇ 指定起点:指定射线的起始点;

◇ 指定通过点:指定射线要通过的点。

三、定数等分对象

在利用 AutoCAD 2009 作图时,定数等分对象命令可将点对象或块沿对象的长度或周长等间隔排列,用于创建其他对象的作图辅助参照。

(一)命令的启动方法

(1)单击“菜单浏览器”按钮,在弹出的菜单中选择“绘图”→“点”→定数等分(D)命令。

(2)在“功能区”选项板中选择“常用”选项卡,在“绘图”面板中单击在“点”按钮旁的按钮后单击按钮。

(3)在命令行提示符下键入“DIVIDE” 或“DIV”后,按回车键。

(二)命令操作方法

命令启动后依次有如下的提示信息:

◇ 命令:_divide

◇ 选择要定数等分的对象:

◇ 输入线段数目或[块(B)]:

其中各项的意义如下：

(1)输入线段数目：输入沿选定对象等间距放置点或块的个数。

(2)块(B)：沿选定对象等间距放置块。如果块具有可变属性，插入的块中将不包含这些属性。

【例 4-30】将圆弧定数等分成 5 等分，方法步骤如图 4-57、图 4-58 所示。

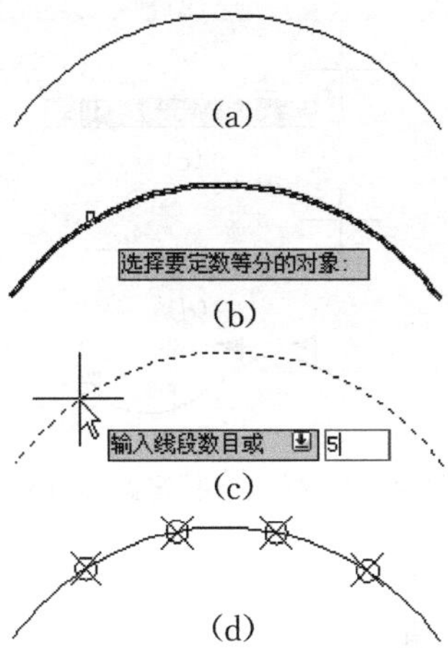

图 4-57 插入"点"定数等分对象

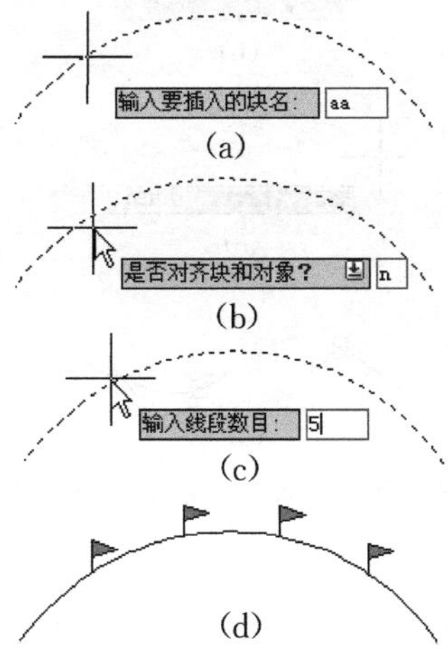

图 4-58 插入"块"定数等分对象

四、定距等分对象

在利用 AutoCAD 2009 作图时，定距等分对象命令可将点或块沿对象的长度或周长等距离排列，用于创建其他对象的作图辅助参照。

(一)命令的启动方法

(1)单击"菜单浏览器"按钮，在弹出的菜单中选择"绘图"→"点"→ 定距等分(M)命令。

(2)在"功能区"选项板中选择"常用"选项卡，在"绘图"面板中单击"点"按钮，在"点"面板中单击按钮。

(3)在命令行提示符下键入"MEASURE" 或"ME"后，按回车键。

(二)命令操作方法

命令启动后依次有如下的提示信息：

◇ 命令：_ measure

◇ 选择要定距等分的对象：

◇ 指定线段长度或［块(B)］：

其中各项的意义如下：

(1)输入线段长度：输入沿选定对象等间距放置点对象的距离，从靠近选择对象位置的那端开始放置。闭合多段线的定距等分从它们的初始顶点(绘制的第一个点)处开始。对于圆，起点是以圆心为起点、当前捕捉角度为方向的捕捉路径与圆的交点。例如，如果捕捉角度为 0，那么圆等分从三点(时钟)的位置开始并沿逆时针方向继续。

(2)块(B)：沿选定对象等距离放置块。如果块具有可变属性，插入的块中将不包含这些属性。

【例 4-31】将圆弧定距等分,方法步骤如图 4-59、图 4-60 所示。

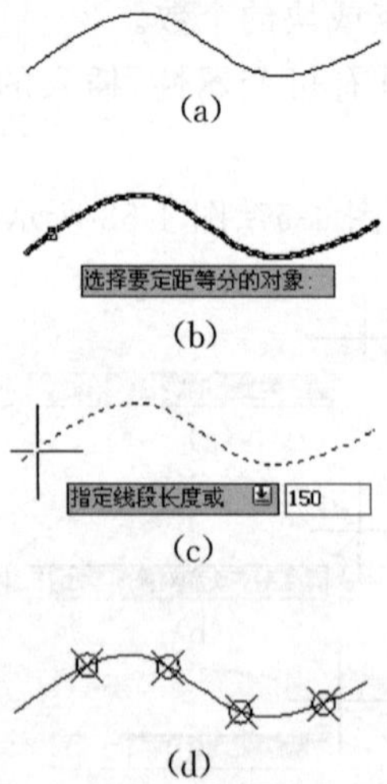

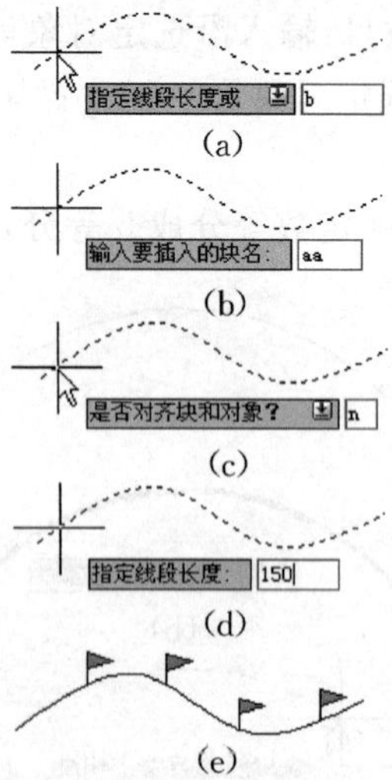

图 4-59　插入"点"定距等分对象　　图 4-60　插入"块"定距等分对象

复 习 题

1. 简述绘制正多边形命令中内接法与外切法的区别。
2. 绘制多线时,多线的对齐方式有哪几种?比例是指什么含义?
3. 定数等分与定距等分有何不同?
4. LINE 命令与 PLINE 命令有何异同处?
5. AutoCAD 2009 绘制圆的方法有几种?各是什么?
6. AutoCAD 2009 绘制椭圆的方法有几种?各是什么?
7. Rectang 命令可绘制出哪些形式的矩形?
8. 如何控制所绘制的点的形式?
9. 不封闭的曲线或多边形能够进行图案填充吗?如何控制填充图案与边界关联性?
10. 定数等分和定矩等分对象是将对象真的分成了若干等分吗?
11. 试按下列各图中的尺寸要求或样式用 AutoCAD 2009 绘制图形。

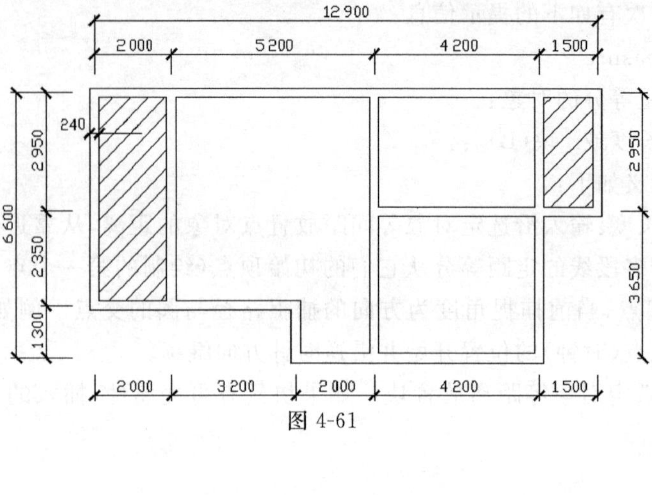

图 4-61

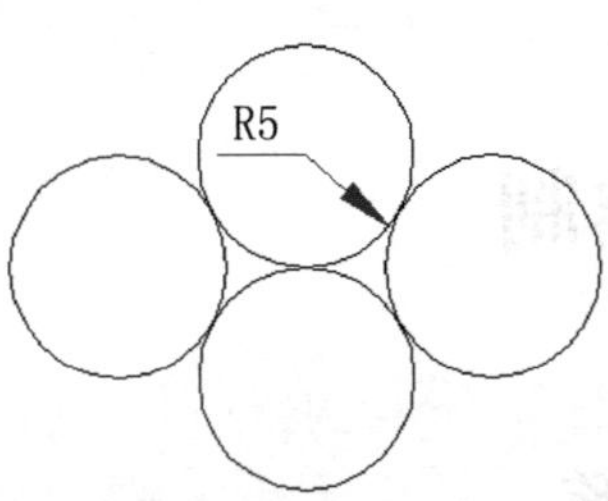

图 4-62

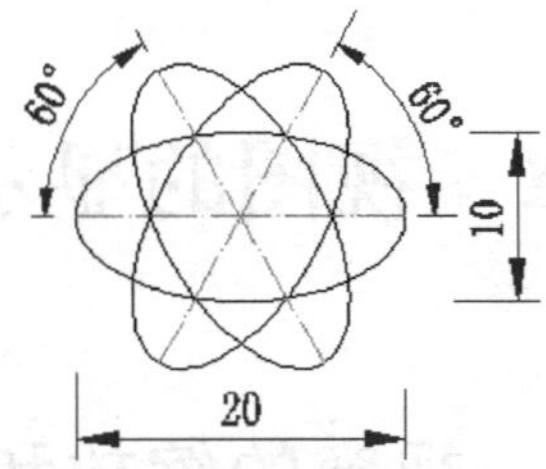

图 4-63

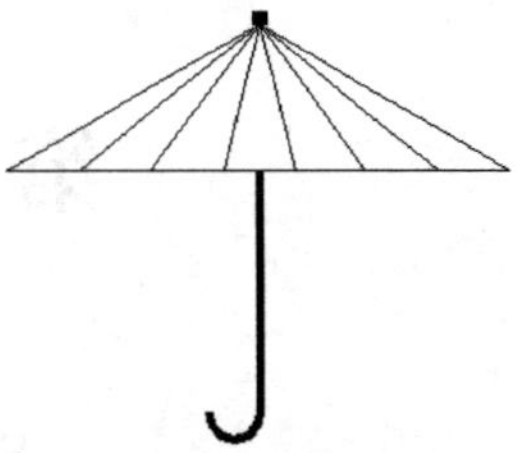

图 4-64

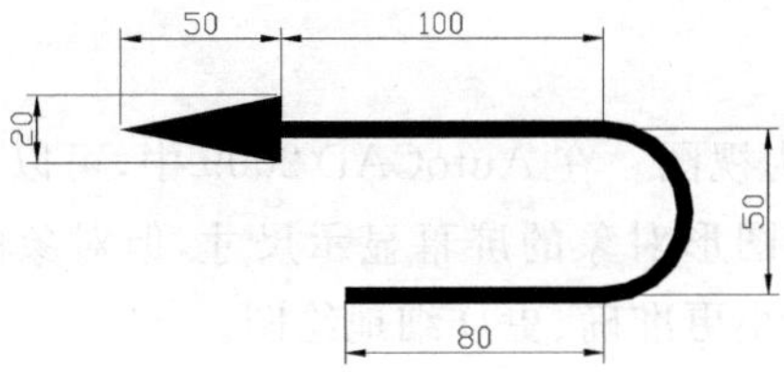

图 4-65

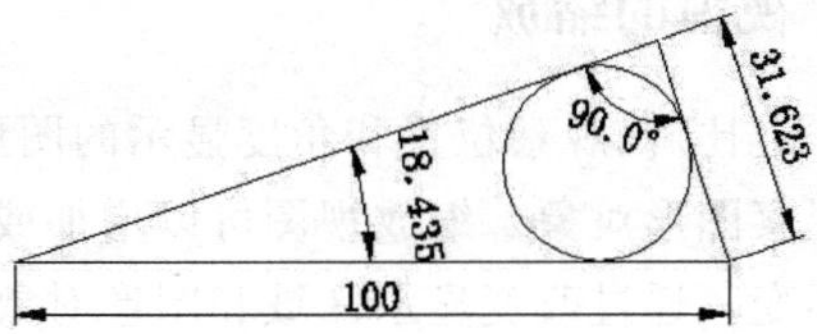

图 4-66

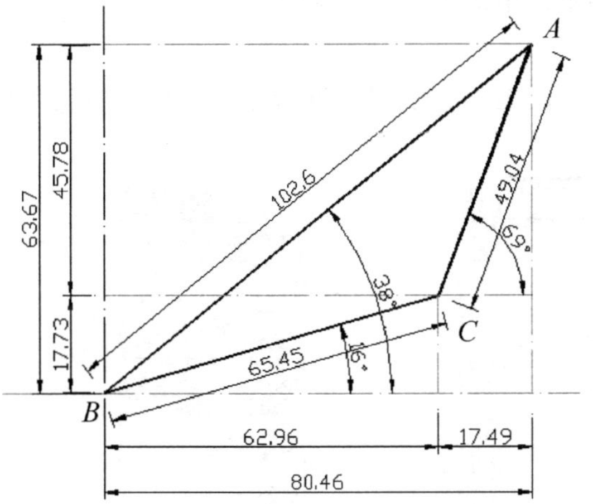

图 4-67

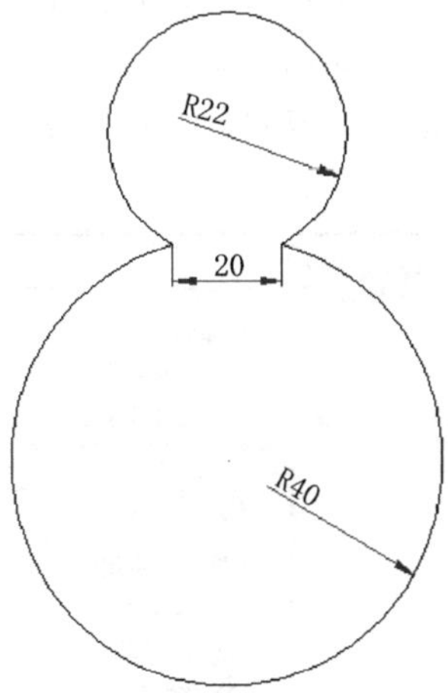

图 4-68

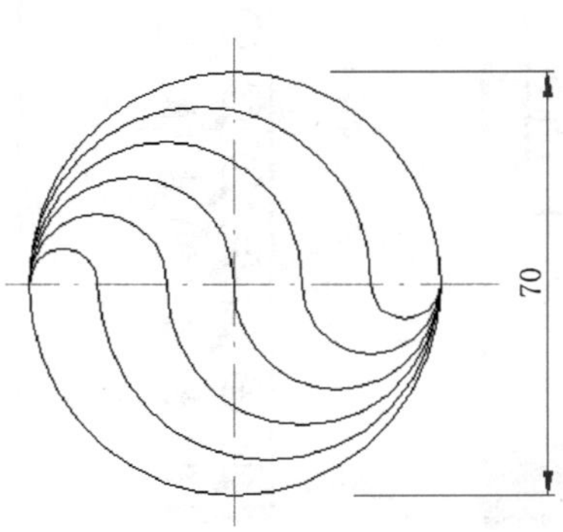

图 4-69

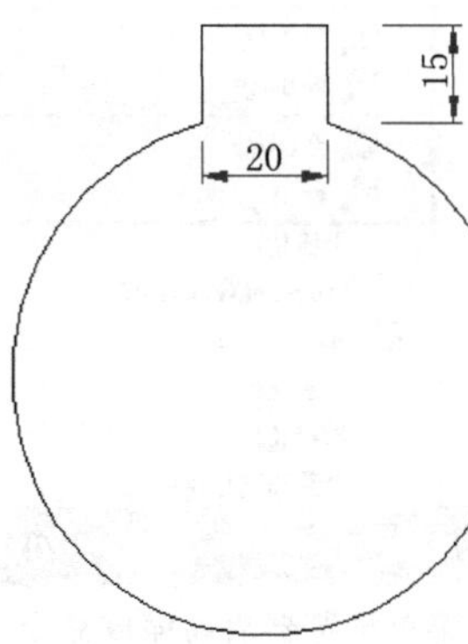

图 4-70

第 5 章 视图的显示控制

§5-1 视窗的缩放和平移

一、视窗的缩放

按一定比例、观察位置和角度显示的图形称为视图。在 AutoCAD 2009 中，可以通过缩放视图来观察图形对象。缩放视图可以增加或减少图形对象的屏幕显示尺寸，但对象的真实尺寸保持不变。通过改变显示区域和图形对象的大小更准确、更详细地绘图。

(一)命令的启动方法

(1)单击“菜单浏览器”按钮，在弹出的菜单中选择“视图”→“缩放”子菜单下选择任一缩放命令(共 11 种)，如图 5-1 所示。

(2)在“功能区”选项板中选择“常用”选项卡，在“实用程序”面板中选择任一缩放命令(共 11 种)，如图 5-2 所示。

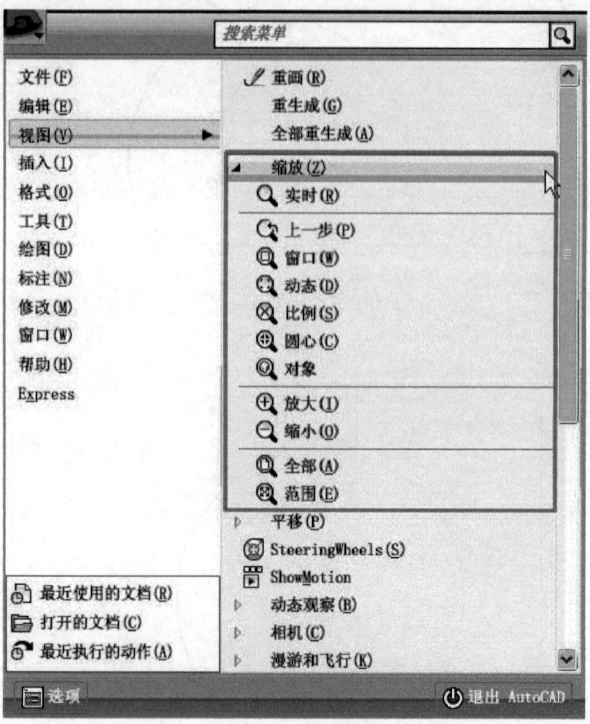

图 5-1 菜单浏览器启动缩放命令

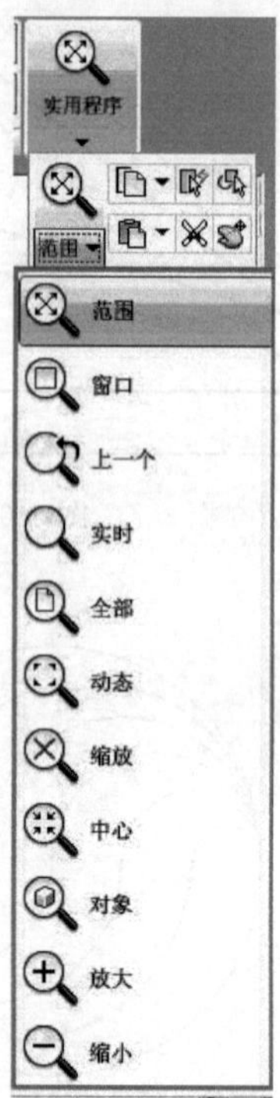

图 5-2 实用程序面板启动缩放命令

(3)在 AutoCAD 2009 经典空间的标准工具栏中选择缩放命令，如图 5-3 所示。

图 5-3 AutoCAD 经典空间标准工具栏

(4)快捷菜单启动命令,在没有选定对象时,在绘图区域单击鼠标右键并选择“缩放”选项进行实时缩放,如图 5-4 所示。

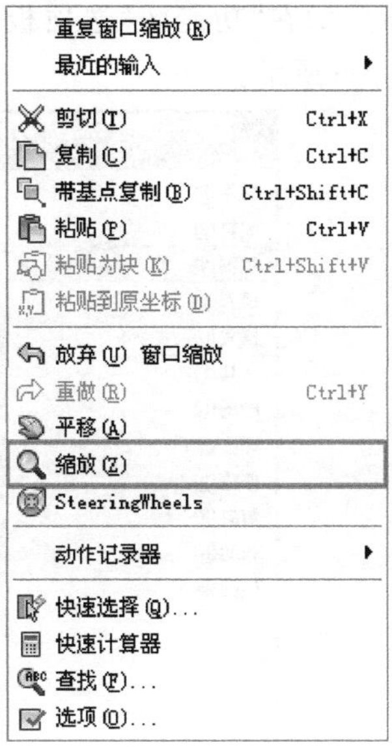

图 5-4　快捷菜单启动缩放命令

(5)在命令行提示符下键入“ZOOM” 或“Z”后,按回车键。

(二)命令操作方法

用“ZOOM”命令启动后,命令行依次有如下提示信息:

◇ 命令:_zoom

◇ 指定窗口的角点,输入比例因子 (nX 或 nXP),或者[全部(A)/中心(C)/动态(D)/范围(E)/上一个(P)/比例(S)/窗口(W)/对象(O)]〈实时〉:

其中各项的意义如下:

(1)指定窗口的角点:用于指定缩放窗口的第一个角点。

(2)输入比例因子:指定视窗缩放的比例因子(见“比例”项)。

(3)全部(A):在当前视口中缩放显示整个图形。

(4)中心(C):缩放显示由中心和放大比例(或高度)所定义的窗口。

(5)动态(D):该选项将自动构造一个可以变化的视图框,视图框表示视口,可以改变它的大小,或在图形中移动选择图形中的全部或某一部分,作为下一视图的显示区域,从而进行视窗的缩放。

(6)范围(E):缩放以显示图形范围,并尽最大可能显示所有对象。

(7)上一个(P):缩放显示上一个视图,最多可恢复此前的 10 个视图。

(8)比例(S):以指定的比例因子缩放显示。① 输入的值后面跟着 x,根据当前视图指定比例。例如,输入 0.5x 使屏幕上的每个对象显示为原大小的二分之一;② 输入值并后跟 xp,指定相对于图纸空间单位的比例。例如,输入 0.5xp 以图纸空间单位的二分之一显示模型空间。③ 输入值,指定相对于图形界限的比例。例如,如果缩放到图形界限,则输入 2 将以对象原来尺寸的两倍显示对象。

(9)窗口(W):缩放显示由两个角点定义的矩形窗口框定的区域。

(10)对象(O):缩放时尽可能大地显示一个或多个选定的对象并使其位于绘图区域的中心。

(11)实时:利用定点设备,在逻辑范围内交互缩放。光标将变为带有加号“+”和减号“-”的放大镜。

视窗缩放命令是一个透明命令。

二、视窗的平移

用户可以平移视图以重新确定其在绘图区域中的位置,但不会更改图形中的对象真正位置或比例,而只是更改视图。

(一)命令的启动方法

(1)单击“菜单浏览器”按钮,在弹出的菜单中选择“视图”→“平移”子菜单下选择任一平移命令(共 16 种),如图 5-5 所示。

(2)在“功能区”选项板中选择“常用”选项卡，在“实用程序”面板中选择平移按钮，如图 5-6 所示。

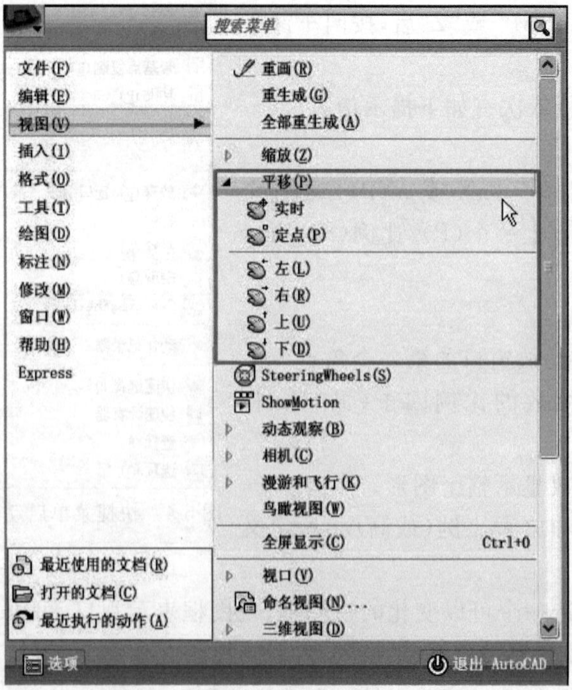

图 5-5　菜单浏览器启动平移命令

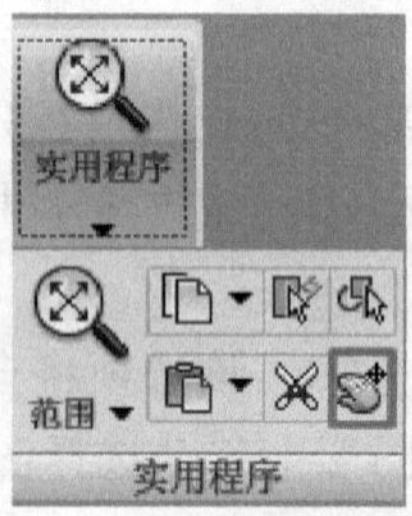

图 5-6　“实用程序”面板

(3)在 AutoCAD 2009 经典空间的标准工具栏中点击按钮。

(4)快捷菜单启动命令，在没有选定对象时，在绘图区域单击鼠标右键并选择“平移”命令。

(5)在命令行提示符下键入“PAN” 或“P”后，按回车键。

(二)命令操作方法

命令启动后依次有如下的提示信息：

◇ 命令：_pan

◇ 按 Esc 或 Enter 键退出，或单击右键显示快捷菜单：

此时，十字光标变为，压下左键可平移视图至适当的位置后放松左键。

平移命令是一个透明命令。

§5-2　鸟瞰视图

在大型图形中，使用“鸟瞰视图”窗口可快速修改当前视口中的视图，也可在显示全部图形的窗口中快速平移和缩放。在绘图时，如果“鸟瞰视图”窗口保持打开状态，则无须中断当前命令便可以直接进行缩放和平移操作。还可以指定新视图，而无须选择菜单选项或输入命令。

一、打开和关闭鸟瞰视图

(一)打开鸟瞰视图

(1)单击“菜单浏览器”按钮，在弹出的菜单中选择“视图”→“鸟瞰视图(W)”。

(2)在命令行提示符下键入“DSVIEWER”或“AV”后，按回车键。

打开鸟瞰视图后如图 5-7 所示。“鸟瞰视图”属于定位工具，它提供了一种可视化平移和缩放视图的方法。可以在鸟瞰视图的独立窗口中显示整个图形，以便快速移动到目的区域。在绘图时，如果鸟瞰视图保持打开状态，则可以直接缩放和平移，无须选择菜单选项或输入命令。

图 5-7　鸟瞰视图

(二)关闭鸟瞰视图

要关闭鸟瞰视图可直接点击“鸟瞰视图”窗口右上角的按钮☒。

二、使用鸟瞰视图观察图形

在打开鸟瞰视图后，可以使用其中的矩形框(如图 5-8 所示)来设置图形观察范围。例如，要放大图形，可缩小矩形框；要缩小图形，可放大矩形框。使用鸟瞰视图观察图形的方法与使用动态视图缩放图形的方法相似，但使用鸟瞰视图观察图形是在一个独立的窗口中进行的，其结果反映在绘图窗口的当前视窗中。

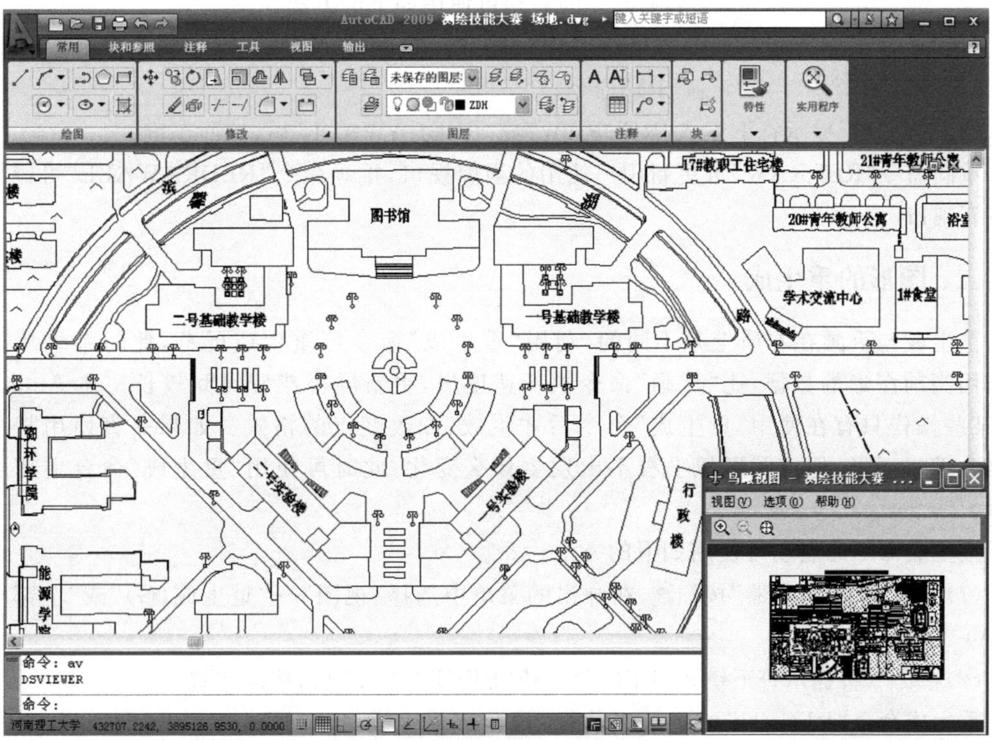

图 5-8　使用鸟瞰视图观察图形

三、改变鸟瞰视图中图像大小

在鸟瞰视图中，可使用“视图”菜单中的命令或单击工具栏中的相应工具按钮，显示整个图形或递增调整图像大小来改变鸟瞰视图中图像的大小，但这些改变并不会影响到绘图区域中的视图。

四、改变鸟瞰视图的更新状态

默认情况下,AutoCAD 2009 自动更新鸟瞰视图窗口以反映在图形中所作的修改。当绘制复杂的图形时,关闭动态更新功能可以提高程序性能。在“鸟瞰视图”窗口中,使用“选项”菜单中的命令,可以改变鸟瞰视图的更新状态。

§5-3　图形的重画与重生成

在绘图和编辑过程中,屏幕上常常留下对象的拾取标记,这些临时标记并不是图形中的对象,有时会使当前图形画面显得混乱,这时就可以使用 AutoCAD 2009 的重画与重生成图形功能清除这些临时标记,如图 5-9 所示。

图 5-9　作图标记

一、图形的重画

在 AutoCAD 2009 中,使用“重画”命令,系统将在显示内存中更新屏幕,消除临时标记。

重画命令的启动可使用如下的方法:

(1)单击“菜单浏览器”按钮,在弹出的菜单中选择“视图”→“重画(R)”命令。

(2)在命令行提示符下键入“REDRAW”或“REDRAWALL”后,按回车键。

重画命令“REDRAW”可更新用户使用的当前视口,重画命令“REDRAWALL”可刷新显示所有视口。

二、图形的重生成

重生成与重画在本质上是不同的,利用“重生成”命令可重生成屏幕,此时系统从磁盘中调用当前图形的数据,比“重画”命令执行速度慢,更新屏幕花费时间较长。在 AutoCAD 中,某些操作只有在使用“重生成”命令后才生效,如改变点的格式。如果一直使用某个命令修改编辑图形,但该图形似乎看不出发生什么变化,此时可使用“重生成”命令更新屏幕显示。

重生成命令的启动可使用如下的方法:

(1)单击“菜单浏览器”按钮,在弹出的菜单中选择“视图”→“重生成(G)”或“全部重生成(A)”命令。

(2)在命令行提示符下键入“REGEN” 或“REGENALL”后,按回车键。

重生成命令“REGEN”可更新当前视口,全部重生成命令“REGENALL”可以更新所有视口。

复　习　题

1. 启动视窗缩放命令有哪几种方式?

2. 范围缩放与全部缩放有何差别?

3. 如何使用动态缩放法缩放图形?

4. 什么是视图重画? 什么是视图重生成? 两者有何差别?

5. Zoom 命令是把图形的真实尺寸缩小或放大了吗?

6. Pan 命令是把图形的真正位置改变了吗?

7. 在 AutoCAD 2009 安装目录下的 Sample 子目录中,AutoCAD 2009 提供了一些示例图形,这些图形一般比较复杂,试分别打开这些图形,利用视窗缩放和平移的命令浏览这些图形。

第 6 章　编辑平面图形

§6-1　选择编辑对象

顾名思义，实体对象选择就是如何选择目标对象。在 AutoCAD 中，快捷、有效地选择实体对象是进行图形编辑的基础。

当用户选择实体目标后，该实体将呈高亮度显示，即组成实体的边界轮廓由原来的实线变为虚线，从而与未被选中的实体区分开来。在“选择对象”提示下，用户可以选择一个对象，也可以逐个选择多个对象。

一、使用拾取框方式

当执行编辑命令后，在绘图区内的十字光标就会变成一个正方形的小框，在 AutoCAD 2009 中称为拾取框，同时在命令行有如下的提示：

◇ 选择对象：

矩形拾取框光标放在要选择对象上将亮显对象。单击左键可选择对象。当用拾取框选择一个实体目标后，命令行仍继续提示“选择对象：”直到以空相应（按回车键、空格键或鼠标右键）来结束选择。

注：用拾取框选择实体对象时，一次只能选择一个对象。

如果在“选择对象：”提示后键入“?”，则有如下的提示供选择：

◇ 需要点或窗口（W）/上一个（L）/窗交（C）/框（BOX）/全部（ALL）/栏选（F）/圈围（WP）/圈交（CP）/编组（G）/添加（A）/删除（R）/多个（M）/前一个（P）/放弃（U）/自动（AU）/单个（SI）/子对象（SU）/对象（O）

命令行提示信息中各项的意义如下：

(1)窗口（W）：窗口选择方式。

(2)上一个（L）：选中用户最后绘制的图形作为对象。

(3)窗交（C）：交叉窗口选择方式。

(4)框（BOX）：矩形框选择方式，相当于窗口选择和窗交选择的综合使用。

(5)全部（ALL）：全选方式，选取绘图窗口中所有的实体。

(6)栏选（F）：栏线选择方式，用户可以构造任意折线，凡是与该折线相交的实体均被选中。

(7)圈围（WP）：多边形窗口方式，该选项与窗口选择方式相似，但可构造任意形状的多边形区域，在此区域的对象都被选中。

(8)圈交（CP）：交叉多边形窗口选择方式，该选项与窗交选择方式相似，但可构造任意形状的多边形区域，在此区域的对象以及与多边形边界相交的对象都被选中。

(9)编组（G）：输入已定义的选择集。

(10)添加（A）：将未选中的目标添加到选择对象中。

(11)删除（R）：从已选中的目标中删除一个或多个对象。

(12)多个(M):多项选择,按照单选的方式,逐个点取要选择的对象。

(13)前一个(P):选择前一次操作所选取的选择集。

(14)放弃(U):取消上一步所选取的对象。

(15)自动(AU):自动选择,等效于单点选择、窗口选择或交叉方式。

(16)单个(SI):切换到单选模式,选择指定的第一个或第一组对象而不继续提示进一步选择。

(17)子对象(SU):使用户可以逐个选择原始形状,这些形状是复合实体的一部分或三维实体上的顶点、边和面,可以选择这些子对象的其中之一,也可以创建多个子对象的选择集,选择集可以包含多种类型的子对象。

(18)对象(O):结束选择子对象的功能,使用户可以使用对象选择方法。

二、使用矩形窗口方式

除了用拾取框选择实体对象外,AutoCAD 2009 还提供了矩形选择方式来选择多个实体。矩形选择方式包含窗口(Window)和交叉(Crossing)两种方式,它们既有联系又有区别。

(一)窗口方式选择

当执行编辑命令出现"选择对象:"提示符后,在适当的位置单击鼠标左键,选择矩形对角线上的第一个点,从左向右拖动鼠标至适当的位置,即可看到在绘图区内出现一个实线的矩形,称之为窗口方式下的矩形选择框,如图 6-1 所示。此时,只有完全包含在该矩形选择框内的实体目标才会被选中。

(二)交叉方式选择

当执行编辑命令出现"选择对象:"提示符后,在适当的位置单击鼠标左键,选择矩形对角线上的第一个点,从右向左拖动鼠标至适当的位置,即可看到在绘图区内出现一个虚线的矩形,称之为交叉方式下的矩形选择框,如图 6-2 所示。此时,完全包含在该矩形选择框内的实体目标以及与该选择框相交的实体目标均被选中。

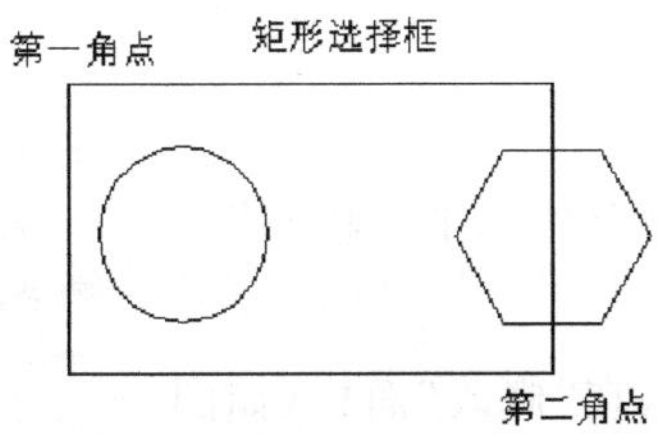

图 6-1　窗口方式选择实体目标

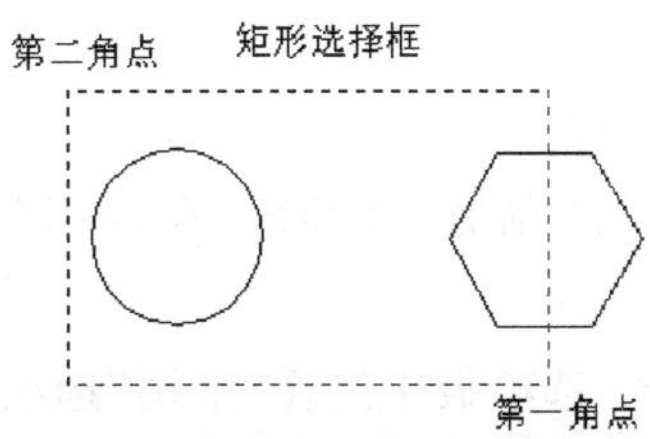

图 6-2　交叉方式选择实体目标

三、过滤选择

在 AutoCAD 2009 中,可以以对象的类型(如直线、圆及圆弧等)、图层、颜色、线型或线宽等特性作为条件,过滤选择符合设定条件的对象。在命令行中输入 FILTER 命令,打开"对象选择过滤器"对话框(如图 6-3 所示)。具体操作步骤如下:

图 6-3　"对象选择过滤器"对话框

(1)打开选择过滤器确定要选择的对象类型。

(2)点击“添加列表”按钮将过滤的对象类型加入过滤列表内。

(3)点击“应用”按钮。

(4)在“选择对象”提示符下用矩形方式选择一个区域。

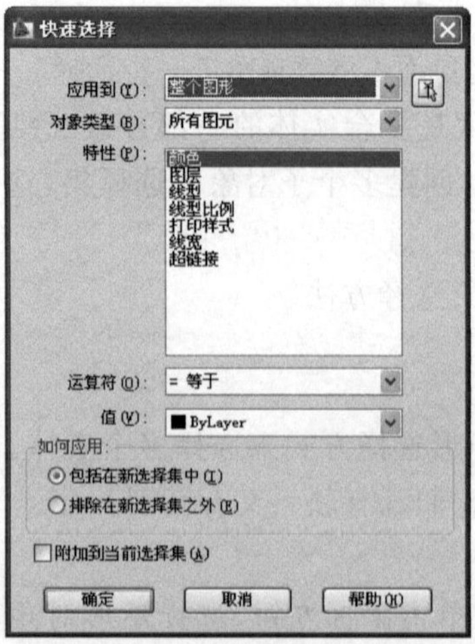

图 6-4 “快速选择”对话框

用过滤选择可在一复杂的区域内选择满足用户要求的实体对象。需要注意此时必须考虑图形中对象的这些特性是否设置为随层。

四、快速选择

在 AutoCAD 2009 中，当需要选择具有某些共同特性的对象时，可利用“快速选择”对话框，根据对象的图层、线型、颜色、图案填充等特性和类型，创建选择集。单击“常用”功能区选项板的“实用程序”面板下“快速选择”按钮，打开“快速选择”对话框，如图 6-4 所示。具体操作步骤如下：

(1)确定快速选择的“对象类型”和“特性”。

(2)确定应用范围或点击按钮，确定快速选择的范围。

(3)点击“确定” 按钮，进行快速选择。

§6-2 改变图形位置的编辑命令

一、移动图形命令

该命令将选中的对象从原来的位置移动到用户指定的其他位置上。对象移动后，原位置的对象将被删除，在新的位置上则出现该对象。对象的位置发生了改变，但方向和大小不改变。

(一)命令的启动

(1)单击“菜单浏览器”按钮，在弹出的菜单中选择“修改”→移动(V)命令。

(2)在“功能区”选项板中选择“常用”选项卡，在“修改”面板(如图 6-5 所示)单击“移动”按钮。

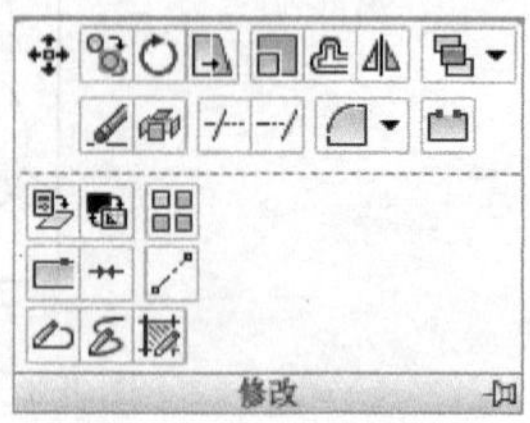

图 6-5 “修改”面板

(3)在命令行提示符下键入“MOVE” 或“M”后，按回车键。

(二)命令操作方法

命令启动后依次有如下的提示信息：

◇ 命令：_move

◇ 选择对象：找到 1 个

◇ 选择对象：

◇ 指定基点或［位移(D)］〈位移〉：

◇ 指定第二个点或〈使用第一个点作为位移〉：

命令行提示信息中各项的意义如下：

(1)指定基点或［位移(D)］〈位移〉：指定一点作为对象移动的基点。

(2)指定第二个点或〈使用第一个点作为位移〉:指定对象移动的目标点。

(3)位移:输入相对于当前点的位移量。

【例 6-1】将图 6-6 (a)移至图 6-6(b)中,步骤如图 6-6 (c)、(d)、(e)、(f) 所示。

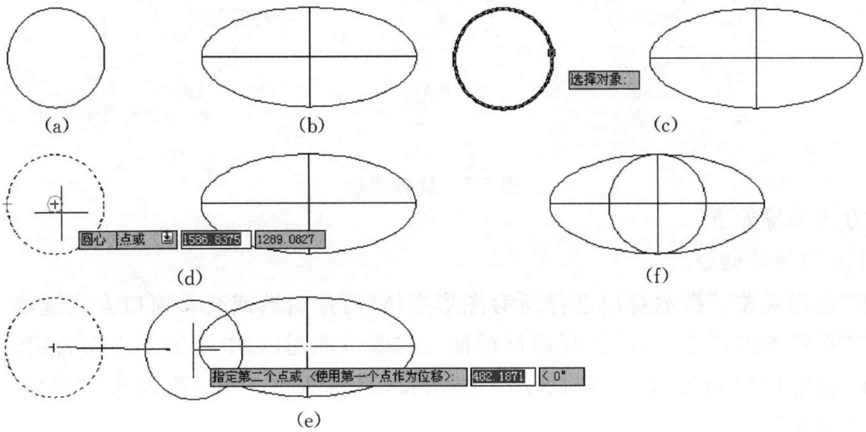

图 6-6　移动图形操作

二、旋转图形命令

该命令将选中的对象从原来的位置旋转到用户指定的角度位置上。原对象移动后,原位置的对象将被删除,在新的位置上则出现该对象。旋转中心位于对象的几何中心时,旋转后该对象的位置不变,只是放置的方向旋转了一定的角度。当旋转中心不位于对象的几何中心时,对象的位置将有较大的改变。

(一)命令的启动

(1)单击"菜单浏览器"按钮,在弹出的菜单中选择"修改"→旋转(R)命令。

(2)在"功能区"选项板中选择"常用"选项卡,在"修改"面板(如图 6-5 所示)单击"旋转"按钮。

(3)在命令行提示符下键入"ROTATE" 或"RO"后,按回车键。

(二)命令操作方法

命令启动后依次有如下的提示信息:

◇ 命令:_rotate

◇ UCS 当前的正角方向: ANGDIR=逆时针 ANGBASE=0

◇ 选择对象:找到 1 个

◇ 选择对象:找到 1 个,总计 2 个

◇ 选择对象:

◇ 指定基点:

◇ 指定旋转角度,或 [复制(C)/参照(R)] 〈0〉:

如果直接输入角度值,则可以将对象绕基点转动该角度,角度为正时逆时针旋转,角度为负时顺时针旋转;如果选择"参照(R)"选项,将以参照方式旋转对象,需要依次指定参照方向的角度值和相对于参照方向的角度值。

【例 6-2】如图 6-7 所示,试用绝对旋转方式将图(a)变为图(b),再用相对旋转方式将图(b)

变为图(c)。

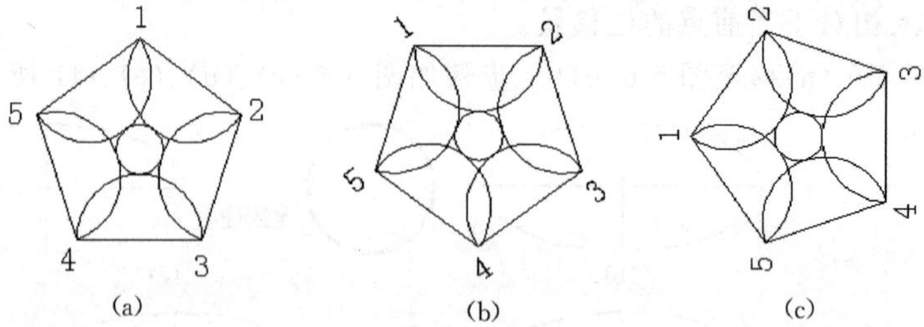

图 6-7 旋转图形

操作方法步骤如下:

(1)启动“旋转”命令。

(2)在“选择对象:”提示符后选择所有图形实体(可用窗选或交叉窗口方式选取)。

(3)在“指定基点:”提示符后,利用目标捕捉功能选取图(a)中圆的圆心作为旋转基点。

(4)在“指定旋转角度或[参照(R)]:”提示符后,键入“36”后,按回车键确定,即得到如图 6-7(b)所示的图形。

(5)直接按回车键,再次启动旋转命令。

(6)在“选择对象:”提示符后选择图 6-7(b)中图形,按回车键确定。

(7)在“指定基点:”提示符后,利用目标捕捉功能选取图(b)中圆的圆心作为旋转基点。

(8)在“指定旋转角度或[参照(R)]:”提示符后,键入“R”,按回车键。

(9)在“指定参考旋转角度〈0〉:”提示符后,用目标捕捉功能选取圆心点作为第一点。

(10)在“指定第二点:”提示符后捕捉 1 点作为第二点。

(11)在“指定新角度:”提示符后,键入 180,即得到如图 6-7(c)所示的图形。

§6-3 改变图形大小的编辑命令

一、比例缩放图形命令

在绘图过程中,有时图形太小或太大不便于编辑,AutoCAD 2009 提供了图形缩放命令,用户可以用此命令,将所选择的对象按指定的比例因子放大或缩小对象。

(一)命令的启动

(1)单击“菜单浏览器”按钮,在弹出的菜单中选择“修改”→ 缩放(L) 命令。

(2)在“功能区”选项板中选择“常用”选项卡,在“修改”面板(如图 6-5 所示)单击“缩放”按钮。

(3)在命令行提示符下键入“SCALE” 或“SC”后,按回车键。

(二)命令操作方法

命令启动后依次有如下的提示信息:

◇ 命令:_scale 选择对象:

◇ 选择对象:

◇ 指定基点:

◇ 指定比例因子或[复制(C)/参照(R)]〈1.0000〉:

命令行提示信息中各项的意义如下：

(1)指定比例因子：指定所选对象的缩放比例系数，大于 1 的比例因子使对象放大，介于 0 和 1 之间的比例因子使对象缩小，还可以拖动光标使对象变大或变小。

(2)复制(C)：创建要缩放的选定对象的副本。

(3)参照(R)：按参照长度和指定的新长度缩放所选对象，选择此项后有如下的信息提示：①指定参照长度〈1.0000〉：指定缩放选定对象的起始长度；②指定新的长度或［点(P)］：指定将选定对象缩放到的最终长度，或输入“P”，使用两点来定义长度。

(4)〈1.0000〉：默认的比例缩放因子。

【例 6-3】如图 6-8 所示，试将(a)图以圆心 O 为基点缩放 0.8 倍。

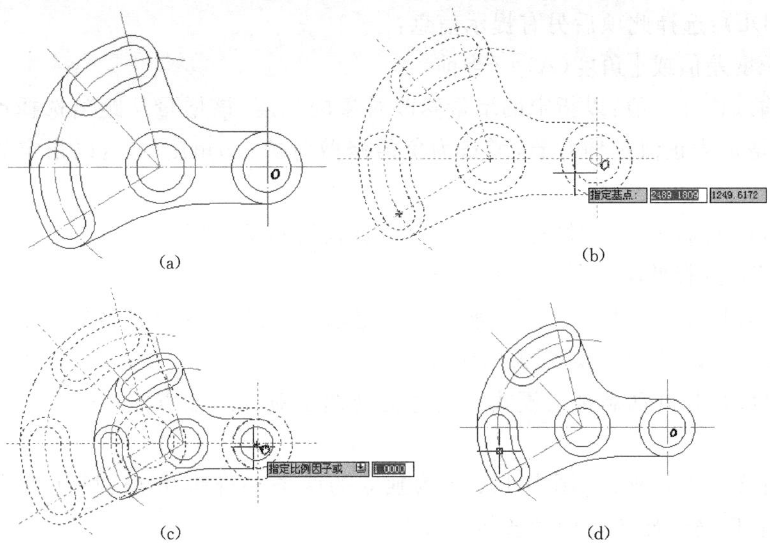

图 6-8　比例缩放图形

操作方法步骤如下：

(1)启动“缩放”命令。

(2)在“选择对象：”提示符后选择所有图形实体(可用窗选或交叉窗口方式选取)。

(3)在“指定基点：”提示符后，利用目标捕捉功能选取(a)图中圆心 O 作为比例缩放的基点。

(4)在“指定比例因子或［复制(C)/参照(R)］〈1.0000〉：”提示符下，键入“0.8”后确定，即得到如图 6-8(d)所示的图形。

如果选择“参照(R)”选项，将以参照方式比例缩放图形对象，需要依次指定参照长度和指定新的长度。

二、改变长度命令

该命令用于修改对象的长度和圆弧的包含角，因而可改变直线、多段线、圆弧、椭圆弧和非封闭曲线的长度。

(一)命令的启动

(1)单击“菜单浏览器”按钮，在弹出的菜单中选择“修改”→拉长(G)命令。

(2)在“功能区”选项板中选择“常用”选项卡，在“修改”面板(如图 6-5 所示)单击“拉长”按钮。

(3)在命令行提示符下键入“LENGTHEN” 或“LEN”后，按回车键。

(二)命令操作方法

命令启动后依次有如下的提示信息：

◇ 命令：_lengthen

◇ 选择对象或[增量(DE)/百分数(P)/全部(T)/动态(DY)]：

◇ 选择要修改的对象或[放弃(U)]：

命令行提示信息中各项的意义如下：

(1)选择对象：选择要编辑的对象，选择对象后将显示对象的长度或包含角。

(2)增量(DE)：选择此项后另有提示信息：

◇ 输入长度差值或[角度(A)]〈当前〉：

其中：①输入长度差值：以指定的增量修改对象的长度，该增量从距离选择点最近的端点处开始测量。增量为正值延伸对象，增量为负值修剪对象；②角度(A)：以指定的角度修改选定圆弧的包含角。

(3)百分数(P)：通过指定对象总长度的百分数设置对象长度。

(4)全部(T)：选择此项后另有提示信息：

◇ 指定总长度或[角度(A)]〈当前〉：①指定总长度：将对象从离选择点最近的端点拉长到指定值；②角度(A)：设置选定圆弧的包含角。

(5)动态(DY)：打开动态拖动模式。通过拖动选定对象的端点之一来改变其长度。其他端点保持不变。

【例 6-4】如图 6-9(a)所示，图中 12、34 为独立的两条平行线和 14、23 为两个独立的半圆弧。试用改变长度命令修改图中的各线段长度。

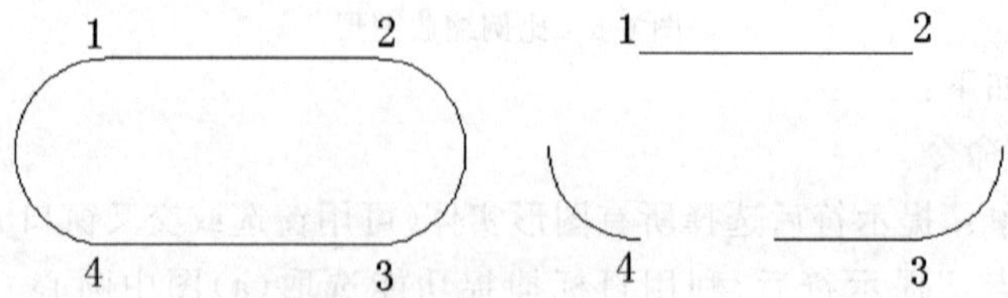

(a)　　(b)

图 6-9　拉长图形

操作方法步骤如下：

(1)启动“拉长”命令。

(2)在“选择对象或[增量(DE)/百分数(P)/全部(T)/动态(DY)]：”提示符后，键入“P”并按回车键。

(3)在“输入长度百分数〈100.0000〉：”提示符后，键入“50”并按回车键。

(4)在“选择要修改的对象或[放弃(U)]：”提示符后，靠近 1 端处选取 14 半圆弧。

(5)在“选择要修改的对象或[放弃(U)]：”提示符后，靠近 4 端处选取 34 直线段。

(6)在“选择要修改的对象或[放弃(U)]：”提示符后，靠近 2 端处选取 23 半圆弧。

(7)在“选择要修改的对象或[放弃(U)]：”提示符后，直接按回车键，结束改变长度命令操作。

经上述操作后，即得到如图 6-9(b)所示的图形。

§6-4　图形复制类命令

图形复制类命令可以按指定的角度和方向等创建原对象的副本，所创建的副本可以与选定对象相同或相似。复制对象与移动对象的不同在于复制对象后，原先位置的对象仍然存在。

一、图形复制命令

该命令用于复制与原对象完全相同的副本。

(一)命令的启动

(1)单击“菜单浏览器”按钮，在弹出的菜单中选择“修改”→复制(Y)命令。

(2)在“功能区”选项板中选择“常用”选项卡，在“修改”面板(如图 6-5 所示)单击“复制”按钮。

(3)在命令行提示符下键入“COPY” 或“CO”后，按回车键。

(二)命令操作方法

命令启动后依次有如下的提示信息：

◇ 命令：_copy

◇ 选择对象：找到 1 个

◇ 选择对象：

◇ 当前设置：复制模式＝多个

◇ 指定基点或［位移(D)/模式(O)］〈位移〉：

◇ 指定第二个点或〈使用第一个点作为位移〉：

◇ 指定第二个点或［退出(E)/放弃(U)］〈退出〉：

在上述命令行中各项的意义为：

(1)指定基点：输入对象复制的基点。

(2)位移(D)：通过指定的位移量来复制选中的对象。若选中该选项，则系统继续出现如下提示信息：

◇ 指定第二个点或〈使用第一个点作为位移〉：

(3)模式(O)：控制是否自动重复该命令，该设置由 Copymode 系统变量控制。

(4)指定第二个点：指定复制对象的目标点。

(5)退出(E)：退出 Copy 命令。

(6)放弃(U)：放弃上一次复制对象。

【例 6-5】如图 6-10(a)所示，试用 COPY 命令复制图中 1 点处的圆到五边形的另外四个点上。

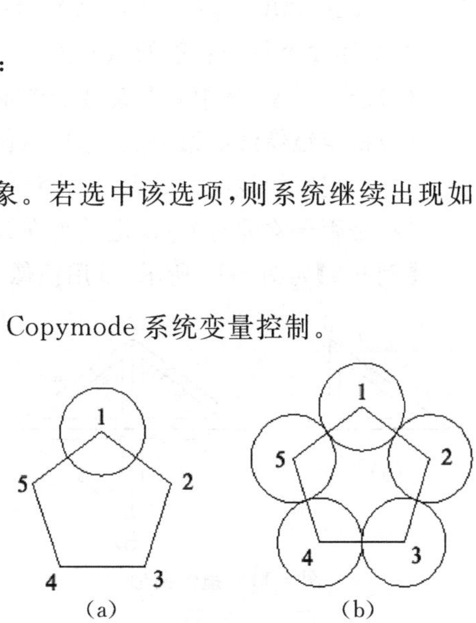

图 6-10　复制图形

操作方法步骤如下：

(1)启动“复制”命令(COPY)。

(2)选择对象：选择图中的圆后按回车键。

(3)指定基点或［位移(D)/模式(O)］〈位移〉：选择圆心点(即五边形第 1 个角点)。

(4)指定第二个点或〈使用第一个点作为位移〉：选择五边形第 2 个角点。

(5)指定第二个点或[退出(E)/放弃(U)]〈退出〉:选择五边形第 3 个角点。

(6)指定第二个点或[退出(E)/放弃(U)]〈退出〉:选择五边形第 4 个角点。

(7)指定第二个点或[退出(E)/放弃(U)]〈退出〉:选择五边形第 5 个角点。

(8)指定第二个点或[退出(E)/放弃(U)]〈退出〉:按 Enter 键确认。

经上述操作后,即得到如图 6-10(b)所示的图形。

二、图形镜像命令

在图形绘制过程中经常会遇到对称图形,特别是在建筑图形中,传统的建筑风格是寻求对称美。AutoCAD 2009 为用户提供了精确、方便绘制对称图形的方法。

(一)命令的启动

(1)单击“菜单浏览器”按钮,在弹出的菜单中选择“修改”→ 镜像(I)命令。

(2)在“功能区”选项板中选择“常用”选项卡,在“修改”面板(如图 6-5 所示)单击“镜像”按钮。

(3)在命令行提示符下键入“MIRROR” 或“MI”后,按回车键。

(二)命令操作方法

命令启动后依次有如下的提示信息:

◇ 命令:_mirror

◇ 选择对象:

◇ 指定镜像线的第一点:

◇ 指定镜像线的第二点:

◇ 要删除源对象吗?[是(Y)/否(N)]〈否〉:

在上述命令行中各项的意义为:

(1)选择对象:选中需要镜像的图形对象。

(2)指定镜像线的第一点:选择镜像线上的任意一点。

(3)指定镜像线的第二点:选择镜像线上的另一点。

(4)是否删除源对象:设定是否在镜像对象后删除源对象。

【例 6-6】如图 6-11 所示,试用镜像命令将图(a)变为图(b)。

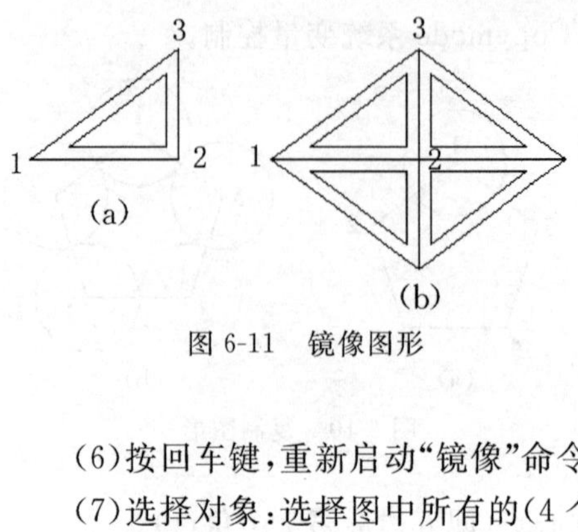

图 6-11 镜像图形

操作方法步骤如下:

(1)启动“镜像”命令(MIRROR)。

(2)选择对象:选择图(a)中两个三角形后按回车键。

(3)指定镜像线的第一点:选中 3 点。

(4)指定镜像线的第二点:选中 2 点。

(5)要删除源对象吗?[是(Y)/否(N)]〈否〉:键入“N”后,按回车键。

(6)按回车键,重新启动“镜像”命令。

(7)选择对象:选择图中所有的(4 个)三角形后,按回车键。

(8)指定镜像线的第一点:选中 1 点。

(9)指定镜像线的第二点:选中 2 点。

(10)要删除源对象吗？[是(Y)/否(N)]〈否〉:键入“N”后，按回车键。

经上述操作后。即得到如图 6-11(b)所示的图形。

三、图形阵列命令

使用该命令创建按指定方式排列的多个对象副本。命令有两种排列方式：一是“矩形阵列”，可创建由选定对象副本的行和列数所定义的阵列；二是“环形阵列”，可通过围绕圆心复制选定对象来创建阵列。

(一)命令的启动

(1)单击“菜单浏览器”按钮，在弹出的菜单中选择“修改”→阵列(A)...命令。

(2)在“功能区”选项板中选择“常用”选项卡，在“修改”面板(如图 6-5 所示)单击“阵列”按钮。

(3)在命令行提示符下键入“ARRAY” 或“AR”后，按回车键。

(二)命令操作方法

命令启动后将弹出“阵列”对话框，如图 6-12(a)所示。

对话框中各选项含义如下：

(1)矩形阵列：指按照网格行列的方式复制实体对象，用户必须告知将实体复制成几行、几列，行距、列距分别为多少。

(2)选择对象：选择要阵列的对象。

(3)行偏移：选中矩形矩阵时，输入行距。

(4)列偏移：选中矩形矩阵时，输入列距。

(5)阵列角度：指定旋转角度，此角度为 0 时行和列与当前 X 和 Y 坐标轴正交。

(6)环形阵列：通过围绕圆心复制选定对象来创建阵列。当选中“环形阵列”时，将弹出如图 6-12(b)所示对话框。

(7)中心点：选中环形阵列后输入环形的中心点 X 坐标值和 Y 坐标值。

(8)方法和值：选择环形阵列的方法、阵列复制数目、填充角度等。

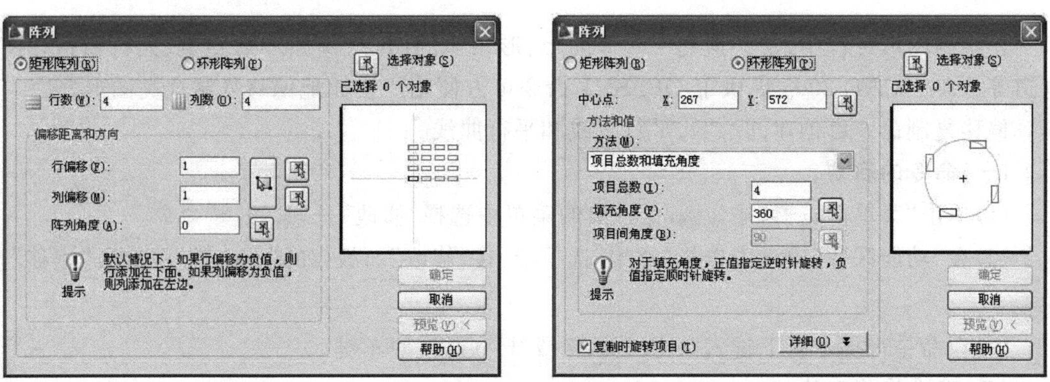

(a)　　　　　　(b)

图 6-12　“阵列”对话框

【例 6-7】如图 6-13 所示，试用阵列命令分别以图中的(a)和(b)图形为原图按“矩形阵列”和“环形阵列”方式复制图形。

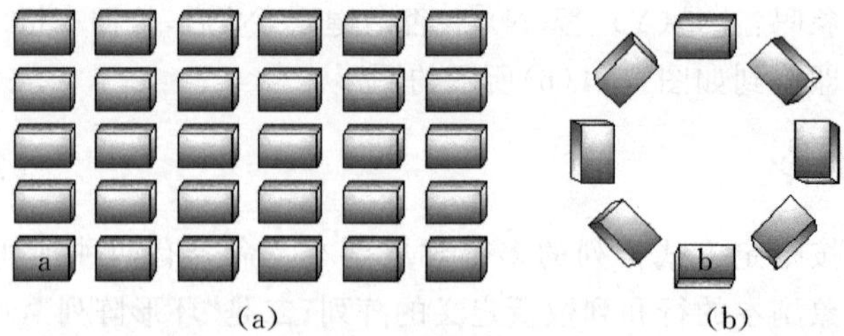

图 6-13 阵列复制图形

操作方法步骤如下:

(1)启动"阵列"命令(ARRAY)。

(2)选中图形(a)后,选择"矩形阵列"方式设置"阵列"对话框中的内容,如图 6-14 所示。

(3)点击"阵列"对话框中的"确定"后即可得到图 6-13(a)的效果。

(4)按回车键,重新启动"阵列"命令(ARRAY)。

(5)选中图形(b)后,选择"环形阵列"方式设置"阵列"对话框中的内容,如图 6-15 所示。

(6)点击"阵列"对话框中的"确定"后即可得到图 6-13(b)的效果。

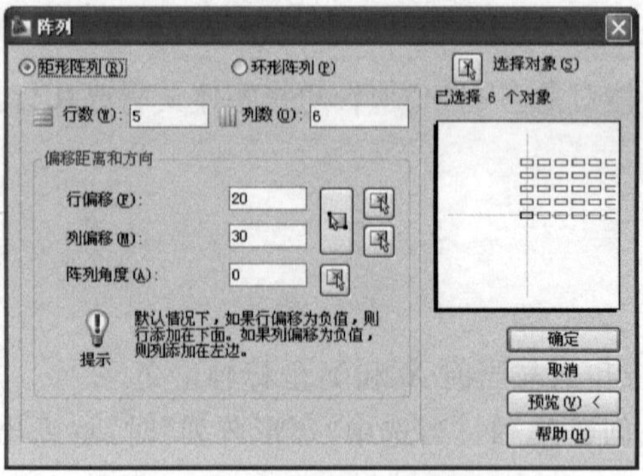

图 6-14 "矩形阵列"复制图形

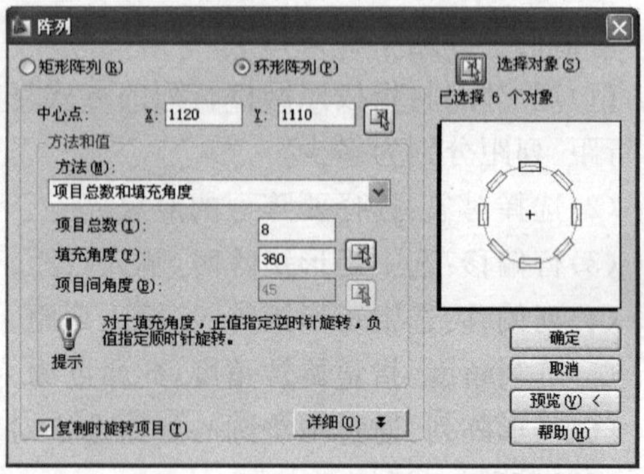

图 6-15 "环形阵列"复制图形

四、图形偏移命令

在绘制图形过程中,常会遇到一些等间距、形相似的图形,例如环形跑道、人行横道,井下巷道等。AutoCAD 2009 提供了 OFFSET 命令可方便用户快捷地偏移复制这类图形。

偏移复制命令可创建同心圆、平行直线和平行曲线。

(一)命令的启动

(1)单击"菜单浏览器"按钮,在弹出的菜单中选择"修改"→ 偏移(S) 命令。

(2)在"功能区"选项板中选择"常用"选项卡,在"修改"面板(如图 6-5 所示)单击"偏移"按钮。

(3)在命令行提示符下键入"OFFSET" 或"O"后,按回车键。

(二)命令操作方法

命令启动后依次有如下的提示信息:

◇ 命令:_offset

◇ 当前设置:删除源=否 图层=源 OFFSETGAPTYPE=0

◇ 指定偏移距离或[通过(T)/删除(E)/图层(L)]〈通过〉:

◇ 选择要偏移的对象,或[退出(E)/放弃(U)]〈退出〉:

◇ 指定通过点或[退出(E)/多个(M)/放弃(U)]〈退出〉:

在上述命令行中各项的意义为

(1)指定偏移距离:在所选对象的指定距离处创建新对象。

(2)通过(T):在指定通过点处创建新对象。

(3)图层(L):确定将偏移对象创建在当前图层上还是源对象所在的图层上。

(4)多个(M):输入"多个"偏移模式,这将使用当前偏移距离重复进行偏移操作。

(5)放弃(U):放弃前一个偏移图形。

(6)退出(E):退出偏移复制命令(OFFSET)。

【例 6-8】如图 6-16 所示运动场的看台,试用偏移复制命令将图(a)变为图(b)。

操作方法步骤如下:

(1)启动"偏移"命令(ARRAY)。

(2)在"指定偏移距离或[通过(T)/删除(E)/图层(L)]〈通过〉:"后键入"15"。

(3)在"选择要偏移的对象,或[退出(E)/放弃(U)]〈退出〉:"后选择图(a)。

(4)在"指定要偏移的那一侧上的点,或[退出(E)/多个(M)/放弃(U)]〈退出〉:"后键入 M。

(5)在"指定要偏移的那一侧上的点,或[退出(E)/放弃(U)]〈下一个对象〉:"后,将光标置于选中图形内单击鼠标左键。

(6)根据需要重复上一操作多次。

经上述操作后,即得到如图 6-16(b)所示的图形。

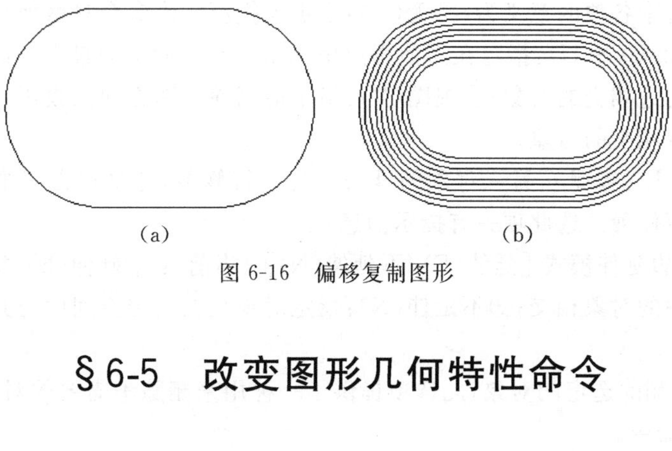

(a)　(b)

图 6-16　偏移复制图形

§6-5　改变图形几何特性命令

一、修剪图形命令

该命令可将选中的对象沿选择的剪切边界断开并删除修剪边界之外的部分。

(一)命令的启动

(1)单击"菜单浏览器"按钮,在弹出的菜单中选择"修改"→修剪(T)命令。

(2)在"功能区"选项板中选择"常用"选项卡,在"修改"面板(如图 6-5 所示)单击"修剪"按钮。

(3)在命令行提示符下键入"TRIM" 或"TR"后,按回车键。

(二)命令操作方法

命令启动后依次有如下的提示信息:

◇ 命令:_trim

◇ 当前设置:投影=UCS,边=无

◇ 选择剪切边…

◇ 选择对象或〈全部选择〉:找到 1 个

◇ 选择对象:

◇ 选择要修剪的对象,或按住 Shift 键选择要延伸的对象,或[栏选(F)/窗交(C)/投影(P)/边(E)/删除(R)/放弃(U)]:

在上述命令行中各项的意义为

(1)选择要修剪的对象:指定修剪对象,选择修剪对象提示将会重复,因此可以多次选择修剪对象,按回车键,退出命令。

(2)栏选(F):选择与选择栏相交的所有对象,选择栏是一系列临时线段,它们是用两个或多个栏选点指定的,选择栏不构成闭合环。选此项另有提示信息:①指定第一个栏选点:指定选择栏的起点;②指定下一个栏选点或[放弃(U)]:指定选择栏的下一点;③指定下一个栏选点或[放弃(U)]:指定选择栏的下一个点、输入 U 或按回车键,结束栏选。

(3)窗交(C):选择矩形区域(由两点确定)内部或与之相交的对象。选此项另有提示信息:①指定第一个角点:指定点;②指定对角点:指定第一点对角线上的点。

(4)投影(P):指定修剪对象时使用的投影方式。选此项另有提示信息:

◇ 输入投影选项[无(N)/UCS(U)/视图(V)]〈当前〉:

在上述命令行中各项的意义为:①无(N):指定无投影。该命令只修剪与三维空间中的剪切边相交的对象;②UCS(U):指定在当前用户坐标系 *XY* 平面上的投影。该命令将修剪不与三维空间中的剪切边相交的对象;③视图(V):指定沿当前视图方向的投影。该命令将修剪与当前视图中的边界相交的对象。

(5)边(E):确定对象是在另一对象的延长边处进行修剪,还是仅在三维空间中与该对象相交的对象处进行修剪。选此项另有提示信息:

◇ 输入隐含边延伸模式[延伸(E)/不延伸(N)]〈当前〉:①延伸(E):沿自身延伸剪切边使它与三维空间中的对象相交;②不延伸(N):指定对象只在三维空间中与其相交的剪切边处修剪。

(6)删除(R):删除选定的对象,此选项提供了一种用来删除不需要的对象的简便方式,而无须退出 TRIM 命令。

(7)放弃(U):撤销由 TRIM 命令所做的最近一次修改。

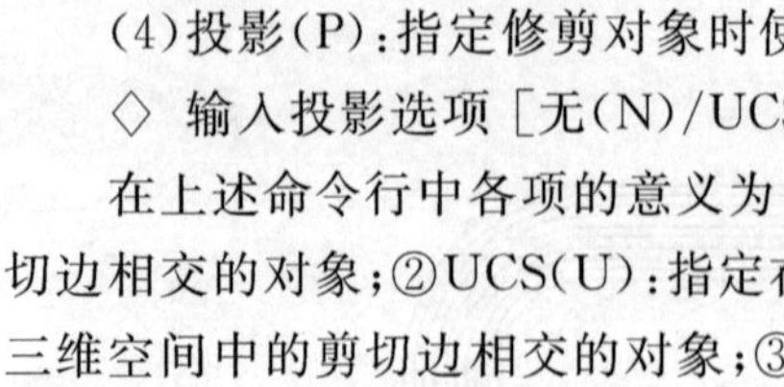

图 6-17 修剪图形

【例 6-9】如图 6-17 所示为道路的十字交叉路口,试用修剪命令将图(a)修剪为图(b)的形状。

操作方法步骤如下:

(1)启动“修剪”命令(TRIM)。

(2)在“选择对象或〈全部选择〉:”提示后用窗选或交叉窗口方式选择图(a)所包含的图形。

(3)在“选择要修剪的对象,或按住“Shift”键,选择要延伸的对象，或[栏选(F)/窗交(C)/投影(P)/边(E)/删除(R)/放弃(U)]:”后依次用选取 *AB*、*BC*、*CD*、*DA* 线段，将其剪切掉。

(4)在“选择要修剪的对象，或按住“Shift”键选择要延伸的对象，或[栏选(F)/窗交(C)/投影(P)/边(E)/删除(R)/放弃(U)]:”后按回车键，结束本次操作。

经上述操作后，即得到如图 6-17(b)所示的图形。

二、延伸图形命令

该命令可以延伸对象，使其精确地延伸至由其他对象定义的边界。

(一)命令的启动

(1)单击“菜单浏览器”按钮，在弹出的菜单中选择“修改”→延伸(D)命令。

(2)在“功能区”选项板中选择“常用”选项卡，在“修改”面板(如图 6-5 所示)单击“延伸”按钮。

(3)在命令行提示符下键入“EXTEND” 或“EX”后，按回车键。

(二)命令操作方法

命令启动后依次有如下的提示信息：

◇ 命令：_extend

◇ 当前设置:投影＝UCS,边＝无

◇ 选择边界的边…

◇ 选择对象或〈全部选择〉：找到 1 个

◇ 选择对象：

◇ 选择要延伸的对象，或按住“Shift”键选择要修剪的对象，或[栏选(F)/窗交(C)/投影(P)/边(E)/放弃(U)]:

在上述命令行中各项的意义为：

(1)选择要延伸的对象:指定延伸对象，选择延伸对象提示将会重复，因此可以多次选择延伸对象。按回车键，退出命令。

(2)栏选(F)/窗交(C):同修剪命令中含义。

(3)投影(P):指定延伸对象时使用的投影方式。

(4)边(E):将对象延伸到另一个对象的隐含边，或仅延伸到三维空间中与其实际相交的对象。

(5)放弃(U):撤销由 EXTEND 命令所做的最近一次修改。

【例 6-10】如图 6-18(a)所示为 *AB* 和 *CD* 两条直线，试用延伸命令将 *CD* 延伸至 *AB*。

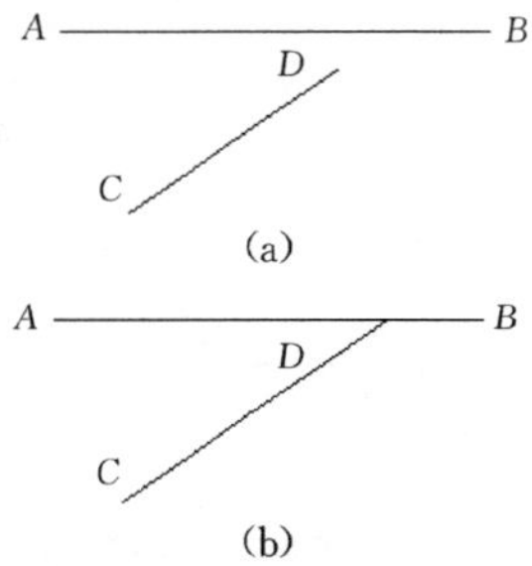

图 6-18　修剪图形

操作方法步骤如下：

(1)启动“延伸”命令(EXTEND)。

(2)在“选择对象或〈全部选择〉:” 提示后选取 *AB* 线段作为延伸边界。

(3)在“选择要延伸的对象，或按住 Shift 键选择要修剪的对象，或[栏选(F)/窗交(C)/投影(P)/边(E)/放弃(U)]:”后选取 *CD* 线段靠近端点 *D* 段的位置，使直线 *DC* 延伸至直线 *AB*。

经上述操作后,即得到如图 6-18(b)所示的图形。

三、拉伸图形命令

AutoCAD 2009 提供的"STRETCH"命令可方便用户对所选图形的某一部分(或整体)进行拉伸、压缩(或移动)。

(一)命令的启动

(1)单击"菜单浏览器"按钮,在弹出的菜单中选择"修改"→"拉伸(H)"命令。

(2)在"功能区"选项板中选择"常用"选项卡,在"修改"面板(如图 6-5 所示)单击"拉伸"按钮。

(3)在命令行提示符下键入"STRETCH"或"S"后,按回车键。

(二)命令操作方法

命令启动后依次有如下的提示信息:

◇ 命令:_stretch

◇ 以交叉窗口或交叉多边形选择要拉伸的对象…

◇ 选择对象:

◇ 指定基点或[位移(D)]〈位移〉:

◇ 指定第二个点或〈使用第一个点作为位移〉:

在上述命令行中各项的意义为

(1)指定基点:指定拉伸的基点。

(2)位移(D):输入位移坐标。

(3)指定第二个点:指定拉伸的目标点。

(4)〈使用第一个点作为位移〉:按回车键,默认以第一点的坐标为位移值。

【例 6-11】试用延伸命令对图 6-19(a)图进行拉伸操作,将其拉伸至图 6-19(e)的形状。

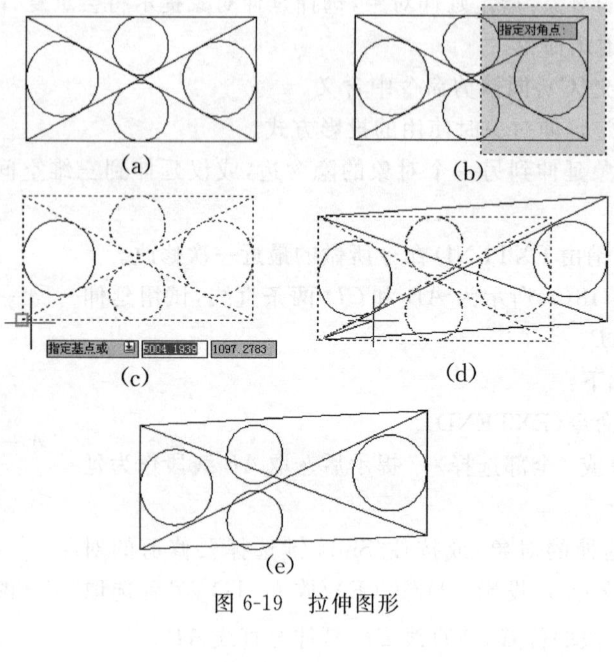

图 6-19　拉伸图形

操作方法步骤如下：

(1)启动“拉伸”命令(STRETCH)。

(2)在“选择对象:”提示后以交叉窗口或交叉多边形方式选择拉伸的对象。

(3)在“指定基点或［位移(D)］〈位移〉:”后选择图中矩形的左下角作为拉伸的基点。

(4)在“指定第二个点或〈使用第一个点作为位移〉:”后选用鼠标在图中选择一点并结束命令。

操作过程也可参阅图 6-19(b)、(c)、(d)。经上述操作后，即得到如图 6-19(e)所示的图形。

四、图形倒角命令

使用该命令可连接两个对象，使它们以平角或倒角相接。

(一)命令的启动

(1)单击“菜单浏览器”按钮，在弹出的菜单中选择“修改”→ 倒角(C)命令。

(2)在“功能区”选项板中选择“常用”选项卡，在“修改”面板(如图 6-5 所示)单击“倒角”按钮。

(3)在命令行提示符下键入“CHAMFER” 或“CHA”后，按回车键。

(二)命令操作方法

命令启动后依次有如下的提示信息：

◇ 命令:_chamfer

◇ (“修剪”模式) 当前倒角距离 1＝0.0000，距离 2＝0.0000

◇ 选择第一条直线或［放弃(U)/多段线(P)/距离(D)/角度(A)/修剪(T)/方式(E)/多个(M)］:

◇ 选择第二条直线，或按住 Shift 键选择要应用角点的直线：

在上述命令行中各项的意义为

(1)选择第一条直线:指定倒角所需的两条边中的第一条边。

(2)放弃(U):恢复在命令中执行的上一步操作。

(3)多段线(P):指定要倒角的多段线，对整个二维多段线倒角。

(4)距离(D):设置倒角至选定边端点的距离，选此项另有信息提示：

◇ 指定第一个倒角距离〈当前〉:

◇ 指定第二个倒角距离〈当前〉:

(5)角度(A):用第一条线的倒角距离和第二条线的角度设置倒角距离。

(6)修剪(T):控制倒角是否将选定的边修剪到倒角直线的端点。选此项另有信息提示：

◇ 输入修剪模式选项［修剪(T)/不修剪(N)］〈当前〉:

(7)方式(E):控制倒角使用两个距离还是一个距离和一个角度来创建倒角。选此项另有信息提示：

◇ 输入修剪方法［距离(D)/角度(A)］〈当前〉:

(8)多个(M):为多组对象的边倒角。

倒角命令将重复显示主提示和“选择第二个对象”的提示，直到用户按回车键，结束命令。

【例 6-12】试用倒角命令对图 6-20 中的图(a)和图(b)进行倒角操作至图(c)，图(d)的形状。

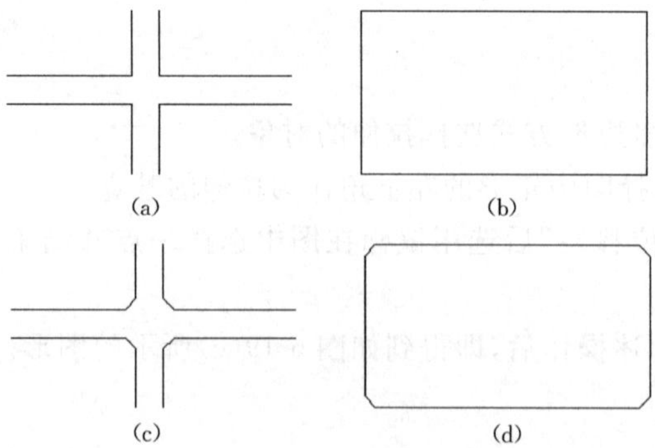

图 6-20　图形倒角

操作方法步骤如下：

(1)启动“倒角”命令(CHAMFER)。

(2)在“选择第一条直线或［放弃(U)/多段线(P)/距离(D)/角度(A)/修剪(T)/方式(E)/多个(M)］:”提示后键入 D 设置倒角距离。

(3)在“指定第一个倒角距离:”提示后键入 20。

(4)在“指定第二个倒角距离:”提示后键入 20。

(5)在“选择第一条直线或［放弃(U)/多段线(P)/距离(D)/角度(A)/修剪(T)/方式(E)/多个(M)］:”提示后键入 M 设置为多组对象的边倒角。

(6)在“选择第一条直线或［放弃(U)/多段线(P)/距离(D)/角度(A)/修剪(T)/方式(E)/多个(M)］:”提示后选(a)图中的一条直线。

(7)在“选择第二条直线,或按住 Shift 键选择要应用角点的直线:”提示后选图(a)中的另一条直线。

(8)重复步骤(5)、(6)操作对图(a)中十字路口的四个直角进行倒角。

(9)在“选择第一条直线或［放弃(U)/多段线(P)/距离(D)/角度(A)/修剪(T)/方式(E)/多个(M)］:”提示后键入 P 选择对多段线进行倒角。

(10)在“选择二维多段线:”提示后选择图(b)中的多段线进行倒角。

经上述操作后,即得到如图 6-20(c)、(d)所示的图形。

五、图形圆角命令

圆角和倒角有点儿相似,但是它不像倒角,它要求用一段圆弧在两实体之间光滑过渡,而且可对直线、多段线、圆弧、样条曲线等进行圆角处理。

(一)命令的启动

(1)单击“菜单浏览器”按钮,在弹出的菜单中选择“修改”→圆角(F)命令。

(2)在“功能区”选项板中选择“常用”选项卡,在“修改”面板(如图 6-5 所示)单击“圆角”按钮。

(3)在命令行提示符下键入“FILLET”或“F”后,按回车键。

(二)命令操作方法

命令启动后依次有如下的提示信息：

◇ 命令:_fillet

◇ 当前设置:模式=修剪,半径=0.000 0

◇ 选择第一个对象或［放弃(U)/多段线(P)/半径(R)/修剪(T)/多个(M)］:

◇ 选择第二个对象,或按住 Shift 键选择要应用角点的对象:

在上述命令行中各项的意义为

(1)选择第一个对象:选择定义二维圆角所需的两个对象中的第一个对象,或选择三维实体的边以便给其加圆角。

(2)选择第二个对象:选择圆角的第二个对象,如果选择直线、圆弧或多段线,它们的长度将进行调整以适应圆角弧度。

(3)放弃(U):恢复在该命令中执行的上一个操作。

(4)多段线(P):在二维多段线中两条线段相交的每个顶点处插入圆角弧。

(5)半径(R):定义圆角弧的半径。

(6)修剪(T):控制圆角是否将选定的边修剪到圆角弧的端点。选此项另有信息提示:

◇ 输入修剪模式选项 [修剪(T)/不修剪(N)]〈当前〉:

(7)多个(M):给多个对象加圆角。圆角命令将重复显示主提示和"选择第二个对象"提示,直到用户按回车键,结束该命令。

【例 6-13】试用圆角命令对图 6-21 中的图(a)和图(b)进行圆角操作至图(c),图(d)的形状。

操作方法步骤如下:

(1)启动"圆角"命令(FILLET)。

(2)在"选择第一个对象或 [放弃(U)/多段线(P)/半径(R)/修剪(T)/多个(M)]:"提示后键入 R 设置圆角弧半径。

(3)在"指定圆角半径〈0.0000〉:"提示后键入 40。

(4)在"选择第一个对象或 [放弃(U)/多段线(P)/半径(R)/修剪(T)/多个(M)]:" 提示后键入 M 设置为多组对象的边圆角。

(5)在"选择第一个对象或 [放弃(U)/多段线(P)/半径(R)/修剪(T)/多个(M)]:" 提示后选(a)图中的一条直线。

(6)在"选择第二个对象,或按住 Shift 键选择要应用角点的对象:" 提示后选(a)图中的另一条直线。

(7)重复步骤(5)、(6)操作对图(a)中十字路口的四个直角进行圆角。

(8)在"选择第一个对象或 [放弃(U)/多段线(P)/半径(R)/修剪(T)/多个(M)]:"提示后键入"P",选择对多段线进行圆角。

(9)在"选择二维多段线:" 提示后选择(b)图中的多段线进行圆角。

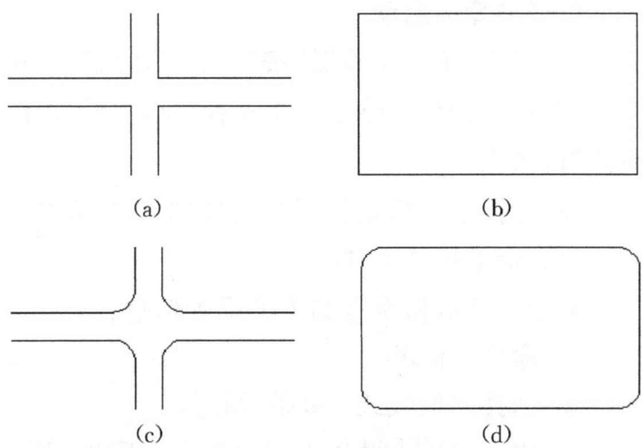

图 6-21　图形圆角

经上述操作后,即得到如图 6-21(c)、(d)所示的图形。

六、打断图形命令

在 AutoCAD 2009 中,使用"打断"命令可以删除对象或把对象分解成两部分。

(一)命令的启动

(1)单击"菜单浏览器"按钮,在弹出的菜单中选择"修改"→打断(K)命令。

(2)在"功能区"选项板中选择"常用"选项卡,在"修改"面板(如图 6-5 所示)单击"打断"按钮或"打断于点"按钮。

(3)在命令行提示符下键入“BREAK” 或“BR”后,按回车键。

(二)命令操作方法

命令启动后依次有如下的提示信息:

◇ 命令:_break

◇ 选择对象:

◇ 指定第二个打断点 或[第一点(F)]:

在上述命令行中各项的意义为

(1)选择对象:选择要打断的对象。

(2)指定第二个打断点:指定用于打断对象的第二个点,且以选择对象时的位置作为打断对象的第一个点。

(3)第一点(F):用指定的新点替换原来的第一个打断点,选此项另有信息提示:

◇ 指定第一个打断点:

◇ 指定第二个打断点:

§6-6 复杂图形对象编辑

一、多段线编辑命令

在 AutoCAD 中,“多段线”是一种非常有用的线段对象,它是由多段直线段或圆弧段组成的一个组合体,既可以一起编辑,还可以分别编辑。

(一)命令的启动

(1)单击“菜单浏览器”按钮,在弹出的菜单中选择“修改”→“对象”→ 多段线(P) 命令。

(2)在“功能区”选项板中选择“常用”选项卡,在“修改”面板(如图 6-5 所示)单击“编辑多段线”按钮。

(3)在命令行提示符下键入“PEDIT” 或“PE”后,按回车键。

(二)命令操作方法

命令启动后依次有如下的提示信息:

◇ 命令:_pedit

◇ 选择多段线或[多条(M)]:

◇ 输入选项[闭合(C)/合并(J)/宽度(W)/编辑顶点(E)/拟合(F)/样条曲线(S)/非曲线化(D)/线型生成(L)/放弃(U)]:

在上述命令行中各项的意义为

(1)选择多段线:选定要编辑的多段线,如果选定对象是直线或圆弧,则显示以下提示:

◇ 选定的对象不是多段线。

◇ 是否将其转换为多段线?〈是〉:

(2)多条(M):选择多个对象进行编辑。

(3)闭合(C):当多段线不闭合时显示此选项,将多段线首尾连接成闭合线。

(4)合并(J):在开放多段线的尾端点添加直线、圆弧或多段线,对于要合并多段线的对象,它们的端点必须重合。

(5)宽度(W)：为整个多段线指定新的统一宽度。

(6)编辑顶点(E)：在编辑多段线的第一个顶点处显示“×”标记。如果已指定此顶点的切线方向，则在此方向上绘制箭头，并显示以下提示：

◇［下一个(N)/上一个(P)/打断(B)/插入(I)/移动(M)/重生成(R)/拉直(S)/切向(T)/宽度(W)/退出(X)］〈当前〉：

命令行中各项的意义为①下一个(N)：将标记“×”移动到下一个顶点；②上一个(P)：将标记“×”移到上一个顶点置；③打断(B)：将标记“×”移到任何其他顶点时，保存已标记的顶点位置，并显示以下提示：输入选项［下一个(N)/上一个(P)/执行(G)/退出(X)］〈当前〉：下一个(N)：将标记“×”移动到下一个顶点；上一个(P)：将标记“×”移动到上一个顶点；执行(G)：删除两个选定顶点之间的所有线段和顶点，将其替换成单个直线段，然后返回“编辑顶点”模式；退出(X)：退出“拉直”选项并返回“编辑顶点”模式。④插入(I)：在多段线的标记顶点之后添加新的顶点，并显示以下提示：指定新顶点的位置：⑤移动(M)：移动标记的顶点，并显示以下提示：指定标记顶点的新位置：⑥重生成(R)：重生成多段线；⑦拉直(S)：将标记“×”移到任何其他顶点时，保存已标记的顶点位置，并显示以下提示：输入选项［下一个(N)/上一个(P)/执行(G)/退出(X)］〈当前〉：下一个(N)：将标记“×”移动到下一个顶点；上一个(P)：将标记“×”移动到上一个顶点；执行(G)：删除两个选定顶点之间的所有线段和顶点，将其替换成单个直线段，然后返回“编辑顶点”模式；退出(X)：退出“拉直”选项并返回“编辑顶点”模式。⑧切向(T)：将切线方向附着到标记的顶点以便用于以后的曲线拟合。将显示以下提示：指定顶点切向：⑨宽度(W)：修改标记顶点之后线段的起点宽度和端点宽度；⑩退出(X)：退出“编辑顶点”模式。

(7)拟合(F)：创建圆弧拟合多段线(由圆弧连接每对顶点的平滑曲线)。

(8)样条曲线(S)：使用选定多段线的顶点作为近似B样条曲线的曲线控制点或控制框架进行样条曲线拟合。

(9)非曲线化(D)：删除由拟合曲线或样条曲线插入的多余顶点，拉直多段线的所有线段。

(10)线型生成(L)：生成经过多段线顶点的连续图案线型，关闭此选项，将在每个顶点处以点划线开始和结束生成线型。

(11)放弃(U)：还原操作，可一直返回到PEDIT任务开始时的状态。

(12)打开(O)：当多段线闭合时显示此选项，将删除多段线的闭合线段。

【例6-14】已知所绘制的运动场跑道的内边沿有四段独立的图形实体组成，如图6-22(a)所示，试合并这四个实体为一个实体，且具有一定宽度，如图6-22(b)所示的形式。

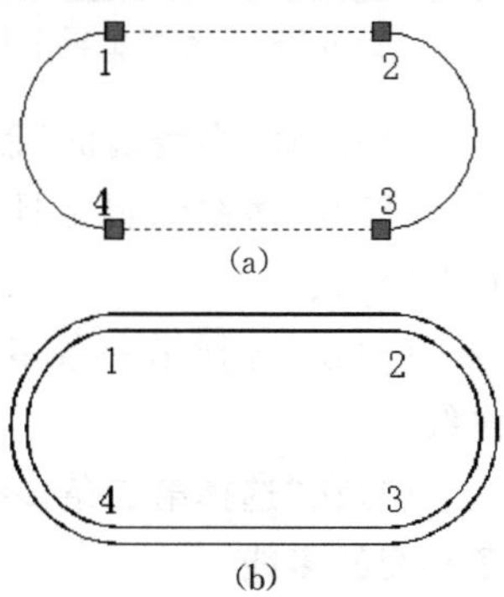

图6-22　编辑多段线

操作方法步骤如下：

(1)启动“多段线编辑”命令(PEDIT)。

(2)在“选择多段线或［多条(M)］：”提示后键入选择线段12。

(3)在“输入选项［闭合(C)/合并(J)/宽度(W)/编辑顶点(E)/拟合(F)/样条曲线(S)/非曲线化(D)/线型生成(L)/放弃(U)］：”提示后键入J选择合并选项。

(4)在“选择对象：”提示后选择23、34、14线段，将这三条线段合并于12线段。

(5)在“输入选项[打开(O)/合并(J)/宽度(W)/编辑顶点(E)/拟合(F)/样条曲线(S)/非曲线化(D)/线型生成(L)/放弃(U)]:”提示后键入 W 设置合并后的多段线宽度。

(6)在“指定所有线段的新宽度:”提示后键入“2”,指定多段线线宽。

(7)按回车键,结束多段线编辑命令。

(8)启动“偏移”命令(Offset)。

(9)在“指定偏移距离或[通过(T)/删除(E)/图层(L)]〈通过〉:”提示后键入“10”。

(10)在“指定要偏移的那一侧上的点,或[退出(E)/多个(M)/放弃(U)]〈退出〉”提示后在多段线的外侧点击鼠标左键。

(11)在“指定要偏移的那一侧上的点,或[退出(E)/多个(M)/放弃(U)]〈退出〉”提示后退出“偏移”命令。

经上述操作后,即得到如图 6-22(b)所示的图形。

二、多线编辑命令

对多线进行编辑,包括编辑多线的顶点、编辑多线相交的样式等。另外,可以直接编辑多线样式,从而绘制不同形状的多线。

(一)命令的启动

(1)单击“菜单浏览器”按钮,在弹出的菜单中选择“修改”→“对象”→多线(M)...命令。

(2)在命令行提示符下键入“MLEDIT”后,按回车键。

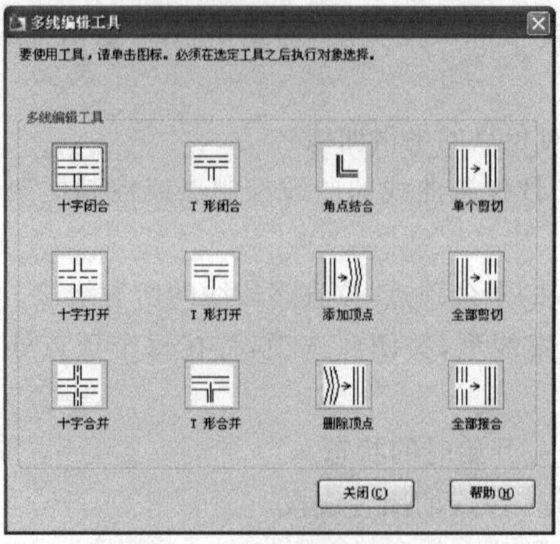

图 6-23　“多线编辑工具”对话框

(二)命令操作方法

命令启动后将弹出“多线编辑工具”对话框,如图 6-23 所示,确定编辑多线样式后依次有如下的提示信息:

◇ 命令:_mledit

◇ 选择第一条多线:

◇ 选择第二条多线:

◇ 选择第一条多线 或[放弃(U)]:

【例 6-15】已知用多线命令所绘制道路交叉口处的图形,如图 6-24(a)所示,试用多线编辑命令将图(a)编辑为图(b)所示的形式。

操作方法步骤如下:

(1)启动“多线编辑”命令(MLEDIT)。

(2)在“多线编辑工具”对话框中选择“十字打开”样式。

(3)在“选择第一条多线:”提示后选择一条多线。

(4)在“选择第二条多线:”提示后选择另一条相交的多线。

(5)在“选择第一条多线:”提示后结束多线编辑命令。

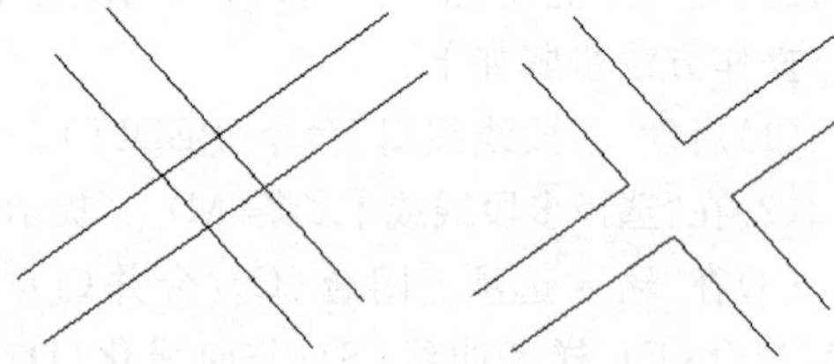

(a)　　(b)

图 6-24　编辑多线

经上述操作后,即得到如图 6-24(b)所示的图形。

(三)多线样式设置

多线样式控制多线中直线元素的颜色和数目、线型以及每个元素与多线起点之间的偏移量。编辑多线样式的步骤如下:

(1)单击“菜单浏览器”按钮,单击弹出的菜单中选择“格式”→多线样式(M)...命令,将弹出“多线样式”对话框,如图 6-25 所示。

(2)单击“加载”按钮,将打开“加载多线样式”对话框,如图 6-26 所示,用户可以从中选取加载的样式,也可以单击“文件”按钮,打开“从文件加载多线样式”对话框,选择多线样式文件。

(3)单击“新建”按钮,弹出“创建新的多线样式”对话框,如图 6-27 所示。

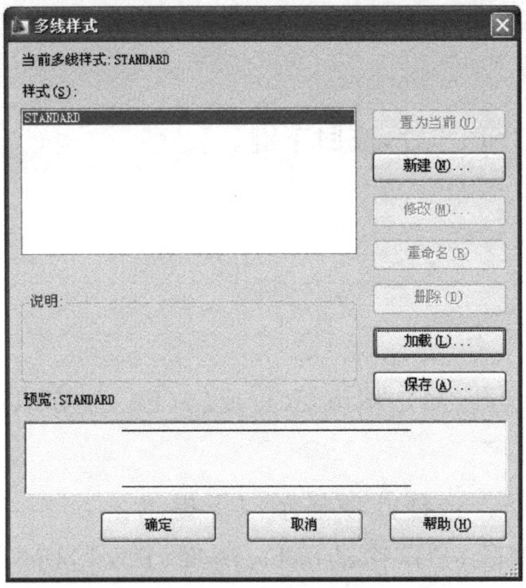

图 6-25　“多线样式”对话框

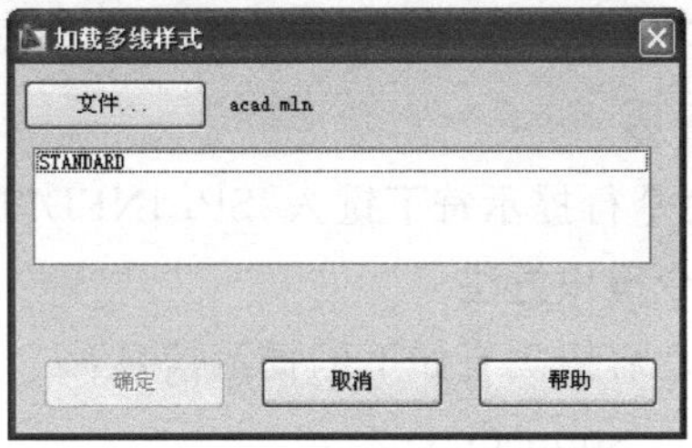

图 6-26　“加载多线样式”对话框

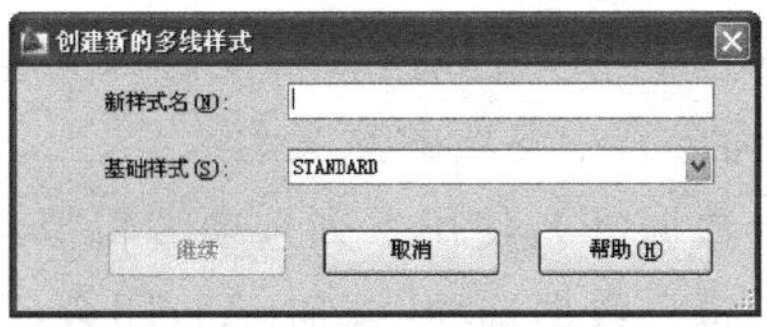

图 6-27　“创建新的多线样式”对话框

(4)输入样式名称,单击“继续”按钮,进入“新建多线样式”对话框。

(5)在“新建多线样式”对话框中,用户可以设置多线的封口、填充、元素等多线样式,如图 6-28 所示。

(6)在“封口”区域,设置多线的起点和端点,设置封口线的类型和角度。

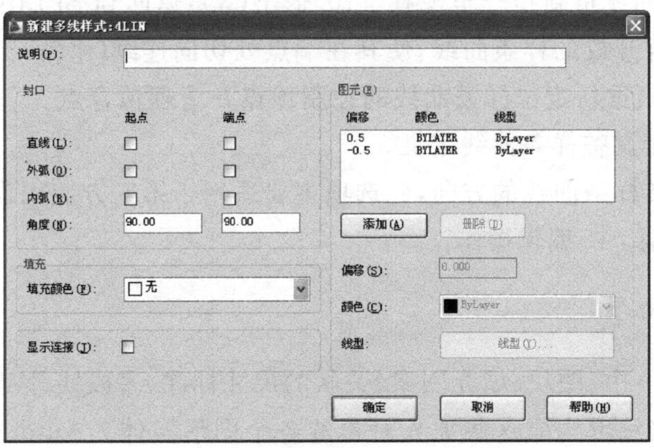

图 6-28　“新建多线样式”对话框

(7)在“填充”选项中,默认是无填充颜色的,若要对多线填充,可单击下拉列表框选择颜色,或在“选择颜色”对话框中选择需要的颜色。

(8)选择新颜色后,单击“确定”按钮。

(9)在“多线样式”对话框中,单击“保存”,可以保存对多线样式的修改。

(10)单击“确定”,退出对话框。

三、样条曲线编辑命令

在 AutoCAD 2009 中,“样条曲线”是一种非常有用的线段对象,它是一条光滑的曲线,AutoCAD 2009 软件针对样条曲线也有一编辑命令。

(一)命令的启动

(1)单击“菜单浏览器”按钮,在弹出的菜单中选择“修改”→“对象”→样条曲线(S)命令。

(2)在“功能区”选项板中选择“常用”选项卡,在“修改”面板(如图 6-5 所示)单击“编辑样条曲线”按钮。

(3)在命令行提示符下键入“SPLINEDIT”或“SPL”后,按回车键。

(二)命令操作方法

命令启动后依次有如下的提示信息:

◇ 命令:_splinedit

◇ 选择样条曲线:

◇ 输入选项[拟合数据(F)/闭合(C)/移动顶点(M)/精度(R)/反转(E)/放弃(U)]:

在上述命令行中各项的意义为

(1)拟合数据(F):使用下列选项编辑拟合数据。选择此项显示以下提示:

◇ 输入拟合数据选项[添加(A)/闭合(C)/删除(D)/移动(M)/清理(P)/相切(T)/公差(L)/退出(X)]〈退出〉:

命令行中各项的意义为:①添加(A):在样条曲线中增加拟合点;②闭合(C):如果选定的样条曲线为闭合,则“闭合”选项将由“打开”选项替换;③删除(D):从样条曲线中删除拟合点并用其余点重新拟合样条曲线;④移动(M):把拟合点移动到新位置;⑤清理(P):从图形数据库中删除样条曲线的拟合数据;⑥相切(T):编辑样条曲线的起点和端点切向;⑦公差(L):使用新的公差值将样条曲线重新拟合至现有点;⑧退出(X):返回到 SPLINEDIT 主提示。

(2)闭合(C):闭合开放的样条曲线,使其在端点处切向连续(平滑)。

(3)移动顶点(M):重新定位样条曲线的控制顶点并清理拟合点。

(4)精度(R):精密调整样条曲线定义。

(5)反转(E):反转样条曲线的方向,此选项主要适用于第三方应用程序。

(6)放弃(U):取消上一编辑操作。

四、分解图形命令

在 AutoCAD 2009 中,图块、填充图案、关联的尺寸标注、多段线等都是一个独立的实体对象,因此用户无法直接编辑构成这些独立对象的各个图形实体。AutoCAD 2009 提供的分解图形(EXPLODE)命令,可方便用户分解这些独立实体对象,对其包含的实体进行再编辑。

(一)命令的启动

(1)单击“菜单浏览器”按钮,在弹出的菜单中选择“修改”→分解(X)命令。

(2)在“功能区”选项板中选择“常用”选项卡,在“修改”面板(如图 6-5 所示)单击“分解”按钮。

(3)在命令行提示符下键入“EXPLODE”或“X”后,按回车键。

(二)命令操作方法

命令启动后依次有如下的提示信息:

◇ 命令:_explode

◇ 选择对象:

在选择要分解的对象后,即可把原组合体分解成单个的实体对象进行编辑。

五、合并图形命令

如果需要连接某一连续图形上的两个部分,或者将相似的对象合并以形成一个完整的对象时,可用合并图形(JOIN)命令。

(一)命令的启动

(1)单击“菜单浏览器”按钮,在弹出的菜单中选择“修改”→ 合并(J)命令。

(2)在“功能区”选项板中选择“常用”选项卡,在“修改”面板(如图 6-5 所示)单击“合并”按钮。

(3)在命令行提示符下键入“JOIN”或“J”后,按回车键。

(二)命令操作方法

命令启动后依次有如下的提示信息:

◇ 命令:_join

◇ 选择源对象:期望直线、开放的多段线、圆弧、椭圆弧或开放的样条曲线。选择受支持的对象:

◇ 选择要合并到源的对象:

在上述命令行中各项的意义为

(1)直线:直线对象必须共线(位于同一无限长的直线上),它们之间可以有间隙。

(2)开放的多段线:对象可以是直线、多段线或圆弧。对象之间不能有间隙,并且必须位于与 UCS 的 *XY* 平面平行的同一平面上。

(3)圆弧:圆弧对象必须位于同一假想的圆上,但是它们之间可以有间隙,“闭合”选项可将圆弧转换成圆。

(4)椭圆弧:椭圆弧必须位于同一椭圆上,但是它们之间可以有间隙,“闭合”选项可将椭圆弧闭合成完整的椭圆。

(5)开放的样条曲线:样条曲线和螺旋对象必须相接(端点对端点),结果对象是单个样条曲线。

【例 6-16】如图 6-29(a)、(b)所示,试用合并图形命令分别将图 6-29 中的图(a)、图(b)合并至图(c)、图(d)的结果。

操作方法步骤如下:

(1)启动“合并”图形命令(JOIN)。

(2)在“选择受支持的对象:”提示后选择图(a)中的一段圆弧。

(3)在“选择要合并到源的对象:”提示后选择图(a)中的其他的圆弧段。

(4)重新启动“合并”图形命令(JOIN)。

(5)在“选择受支持的对象:”提示后选择图(b)中的一条多段线。

(6)在“选择要合并到源的对象:”提示后选择图(b)中的其他的圆弧和线段。

经上述操作后,即得到如图 6-29 (c)、(d)所示的图形。

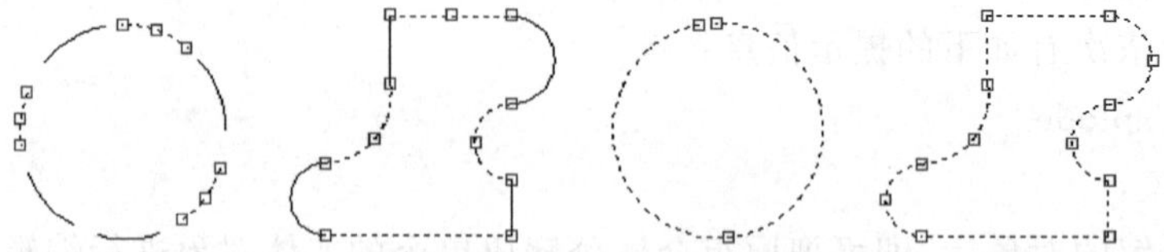

(a)　(b)　(c)　(d)

图 6-29　合并图形

§6-7　使用夹点模式编辑图形

一、夹点的基本概念

当未执行任何命令而选择实体目标后,在被选中的图形实体上将出现若干个带颜色的小方框,这些小方框是图形的特征点。把这些小方框称之为夹点(Grips)。在 AutoCAD 2009 中常见的实体夹点如图 6-30 所示。

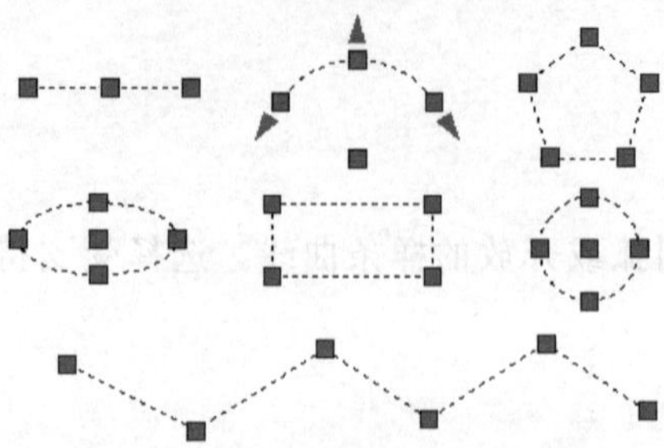

图 6-30　常见图形实体的夹点

通过拖动夹点可执行拉伸、移动、旋转、缩放或镜像操作。选择执行的编辑操作称为夹点模式。要使用夹点模式,可将十字光标置于夹点上单击鼠标左键从而选择作为操作基点的夹点(选定的夹点也称为热夹点)。

在选择夹点模式时,可以通过按回车键或空格键循环选择这些模式;还可以使用快捷键或单击鼠标右键,查看所有模式和选项。

二、利用夹点编辑图形的方法

(一)使用夹点拉伸实体

可以通过将选定夹点移动到新位置来拉伸对象。文字、块参照、直线中点、圆心和点对象上的夹点将移动对象而不是拉伸它。

当用户选择夹点模式后,AutoCAD 2009 在命令行将给出如下的提示:

◇ ** 拉伸 **

◇ 指定拉伸点或[基点(B)/复制(C)/放弃(U)/退出(X)]:

各选项含义如下:

(1)指定拉伸点:确定基点拉伸后的新位置。用户可以直接用十字光标或通过输入新点的坐标参数确定其新的位置,该项为默认选项。

(2)基点(B):确定新基点,AutoCAD 2009 允许用户指定任意点作为新拉伸基点。

(3)复制(C):进行拉伸复制,在此方式下,允许进行多次拉伸复制,即原先选中的并带热夹持点的实体大小保持不变，在此基础上复制多个相同的图形，而且这些图形实体都被拉伸。

(4)放弃(U)：取消上次的基点或复制操作。

(5)退出(X)：退出夹点拉伸模式。

【例 6-17】如图 6-31 (a)所示的矩形，试用夹点进行多次拉伸复制至图 6-31(c)的图形。

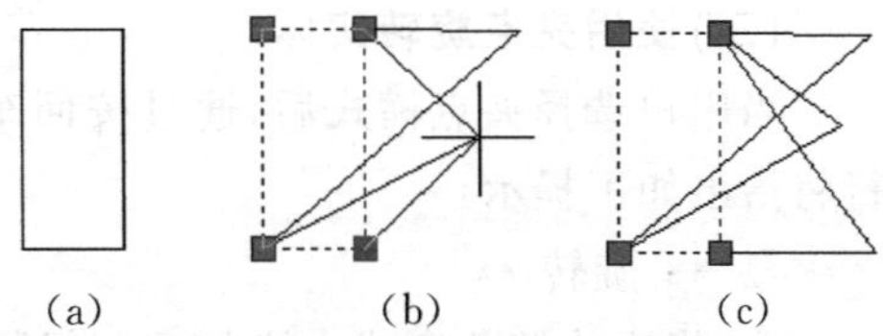

图 6-31　夹点拉伸图形编辑

具体方法如下：

(1)在 AutoCAD 2009 中绘制该图形。

(2)将光标移至矩形的右下角点上单击鼠标左键，使该点处于夹点模式。

(3)在“指定拉伸点或［基点(B)/复制(C)/放弃(U)/退出(X)］：”提示后，键入“C”并按回车键，启动拉伸多重复制。

(4)在“指定拉伸点或［基点(B)/复制(C)/放弃(U)/退出(X)］：”提示后，用光标在适当的位置指定拉伸点。重复该项三次后，按回车键，结束命令操作。

经上述操作后，即得到如图 6-31 (c)所示的图形。

(二)使用夹点移动实体

当用户选择夹点模式后，通过按回车键或空格键，选择移动模式，AutoCAD 2009 在命令行将给出如下的提示：

◇ ** 移动 **

◇ 指定移动点或［基点(B)/复制(C)/放弃(U)/退出(X)］：

各选项含义如下：

(1)指定移动点：确定移动的终点，用户可以直接用十字光标或通过输入新点的坐标参数确定其新的位置，该选项为默认选项。

(2)基点(B)：确定新基点，AutoCAD 2009 允许用户指定任意点作为新移动基点。

(3)复制(C)：AutoCAD 2009 此时允许多次拷贝实体。

(4)放弃(U)：取消上次的基点或复制操作。

(5)退出(X)：退出夹点移动模式。

【例 6-18】如图 6-32 (a)所示的图形，试用夹点移动编辑将图中矩形移出后成如图 6-32(c)的图形。

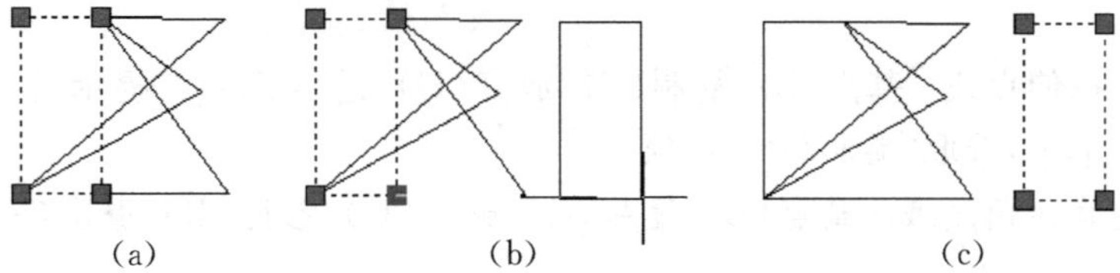

图 6-32　夹点移动图形编辑

具体方法如下：

(1)用光标选择图 6-32 (a)所示的矩形，将光标移至矩形的右下角点上单击鼠标左键，使其处于夹点模式。

(2)在“指定拉伸点或［基点(B)/复制(C)/放弃(U)/退出(X)］：”提示后，单击鼠标右键，在弹出的快捷菜单中，选取“移动(M)”选项。

(3)在"指定移动点或[基点(B)/复制(C)/放弃(U)/退出(X)]:"提示后,用光标确定一点作为移动点,按回车键,结束命令操作。

经上述操作后,即得到如图 6-32 (c)所示的图形。

(三)使用夹点旋转实体

当用户选择夹点模式后,通过按回车键或空格键,选择旋转模式,AutoCAD 2009 在命令行将给出如下提示:

◇ ** 旋转 **

◇ 指定旋转角度或[基点(B)/复制(C)/放弃(U)/参照(R)/退出(X)]:

各选项含义如下:

(1)指定旋转角度:确定旋转角度,在此提示下,用户可直接输入要旋转的角度值,也可用拖动方式确定相对旋转角,然后将所选择实体目标以夹点为基点旋转相应的角度,该选项为默认选项。

(2)基点(B):确定新基点,AutoCAD 2009 允许用户指定任意点作为新旋转基点。

(3)复制(C):AutoCAD 2009 此时允许多次旋转拷贝实体。

(4)放弃(U):取消上次的基点或复制操作。

(5)参照(R):确定相对参考比例系数。

(6)退出(X):退出夹点旋转模式。

【例 6-19】如图 6-33 (a)所示的矩形,试用夹点旋转复制进行多次复制至图 6-33(c)所示的图形。

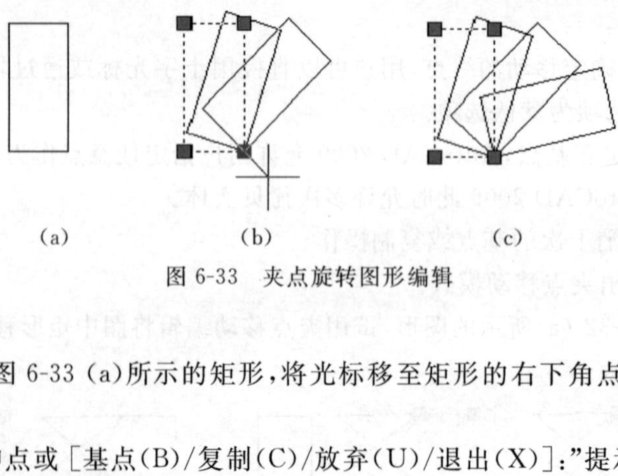

(a) (b) (c)

图 6-33 夹点旋转图形编辑

具体方法如下:

(1)用光标选择图 6-33 (a)所示的矩形,将光标移至矩形的右下角点上单鼠标左键,使其处于夹点模式。

(2)在"指定拉伸点或[基点(B)/复制(C)/放弃(U)/退出(X)]:"提示后,单击鼠标右键,在弹出的快捷菜单中,选取"旋转(R)"选项。

(3)在"指定旋转角度或[基点(B)/复制(C)/放弃(U)/参照(R)/退出(X)]:"提示后,键入 C,采用旋转复制方式。

(4)在"** 旋转 (多重) ** 指定旋转角度或[基点(B)/复制(C)/放弃(U)/参照(R)/退出(X)]:"提示后用光标确定一点作为旋转复制的角度,重复三次后按回车键,结束命令操作。

经上述操作后,即得到如图 6-33(c)所示的图形。

(四)使用夹点缩放实体

当用户选择夹点模式后,通过按回车键或空格键,选择缩放模式,AutoCAD 2009 在命令行将给出如下提示:

◇ ** 比例缩放 **

◇ 指定比例因子或 [基点(B)/复制(C)/放弃(U)/参照(R)/退出(X)]:

各选项含义如下:

(1)指定比例因子:确定比例缩放系数。在此提示下,用户可直接输入一个具体的比例系数,也可通过拖动方式给出相应的比例系数,该选项为默认选项。

(2)基点(B):确定新基点。AutoCAD 2009 允许用户指定任意点作为新缩放基点。

(3)指定基点:确定新基点,然后进行比例缩放。

(4)复制(C):AutoCAD 2009 此时允许多次拷贝缩放实体。

(5)放弃(U):取消上次的基点或复制操作。

(6)参照(R):确定相对参考比例系数。

(7)退出(X):退出夹点缩放模式。

(五)使用夹点镜像实体

当用户选择夹点模式后,通过按回车键或空格键,选择镜像模式,AutoCAD 2009 在命令行中将给出如下的提示:

◇ ** 镜像 **

◇ 指定第二点或 [基点(B)/复制(C)/放弃(U)/退出(X)]:

各选项含义如下:

(1)指定第二点:确定镜像线的另一个端点,AutoCAD 2009 将所选的夹点作为镜像线的第一端点。在此提示下,用户可直接输入点的坐标参数或用十字光标来确定镜像线的第二端点,AutoCAD 2009 将以这两端点所确定的直线为镜像线,该选项为默认选项。

(2)基点(B):确定镜像线基点。AutoCAD 2009 允许用户指定任意点作为新的镜像基点。

(3) 复制(C):AutoCAD 2009 此时允许用户镜像复制实体目标。

(4) 放弃(U):取消上次的基点或复制操作。

(5) 退出(X):退出夹点镜像模式。

【例 6-20】如图 6-34 (a)所示的矩形,试用夹点镜像复制进行多次复制至图 6-34(c)的图形。

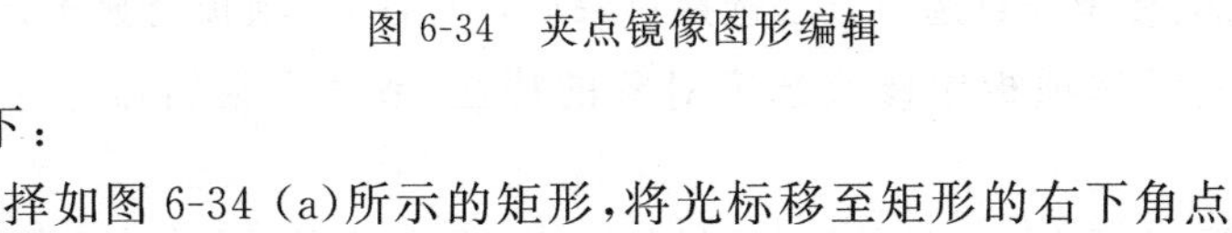

(a)　(b)　(c)

图 6-34　夹点镜像图形编辑

具体方法如下:

(1)用光标选择如图 6-34 (a)所示的矩形,将光标移至矩形的右下角点上单击鼠标左键,使其处于夹点模式。

(2)在"指定拉伸点或 [基点(B)/复制(C)/放弃(U)/退出(X)]:"提示后,单击鼠标右键,在弹出的快捷菜单中,选取"镜像(I)"选项。

(3)在"指定旋转角度或 [基点(B)/复制(C)/放弃(U)/参照(R)/退出(X)]:"提示后,键入"C",采用旋转复制方式。

(4)在“**镜像 (多重)**指定第二点或[基点(B)/复制(C)/放弃(U)/退出(X)]:”提示后用光标确定一点作为镜像线的第二点,重复三次后按回车键,结束命令操作。

经上述操作后,即得到如图 6-34(c)所示的图形。

§6-8 对象特性与区域填充编辑

一、对象特性编辑

对象特性包含一般特性和几何特性。一般特性包括对象的颜色、线型、图层及线宽等,几何特性包括对象的尺寸和位置。可以直接在“特性”选项板中设置和修改对象的特性。

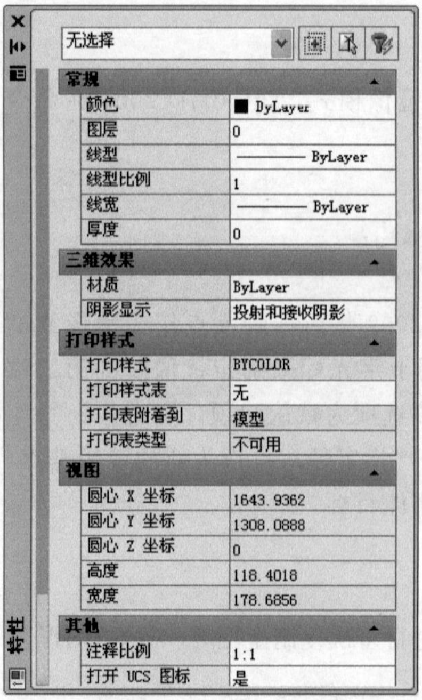

图 6-35 “特性”选项板

(一)“特性”选项板

(1)单击“菜单浏览器”按钮,在弹出的菜单中选择“修改”→特性(P)命令。

(2)单击标准工具栏上“特性”按钮。

(3)在命令行提示符下键入“PROPERTIES”或“PROPS”后,按回车键。

(4)快捷菜单:选择要查看或修改其特性的对象,在绘图区域中单击鼠标右键,然后单击“特性”。

启动命令后将弹出“特性”选项板,如图 6-35 所示。

(二)显示选定对象或对象集的特性

(1)选择多个对象时,“特性”选项板只显示选择集中所有对象的公共特性。

(2)如果未选择对象,“特性”选项板将只显示当前图层和布局的基本特性、附着在图层上的打印样式表名称、视图特性和 UCS 的相关信息。

(三)“特性”选项板操作

(1)对象类型列表框:显示选定对象的类型。

(2)切换 Pickadd 系统变量的值:Pickadd 系统变量的值为 1(表示打开)或为 0(表示关闭)。打开 Pickadd 时,每个选定对象(无论是单独选择或通过窗口选择的对象)都将添加到当前选择集中,关闭 Pickadd 时,选定对象将替换当前选择集。

(3)选择对象:使用任意选择方法选择对象后,“特性”选项板将显示选定对象的共有特性,然后可以在“特性”选项板中修改选定对象的特性,或输入编辑命令对选定对象做其他修改。

(4)快速选择:显示“快速选择”对话框如图 6-4 所示。使用“快速选择”创建基于过滤条件的选择集。

(四)修改对象的特性

为修改任何可以更改的对象特性,可使用以下方法之一:

(1)输入新值:选择后直接输入对象特性的新值。

(2)单击相应特性右侧的下箭头并从列表中选择一个值。

(3)单击“拾取点”按钮，使用定点设备修改坐标值。

(4)单击“快速计算器”计算器按钮可计算新值。

(5)单击左或右箭头可增大或减小该值。

(6)单击“…”按钮并在该对话框中修改特性值。

二、区域填充编辑

在 AutoCAD 2009 中允许编辑图案填充的样式，包括修改填充图案的角度或线条的间距，可利用实体填充和 AutoCAD 2009 提供的预定义图案替换原来的图案，同时也可以将填充图案分解或定义新的填充图案。

(一)命令的启动

(1)单击“菜单浏览器”按钮，在弹出的菜单中选择“修改”→“对象”→ 图案填充(H)... 命令。

(2)在修改Ⅱ工具栏上“编辑图案填充”按钮。

(3)快捷菜单：选择要编辑的图案填充对象，在绘图区域单击鼠标右键。单击“图案填充编辑”。

(4)在命令行提示符下键入“HATCHEDIT”或“HE”后，按回车键。

(二)命令操作方法

命令启动后依次有如下的提示信息：

◇ 命令：_hatchedit

◇ 选择图案填充对象：

在选择要编辑的填充图案后，将弹出“图案填充编辑”对话框，如图 6-36 所示。在该对话框中可对填充图案进行编辑。

【例 6-21】如图 6-37 (a)所示的填充图案，试更改填充图案的填充角度和比例。

图 6-36　“图案填充编辑”对话框

具体方法如下：

(1)启动图案填充编辑命令(HATCHEDIT)。

(2)在“选择图案填充对象:”提示后,选择要编辑的填充图案。

(3)在所弹出“图案填充编辑”对话框(如图 6-36 所示)中更改“角度和比例”。

(4)按回车键,结束命令操作。

经上述操作后,即得到如图 6-37 (b) 所示的图形。

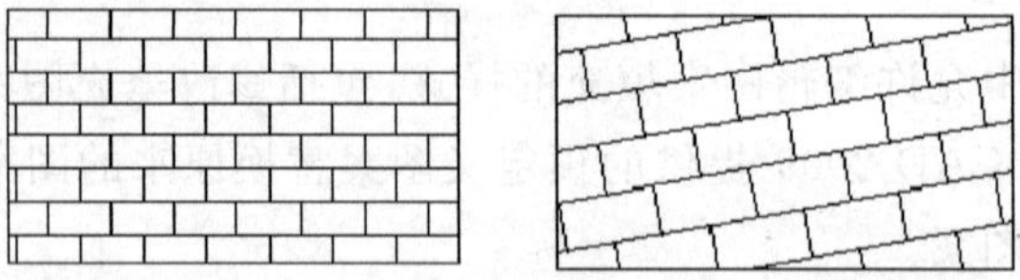

(a)　　(b)

图 6-37　编辑图案填充

复　习　题

1.矩形窗口与交叉窗口选择对象有何区别?

2.如何快速选择给定条件或某类的图形实体?

3.在使用“修剪”和“延伸”命令时,有时无法实现,试分析产生的原因。

4.什么是倒角？什么是圆角？在 AutoCAD 2009 中能否对两个不相交直线(LINE)和多段线(PLINE)进行倒角或倒圆角?

5.“打断”命令与“打断于点”命令有何区别?

6.如何合并多段线？能否将两个首尾不相连的直线(LINE)和多段线(PLINE)合并?

7.哪些命令可改变一条线段的长度?

8.能改变图形某部分大小的复制命令有哪些?

9.试按图 6-38～图 6-45 中的尺寸要求或样式用 AutoCAD 2009 绘制图形。

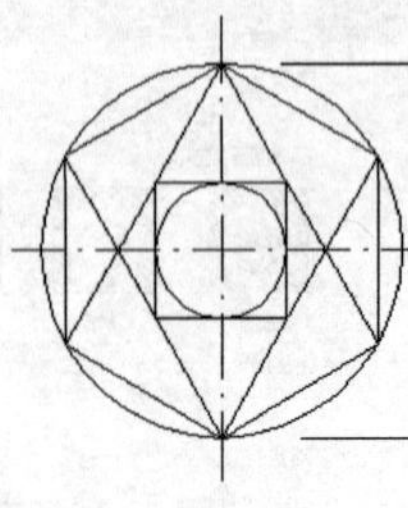

图 6-38

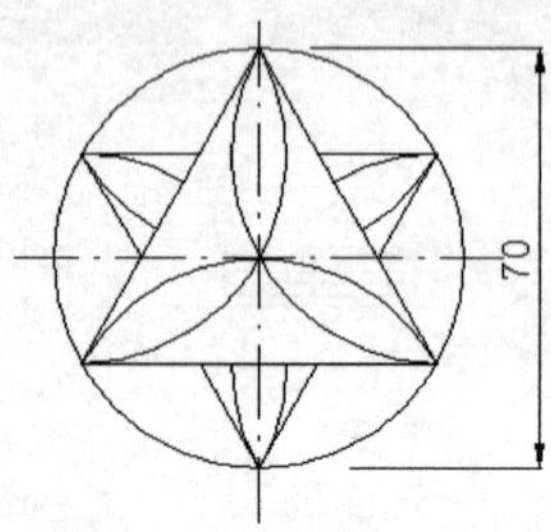

图 6-39

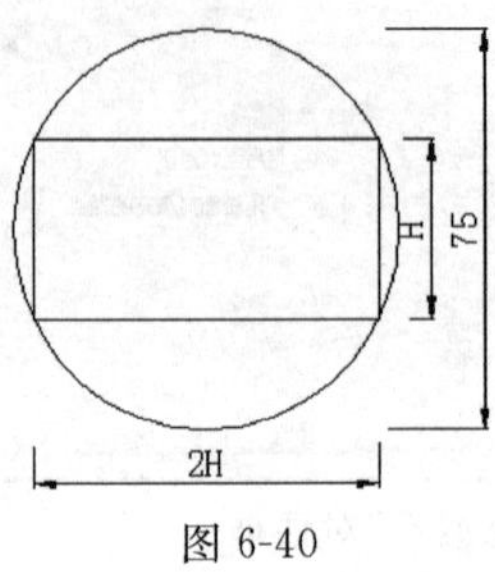

图 6-40

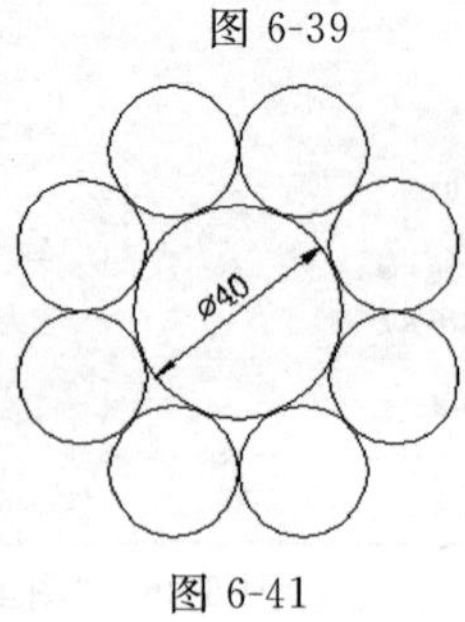

图 6-41

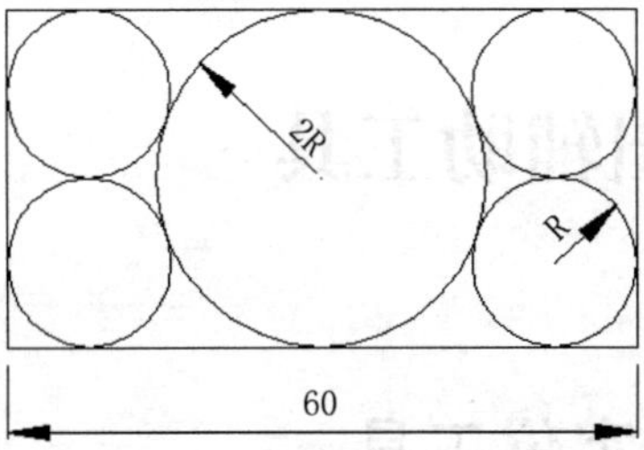

图 6-42

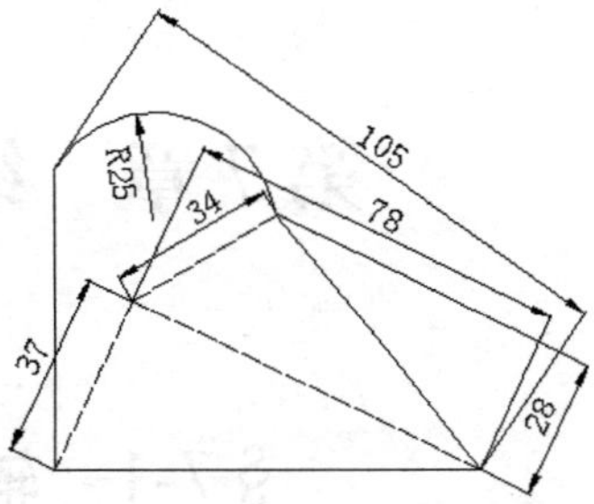

图 6-43

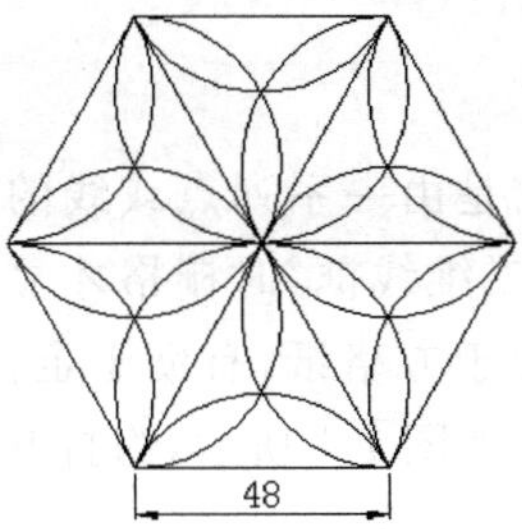

图 6-44

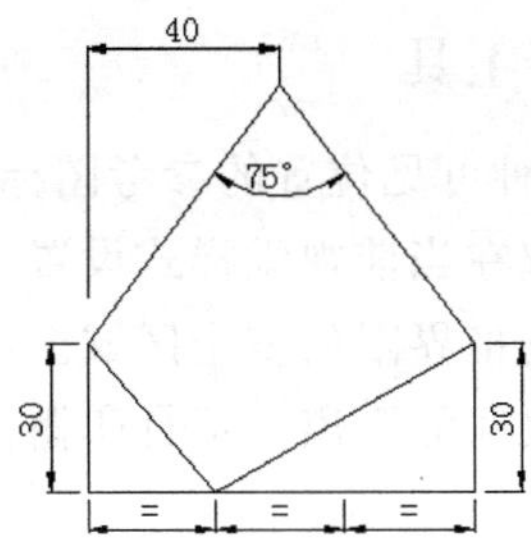

图 6-45

10. 多线的修剪与一般直线的修剪有何不同?

11. 多线有哪些编辑方式?

12. 何谓“夹点”? 运用夹点拉伸图形的效果与执行“拉伸”命令拉伸图形的效果有什么不同?

13. 启动“特性”窗口有哪几种方法?

第 7 章　绘图辅助工具

§7-1　辅助定位工具

一、栅格与捕捉工具

栅格(GIRD)是一种可见位置的参考图标，它是由一系列点或线的矩阵(可以将栅格显示为点矩阵或线矩阵。仅在当前视觉样式设置为“二维线框”时栅格才显示为点，否则栅格将显示为线)，遍布指定为栅格界限的整个区域。类似于方格纸，有助于定位。利用栅格可以对齐对象并直观显示对象之间的距离。不打印栅格。如图 7-1 所示，为打开栅格状态时的绘图区。

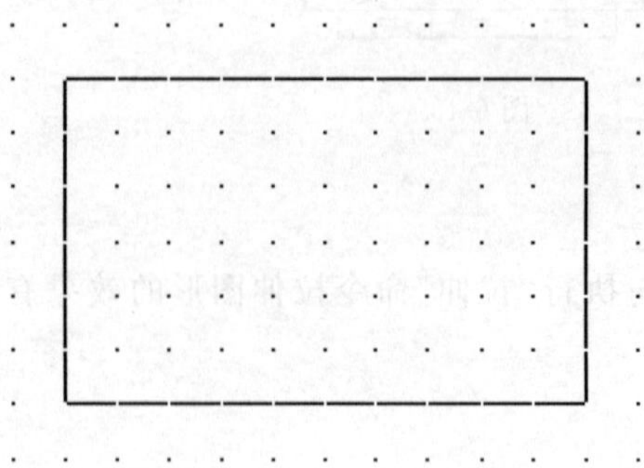

视觉模式为“二维线框”下的栅格

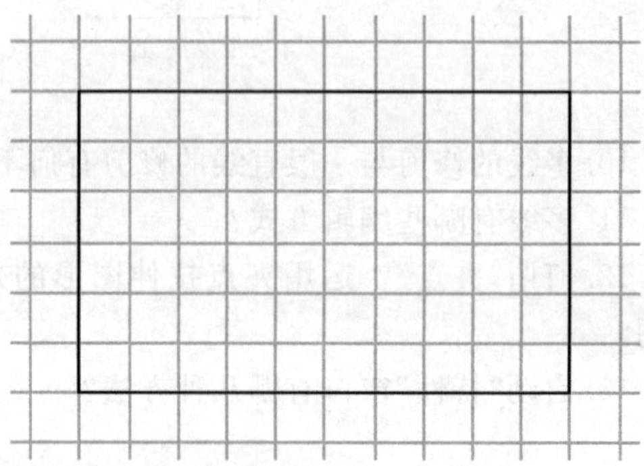

视觉模式为“隐藏”下的栅格

图 7-1　栅格显示

捕捉(SNAP)模式用于限制十字光标，使其按照用户定义的间距移动。当“捕捉”模式打开时，光标似乎附着或捕捉到不可见的栅格。捕捉模式有助于使用箭头键或定点设备来精确地定位点。

栅格(GRID)与捕捉(SNAP)是一对相互对应的辅助定位工具。

(一)栅格(GRID)

1. 命令的启动

(1)单击状态栏(如图 1-20 所示)“栅格显示”按钮▦，打开或关闭“栅格”。

(2)在命令行提示符下键入“GRID”后，按回车键。

2. 命令操作方法

当用命令行方式启动后依次有如下的提示信息：

◇ 命令：_grid

◇ 指定栅格间距(X) 或［开(ON)/关(OFF)/捕捉(S)/ 主栅格线(M)/自适应(D)/界限(L)/跟随(F)/纵横向间距(A)］〈10.000 0〉：

在上述命令行中各项的意义为

(1)指定栅格间距(X)：设置栅格间距的值，在值后面输入“X”可将栅格间距设置为按捕捉间距增加的指定值。

(2) 开(ON):打开使用当前已设置间距的栅格。

(3)关(OFF):关闭栅格。

(4)捕捉(S):将栅格间距设置为由栅格捕捉(SNAP) 命令指定的捕捉间距。

(5)主栅格线(M):指定主栅格线与次栅格线比较的频率,将以除二维线框之外的任意视觉样式显示栅格线而非栅格点。

(6)自适应(D):控制放大或缩小时栅格线的密度。

(7)界限(L):显示超出"LIMITS"命令指定区域的栅格。

(8)跟随(F):更改栅格平面以跟随动态 UCS 的 *XY* 平面。

(9)纵横向间距(A): 更改 *X* 和 *Y* 方向上的栅格间距。

(二)捕捉(SNAP)

1. *命令的启动*

(1)单击状态栏(如图 1-20 所示)"捕捉模式"按钮,打开或关闭"捕捉"。

(2)在命令行提示符下键入"SNAP"或"SN"后,按回车键。

2. *命令操作方法*

当使用命令行方式启动后依次有如下的提示信息:

◇ 命令:_snap

◇ 指定捕捉间距或 [开(ON)/关(OFF)/纵横向间距(A)/样式(S)/类型(T)]〈10.000 0〉:

在上述命令行中各项的意义为

(1)指定捕捉间距:用指定的值激活捕捉模式。

(2)开(ON):使用捕捉栅格的当前设置激活捕捉模式。

(3)关(OFF):关闭捕捉模式,但保留当前设置。

(4)纵横向间距(A):在 *X* 和 *Y* 方向指定不同的间距,如果当前捕捉模式为"等轴测",则不能使用此选项。

(5)样式(S):指定"捕捉"栅格的样式为标准或等轴测。

(6)类型(T):指定捕捉类型:极轴(PolarSnap) 或矩形捕捉,该设置也由 Snaptype 系统变量控制。

二、正交工具

AutoCAD 2009 提供的正交模式也可以用来精确定位点,它将定点设备的输入限制为水平或垂直。在正交模式下,可以方便地绘出与当前 *X* 轴或 *Y* 轴平行的线段。

(1)单击状态栏(如图 1-20 所示)"正交模式"按钮,打开或关闭"正交"。

(2)在命令行提示符下键入"ORTHO"后,按回车键。

(3)按功能键 F8,打开或关闭"正交"。

打开正交模式,可用于控制是否以正交方式绘图。

§7-2　对象捕捉工具

一、对象捕捉模式

对象捕捉是一个十分有用的工具,它可以帮助用户精确地选择某些特定的点,就是将十字光标准确定位在已存在的实体特征点或特定位置上。形象地说,若要以屏幕上两条直线的交点为起始点绘制直线时,就要求能准确地把光标定位在这个交点上,仅靠视觉是很难做到的。若利用交点捕捉功能,只需把交点置于捕捉选择框内,甚至置于选择框附近,便可准确地定位在该交点上,从而保证绘图的精度。

AutoCAD 2009 对象捕捉模式有下列 13 种对象捕捉模式。

(1)端点:捕捉到圆弧、椭圆弧、直线、多线、多段线、样条曲线、面域或射线最近的端点,或捕捉宽线、实体或三维面域的最近角点。

(2)中点:捕捉到圆弧、椭圆、椭圆弧、直线、多线、多段线、面域、实体、样条曲线或构造线的中点。

(3)圆心:捕捉到圆弧、圆、椭圆或椭圆弧的中心。

(4)节点:捕捉到点对象、标注定义点或标注文字原点。

(5)象限点:捕捉到圆弧、圆、椭圆或椭圆弧的象限点。

(6)交点:捕捉到圆弧、圆、椭圆、椭圆弧、直线、多线、多段线、射线、面域、样条曲线或参照线的交点。

(7)延伸:当光标经过对象的端点时,显示临时延长线或圆弧,以便用户在延长线或圆弧上指定点。

(8)插入点:捕捉到属性、块、形或文字的插入点。

(9)垂足:捕捉圆弧、圆、椭圆、椭圆弧、直线、多线、多段线、射线、面域、实体、样条曲线或参照线的垂足。

(10)切点:捕捉到圆弧、圆、椭圆、椭圆弧或样条曲线的切点。

(11)最近点:捕捉到圆弧、圆、椭圆、椭圆弧、直线、多线、点、多段线、射线、样条曲线或构造线的最近点。

(12)外观交点:捕捉到不在同一平面但是可能看起来在当前视图中相交的两个对象的外观交点。

(13)平行线:将直线段、多段线线段、射线或构造线限制为与其他线性对象平行。

二、对象捕捉设置与使用

(一)命令的启动

(1)单击"菜单浏览器"按钮,在弹出的菜单中选择"工具"→草图设置(F)...命令。

(2)在命令行提示符下键入"OSNAP"后或"OS",按回车键。

(3)左键单击状态栏(如图 1-20 所示)"对象捕捉"按钮可打开或关闭"对象捕捉",用右键单击时可设置对象捕捉的模式。

(4)在绘图区域中单击鼠标右键同时按"Shift"键,然后选择对象捕捉模式。

(5)单击“对象捕捉”工具栏(如图 7-2 所示)上的相应按钮选择捕捉模式。

图 7-2　“对象捕捉”工具栏

(二)命令操作方法

当利用菜单浏览器和命令行启动对象捕捉时,会弹出“草图设置”对话框的“对象捕捉”选项卡,如图 7-3 所示。可对“对象捕捉”选项卡进行相关的设置。

利用其他方式启动对象捕捉时,可临时选择对象捕捉模式。对象捕捉命令是一个透明命令。

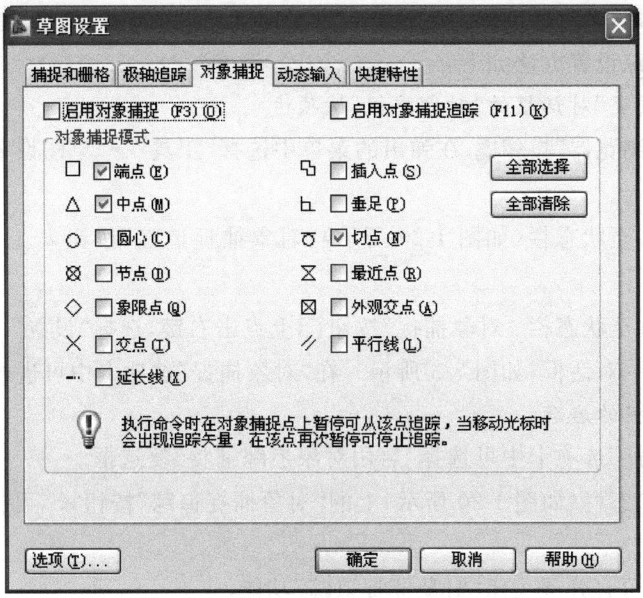

图 7-3　“对象捕捉”选项卡

§7-3　对象追踪与极轴追踪

一、对象捕捉追踪

(一)对象捕捉追踪

使用对象捕捉追踪,可以沿着基于对象捕捉点的对齐路径进行追踪。已获取的点将显示一个小加号“+”,一次最多可以获取七个追踪点。获取点之后,当在绘图路径上移动光标时,将显示相对于获取点的水平、垂直或极轴对齐路径。

【例 7-1】如图 7-4 所示,以 2 点为起点做一垂直于 34 的直线,且该直线的终点位于过圆心 O 的水平线上。

具体操作如下:

设置对象追踪捕捉模式(捕捉端点、圆心和垂足)后,启动直线(Line)命令,捕捉 2 点作为要绘制直线的起点,依次捕捉圆心和垂足点,沿过垂足的对象捕捉追踪线移动光标当出现过圆心 O 的水平线和“+”时,单击鼠标左键,即为所求的直线终点。

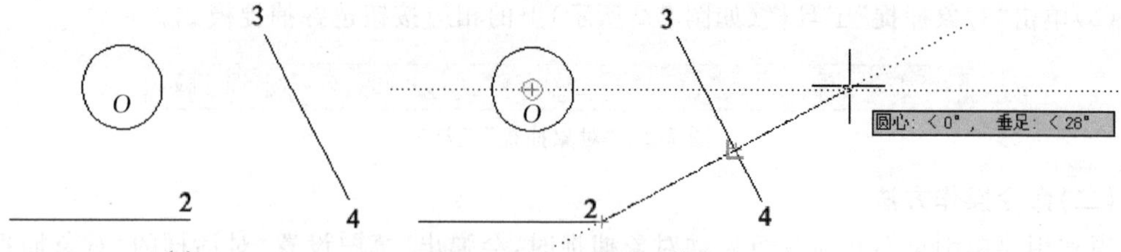

图 7-4　对象捕捉追踪

(二)对象捕捉追踪设置

默认情况下,对象捕捉追踪将设置为正交,对齐路径将显示在始于已获取的对象点的 0°、90°、180°和 270°方向上,也可以使用极轴追踪角代替。要设置其他的极轴追踪角见极轴追踪设置。对象捕捉追踪设置方法如下:

1. 启动“草图设置”对话框的“对象捕捉”选项卡

(1)单击“菜单浏览器”按钮,在弹出的菜单中选择“工具”→“草图设置(F)”命令,然后选择“对象捕捉”选项卡。

(2)鼠标箭头移至状态栏(如图 1-20 所示)“对象捕捉追踪”按钮∠上点击右键,选择“设置”。

(3)鼠标箭头移至状态栏“对象捕捉”按钮□上点击右键,选择“设置”。

启动后将弹出一对话框,如图 7-3 所示。在“对象捕捉”选项卡中可进行相关的捕捉设置。

2. 对象追踪捕捉的启动

(1)在“对象捕捉”选项卡中可选择“启用对象追踪捕捉”复选框。

(2)可以点击状态栏(如图 1-20 所示)上的“对象捕捉追踪”按钮∠,可打开或关闭“对象捕捉追踪”功能。

(3)按 F11 键,可打开或关闭“对象捕捉追踪”功能。

二、极轴追踪

(一)极轴追踪

极轴追踪是按事先给定角度增量来追踪特征点的方式。当要求指定一个点时,系统将依照预先设置的角度增量来显示一条辅助线,用户可沿辅助线追踪得到光标点。AutoCAD 2009 默认极轴角度增量值为 90°。

使用极轴追踪,光标将按指定角度进行移动。使用极轴距离,光标将沿极轴角度且按指定距离增量进行移动。

【例 7-2】如图 7-5(a)所示,绘制一条从 1 点到 2 点的 20 个单位长的直线,然后接着绘制一条 40 单位长且与第一条直线 12 成 45°角的直线 23。

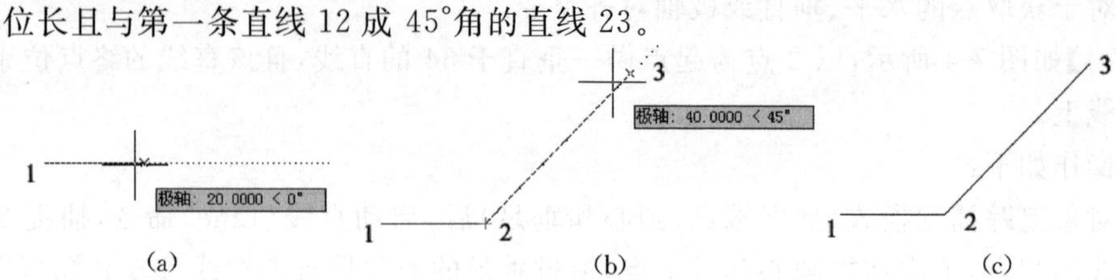

图 7-5　极轴追踪

具体操作如下：

(1)设置极轴追踪，且极轴角增量45°，设置“捕捉”的“极轴距离”等于10个单位。

(2)启动直线(LINE)命令。

(3)在“指定第一点:”提示后，用光标在绘图区任选一点。

(4)在“指定下一点或[放弃(U)]:”提示后，当光标沿水平追踪线移动出现“极轴:20.000 0<0°”，可点击左键确定点2。

(5)在“指定下一点或[放弃(U)]:”提示后，当光标沿45°追踪线“极轴:40.000 0<45°”，可点击左键确定点3。

上述操作也可参照图7-5(a)、(b)、(c)。经上述操作后，即得到如图7-5(c)所示的图形。

(二)极轴追踪设置

可以使用极轴追踪沿着90°、60°、45°、30°、22.5°、18°、15°、10°和5°的极轴角增量进行追踪，也可以指定其他角度。极轴追踪设置方法如下。

1.启动“草图设置”对话框的“极轴追踪”选项卡

(1)单击“菜单浏览器”按钮，在弹出的菜单中选择“工具”→“草图设置(F)”命令，然后选择“极轴追踪”选项卡。

(2)鼠标箭头移至状态栏(如图1-20所示)“极轴追踪”按钮上点击右键，选择“设置”。

启动后将弹出一对话框，如图7-6所示。在“极轴追踪”选项卡中可进行相关的极轴设置。

2.对象极轴追踪的启动

(1)在“极轴追踪”选项卡中可选择“启用极轴追踪”复选框。

(2)可以点击状态栏(如图1-20所示)上的“极轴追踪”按钮，可打开或关闭“极轴追踪”功能。

(3)按F10键，可打开或关闭“极轴追踪”功能。

(三)极轴距离

使用极轴距离，光标将按指定的极轴距离增量进行移动。例如，如果指定10个单位的长度，光标将自指定的第一点捕捉0、10、20、30、40长度，等等。移动光标时，工具提示将显示最接近的极轴距离增量。必须在“极轴追踪”和“捕捉”模式(设置为“PolarSnap”)同时打开的情况下，才能将点输入限制为极轴距离。具体设置如下。

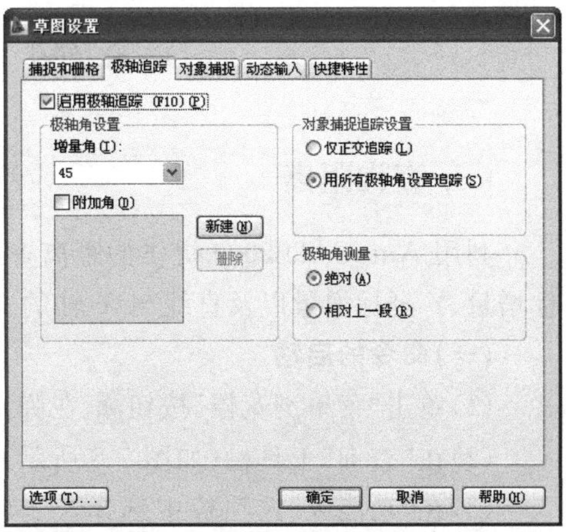

图7-6　“极轴追踪”选项板

1.启动“草图设置”对话框的“捕捉和栅格”选项卡

(1)单击“菜单浏览器”按钮，在弹出的菜单中选择“工具”→“草图设置(F)”命令，然后选择“捕捉和栅格”选项卡。

(2)鼠标箭头移至状态栏(如图1-20所示)“捕捉模式”按钮上点击右键，选择“设置”。

(3)鼠标箭头移至状态栏“栅格显示”按钮上点击右键，选择“设置”。

启动后将弹出一对话框，如图7-7所示。在“捕捉和栅格”选项卡中可设置“极轴距离”。

2.极轴距离的启动

(1)在“捕捉和栅格”选项卡中可选择“启用捕捉”复选框。

(2)可以点击状态栏(如图 1-20 所示)上的“捕捉模式”按钮,可打开或关闭“捕捉”功能。

(3)按 F9 键,可打开或关闭“捕捉”功能。

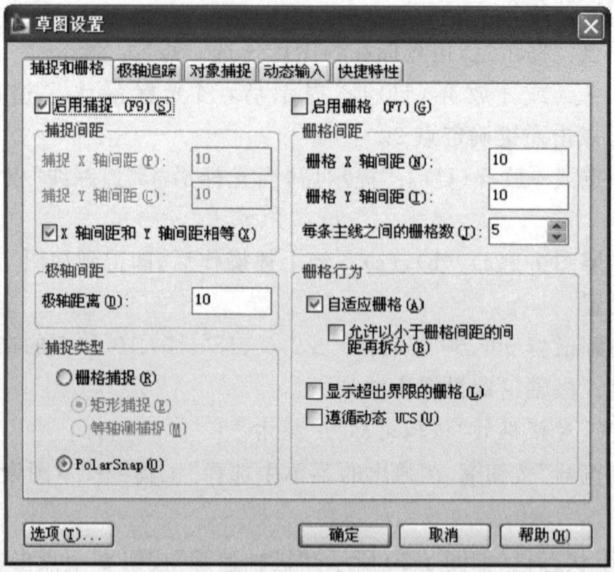

图 7-7　“捕捉和栅格”选项卡

§7-4　查询图形属性

一、查询距离

利用 AutoCAD 2009 提供的距离查询命令,用户可获取任意两点之间的直线距离、X 坐标增量、Y 坐标增量以及直线与 X 轴的夹角。

(一)命令的启动

(1)单击“菜单浏览器”按钮,在弹出的菜单中选择“工具”→“查询”→ 距离(D) 命令。

(2)在“查询”工具栏(如图 7-8 所示)点击按钮“距离”。

(3)在“功能区”选项板中选择“工具”选项卡(如图 7-9 所示),在“查询”面板点击“距离”按钮。

图 7-8　“查询”工具栏

(4)在命令行提示符下键入“DIST”或“DI”后,按回车键。

图 7-9　“工具”选项卡

(二)命令操作方法

命令启动后依次有如下的提示信息:

◇ 命令:_dist

◇ 指定第一点:

◇ 指定第二点：

◇ 距离＝390.611 9,XY 平面中的倾角＝45，与 XY 平面的夹角＝0

◇ X 增量＝276.204 3，Y 增量＝276.204 3，Z 增量＝0.000 0

二、查询面积

利用 AutoCAD 2009 提供的面积查询命令，用户可以指定一系列的点或选择一个对象的面积和周长，如果需要计算多个对象的组合面积，可在选择集中每次加减一个面积时显示总面积。

(一)命令的启动

(1)单击“菜单浏览器”按钮，在弹出的菜单中选择“工具”→“查询”→面积(A)命令。

(2)在工具栏(如图 7-8 所示)点击“区域”按钮。

(3)在“功能区”选项板中选择“工具”选项卡，在“查询”面板(如图 7-9 所示)点击“区域”按钮。

(4)在命令行提示符下键入“AREA”后，按回车键。

(二)命令操作方法

命令启动后依次有如下的提示信息：

◇ 命令：_area

◇ 指定第一个角点或［对象(O)/加(A)/减(S)］：

在上述命令行中各项的意义为

(1)指定第一个角点：指定点定义的面积和周长的第一点。

(2)对象(O)：选定需要计算面积和周长的实体对象，可以计算圆、椭圆、样条曲线、多段线、多边形、面域和实体的面积。

(3)加(A)：打开“加”模式，将新选定区域面积加到总面积中。

(4)减(S)：打开“减”模式，从总面积中减去新选定区域面积。

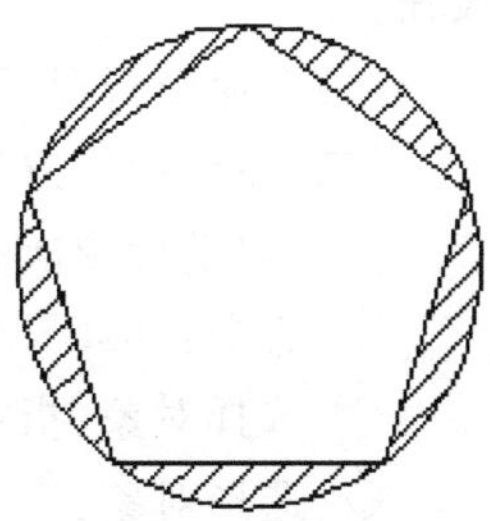

图 7-10　面积计算

【例 7-3】如图 7-10 所示，试计算图中阴影部分的面积。

具体操作如下：

(1)启动查询面积命令。

(2)在“指定第一个角点或［对象(O)/加(A)/减(S)］：”提示后键入“A”，选择加模式。

(3)在“指定第一个角点或［对象(O)/减(S)］：”提示后键入 O，选择对象。

(4)在“(“加”模式) 选择对象：”提示后，选择实体图形“圆”。

(5)显示所选择对象的面积、周长和总面积：

面积＝37 891.104 0，圆周长＝690.038 9，总面积＝37 891.104 0

(6)在“(“加”模式)选择对象：”提示后，按回车键结束“加”模式。

(7)在“指定第一个角点或［对象(O)/减(S)］：”提示后键入“S”，选择减模式。

(8)在“(“减”模式)选择对象：”提示后，选择实体图形五边形。

(9)显示总面积和总周长：

面积＝28 677.000 3，周长＝645.524 0，总面积＝9 214.103 7

(10)在"("减"模式)选择对象:"提示后,连按两次回车键,结束命令。

三、查询点的坐标

利用 AutoCAD 2009 提供的查询点坐标(ID)命令,用户可查指定点的坐标值。

(一)命令的启动

(1)单击"菜单浏览器"按钮,在弹出的菜单中选择"工具"→"查询"→点坐标(I)命令。

(2)在工具栏(如图 7-8 所示)点击"点坐标"按钮。

(3)在"功能区"选项板中选择"工具"选项卡(如图 7-9 所示),在"查询"面板点击"点坐标"按钮。

(4)在命令行提示符下键入"ID"后,按回车键。

(二)命令操作方法

命令启动后依次有如下的提示信息:

◇ 命令:_id

◇ 指定点:

◇ X=1 347.434 9 Y=1 072.085 9 Z=0.000 0

四、查询对象特性数据

利用 AutoCAD 提供的查询对象特性参数命令,用户可查询所选实体的特性参数,包括实体的类型、所属图层以及空间特性等参数。

(一)命令的启动

(1)单击"菜单浏览器"按钮,在弹出的菜单中选择"工具"→"查询"→列表(L)命令。

(2)在"查询"工具栏(如图 7-8 所示)点击"列表"按钮。

(3)在"功能区"选项板中选择"工具"选项卡(如图 7-9 所示),在"查询"面板上点击"列表"按钮。

(4)在命令行提示符下键入"LIST"后或"LS",按回车键。

(二)命令操作方法

命令启动后依次有如下的提示信息:

◇ 命令:_list

◇ 选择对象:指定对角点:找到 1 个

◇ 选择对象:

◇ 圆 图层:0

◇ 空间:模型空间

◇ 句柄=1fa

◇ 圆心 点,X=1 242.622 1 Y=1 111.215 7 Z=0.000 0

◇ 半径 12.184 4

◇ 周长 76.557 0

◇ 面积 466.401 6

五、查询图形日期和时间信息

AutoCAD 2009 为用户提供的 Time 命令,可供用户方便地查询图形日期和时间统计信息。

(一)命令的启动

(1)单击“菜单浏览器”按钮，在弹出的菜单中选择“工具”→“查询”→时间(T)命令。

(2)在“功能区”选项板中选择“工具”选项卡(如图 7-9 所示)，在“查询”面板点击“时间”按钮。

(3)在命令行提示符下键入“TIME”后，按回车键。

(二)命令操作方法

命令启动后依次有如下的提示信息：

◇ 命令：_time
◇ 当前时间：2008 年 8 月 12 日 17:02:12:390
◇ 此图形的各项时间统计：
◇ 创建时间:2008 年 8 月 12 日 15:12:06:125
◇ 上次更新时间:2008 年 8 月 12 日 15:12:06:125
◇ 累计编辑时间:0 days 01:50:06:625
◇ 消耗时间计时器 (开):0 days 01:50:06:312
◇ 输入选项 [显示(D)/开(ON)/关(OFF)/重置(R)]:

在上述命令行中各项的意义为

(1)显示(D):重复显示更新的时间。

(2)开(ON):启动关闭的用户消耗时间计时器。

(3)关(OFF):停止用户消耗时间计时器。

(4)重置(R):将用户消耗时间计时器重置为 0 天 00:00:00.000。

六、查询图形文件信息

用户除了可查询实体对象特性数据之外，AutoCAD 2009 还允许用户使用“Status”命令查询当前图形文件的特性信息。

(一)命令的启动

(1)单击“菜单浏览器”按钮，在弹出的菜单中选择“工具”→“查询”→状态(S)命令。

(2)在“功能区”选项板中选择“工具”选项卡，在“图形实用程序”面板(如图 7-11 所示)点击“状态”按钮。

图 7-11　“图形实用程序”面板

(3)在命令行提示符下键入“STATUS”后，按回车键。

(二)命令操作方法

命令启动后依次有如下的提示信息：

◇ 命令：_status 133 个对象在 Drawing1. dwg 中
◇ 模型空间图形界限　X：　0.000 0　Y：　0.000 0　(关)
◇ 　X：　420.000 0　Y：　297.000 0
◇ 模型空间使用　X：　958.912 4　Y：　962.262 9
◇ 显示范围　X：　1 001.143 2　Y：　922.683 0
◇ 　X：　1 801.473 5　Y：　1 305.3791

◇ 插入基点 X: 0.000 0 Y: 0.000 0 Z: 0.000 0

◇ 捕捉分辨率 X: 10.000 0 Y: 10.000 0

◇ 栅格间距 X: 10.000 0 Y: 10.000 0

◇ 当前空间: 模型空间

◇ 当前布局: Model

◇ 当前图层: 0

◇ 当前颜色: Bylayer — 7 (白)

◇ 当前线型: Bylayer — “Continuous”

◇ 当前材质: Bylayer — “Global”

◇ 当前线宽: Bylayer

◇ 当前标高: 0.000 0 厚度: 0.0000

◇ 填充 开 栅格 关 正交 开 快速文字 关 捕捉 关 数字化仪 关

◇ 对象捕捉模式: 圆心, 端点, 中点, 垂足

◇ 可用图形磁盘 (C:) 空间:12 286.3 MB

◇ 可用临时磁盘 (C:) 空间:12 286.3 MB

◇ 可用物理内存:31.3 MB (物理内存总量 447.5 MB)。

◇ 可用交换文件空间:132.8 MB (共 908.7 MB)。

复 习 题

1. 栅格与捕捉工具在绘图过程中有何作用?

2. 对象捕捉模式中,何谓“节点”、“外观交点”?

3. 极轴追踪与对象捕捉追踪有何区别?

4. 命令 Snap 与 Osnap 有何异同处?

5. 如何设置自动启动捕捉和自动追踪功能?

6. 试按图 7-12～图 7-15 各图中的尺寸要求完成图形绘制,确定 A、B、C、L 等的数值和阴影部分的面积。

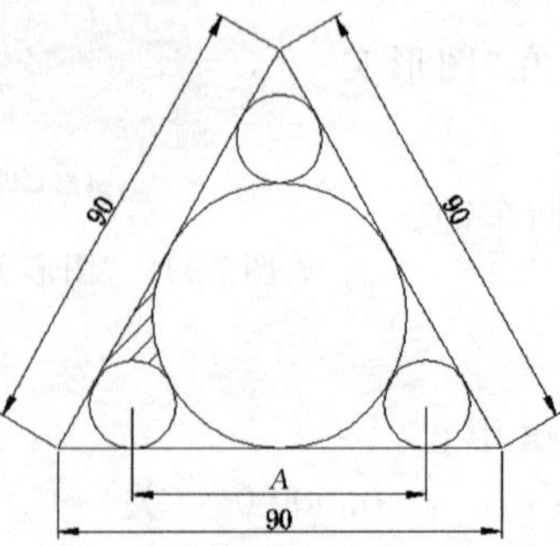

图 7-12

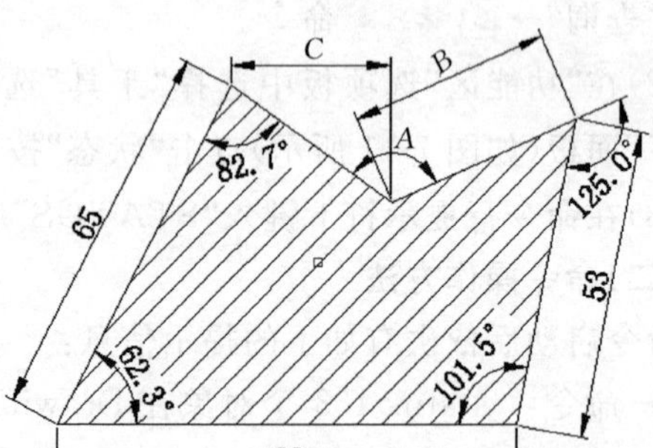

图 7-13

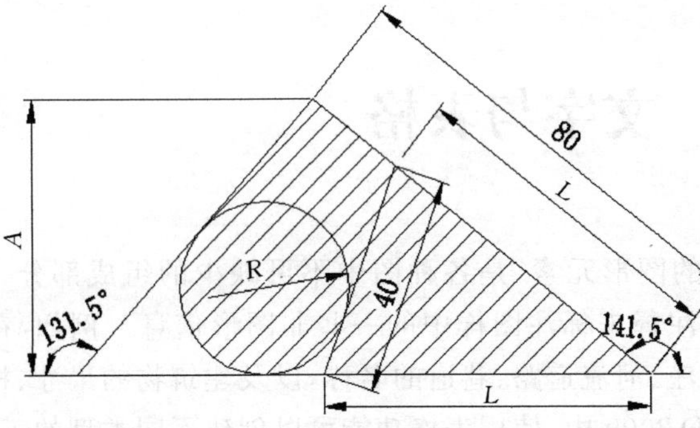

图 7-14

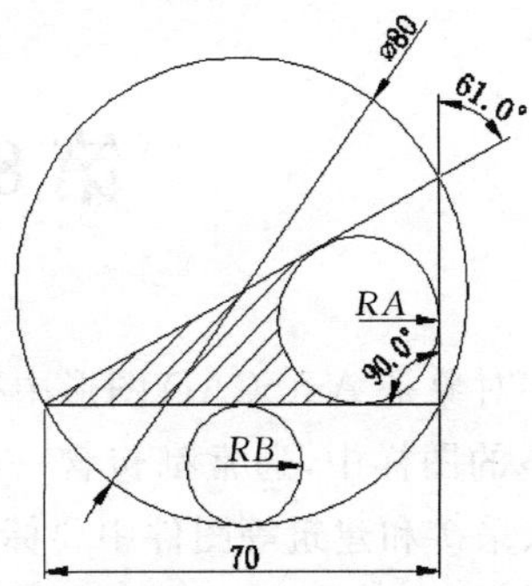

图 7-15

第 8 章　文字与表格

文字对象是 AutoCAD 图形中很重要的图形元素，是各种图中不可缺少的组成部分。在一个完整的图样中，通常都包含一些文字注释来标注图样中的一些非图形信息。例如，在地形、地质、采矿和建筑等图件中要标明的村庄、河流道路、巷道的名称，以及建筑物的尺寸、材料说明、楼层等施工要求。另外，在 AutoCAD 2009 中，使用表格功能可以创建不同类型的表格，还可以在其他软件中复制表格，以简化制图操作。

§8-1　文字输入与编辑

在 AutoCAD 2009 的图形中的所有文字都具有与之相关联的文字样式。在创建文字注释和尺寸标注时，AutoCAD 2009 通常使用当前的文字样式，该样式设置字体、字号、倾斜角度、方向和其他文字特征，也可以根据具体要求重新设置文字样式或创建新的样式。

一、文字样式

(一)命令的启动

(1)单击"菜单浏览器"按钮，在弹出的菜单中选择"格式"→"文字样式"命令。

(2)在"功能区"选项板中选择"注释"选项卡(如图 8-1 所示)，在"文字"面板点击"文字样式"按钮。

(3)在命令行提示符下键入"STYLE"或"ST"后，按回车键。

图 8-1　"注释"选项卡

(二)"文字样式"对话框操作方法

命令启动后将打开"文字样式"对话框，如图 8-2 所示。对话框中各选项含义如下：

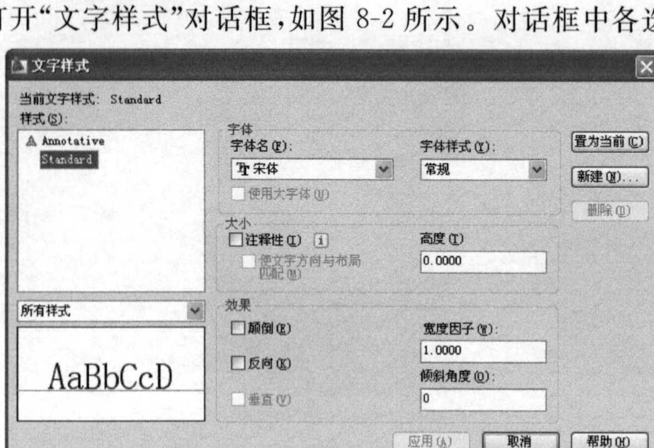

图 8-2　"文字样式"对话框

(1)当前文字样式:列出当前文字样式。

(2)样式:显示图形中的样式列表。列表包括已定义的样式名并默认显示选择的当前样式。要更改当前样式,可从列表中选择另一种样式或选择"新建"以创建新样式。

(3)样式列表过滤器:用于在下拉列表中指定所有样式还是仅使用的样式显示在样式列表中。

(4)预览:显示随着字体的改变和效果的修改而动态更改的样例文字。

(5)字体:更改样式的字体,如果改变现有文字样式的方向或字体文件,当图形重生成时所有具有该样式的文字对象都将使用新值。

(6)字体名:列出 Fonts 文件夹中所有注册的 TrueType 字体和所有编译的形 (SHX) 字体的字体族名。

(7)字体样式:指定字体格式,如斜体、粗体或者常规字体,选定"使用大字体"后,该选项变为"大字体",用于选择大字体文件。

(8)使用大字体:指定亚洲语言的大字体文件,只有在"字体名"中指定 SHX 文件,才能使用"大字体",也只有 SHX 文件可以创建"大字体"。

(9)大小:更改文字的大小。

(10)注释性:指定文字为注释性文字。

(11)使文字方向与布局匹配:指定图纸空间视口中的文字方向与布局方向匹配。

(12)高度:根据输入的值设置文字高度,输入大于 0.0 的高度将自动为此样式设置文字高度,如果输入 0.0,则文字高度将默认为上次使用的文字高度,或使用存储在图形样板文件中的值。

(13)效果:修改字体的特性,例如高度、宽度因子、倾斜角以及是否颠倒显示、反向或垂直对齐。

(14)颠倒:颠倒显示字符,如图 8-3(d)所示。

(15)反向:反向显示字符,如图 8-3(f)所示。

(16)垂直:显示垂直对齐的字符,如图 8-3(e)所示。只有在选定字体支持双向时"垂直"才可用,TrueType 字体的垂直定位不可用。

(17)宽度因子:设置字符间距,输入小于 1.0 的值将压缩文字。输入大于 1.0 的值则扩大文字,如图 8-3(a)所示。

(18)倾斜角度:设置文字的倾斜角。输入一个−85 和 85 之间的值将使文字倾斜,如图 8-3(c)所示。

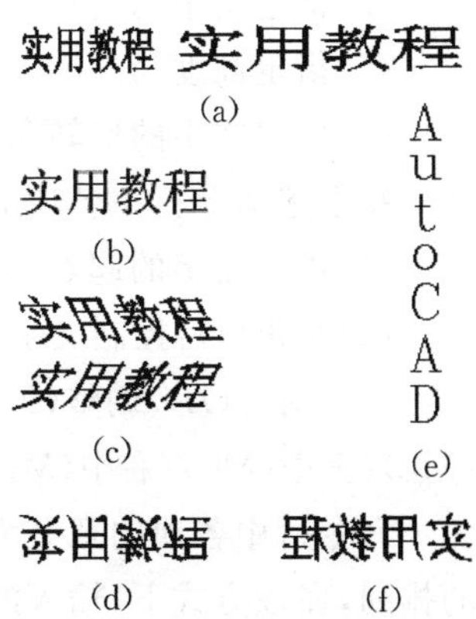

图 8-3　文字效果

(19)置为当前:将在"样式"下选定的样式设置为当前。

(20)新建:显示"新建文字样式"对话框(如图 8-4 所示)并自动为当前设置提供名称"样式 n"(其中 n 为所提供样式的编号)。可以采用默认值或在该框中输入名称,样式名最长可达 255 个字符,名称中可包含字母、数字和特殊字符,如美元符号($)、下划线(_)和连字符(-),选择"确定"后新文字样式默认为当前样式设置。

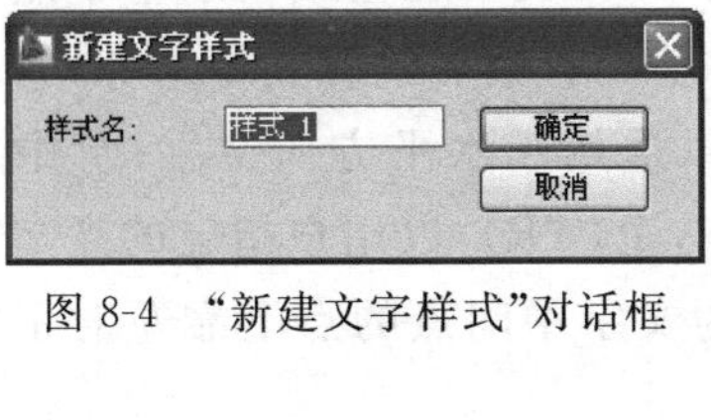

图 8-4　"新建文字样式"对话框

(21)删除:删除未使用文字样式。

(22)应用:将对话框中所做的样式更改应用到当前样

式和图形中具有当前样式的文字。

二、文字输入

(一)单行文本标注

在 AutoCAD 2009 中,对于单行文字来说,每一行是一个文字对象,所以可以用来创建文字内容比较简短的文字对象,并且可以进行单独编辑。

1. 命令的启动

(1)单击“菜单浏览器”按钮,在弹出的菜单中选择“绘图”→“单行文字(S)”命令。

(2)在“功能区”选项板中选择“注释”选项卡(如图 8-1 所示),在“文字”面板点击“单行文字”按钮。

(3)在“功能区”选项板中选择“常用”选项卡(如图 3-5 所示),在“注释”面板点击“单行文字”按钮。

(4)单击“文字”工具栏(如图 8-5 所示)“单行文本”按钮。

图 8-5　“文字”工具栏

(5)在命令行提示符下键入“DTEXT”或“TEXT”或“DT”后,按回车键。

2. 命令操作方法

命令启动后依次有如下的提示信息:

◇ 命令:_dtext

◇ 当前文字样式:Standard 当前文字高度:2.5000

◇ 指定文字的起点或[对正(J)/样式(S)]:

◇ 指定高度〈2.5000〉:

◇ 指定文字的旋转角度〈0〉:

在上述命令行中各项的意义为

(1)指定文字的起点:指定文字对象的起点。

(2)对正(J):控制文字的对正方式。选择该项将出现如下提示:

◇ [对齐(A)/调整(F)/中心(C)/中间(M)/右(R)/左上(TL)/中上(TC)/右上(TR)/左中(ML)/正中(MC)/右中(MR)/左下(BL)/中下(BC)/右下(BR)]:用于设置文字的排列方式;

命令行中各项的意义为:①对齐(A):通过指定文字行基线的起点与终点来控制文字对象的排列,在该方式下,输入的字符串均匀地分布在起点和终点之间,字宽和字高则根据这两点的距离和字符的数量以及文字样式宽度比例自动调节,文字旋转角度由这两点间连线的倾斜角度确定;②调整(F):指定文字行基线的起点、终点以及文字的高度来控制文字对象的排列。在该方式下,字符串均匀地分布于起点和终点之间,字符高度由用户指定,字符宽度由确定的两点距离与字符的数量自动调整,文字行的旋转角度由两点间连线的倾斜角度确定;③中心(C):以用户指定的点作为基线的水平中心对齐文字;④中间(M):文字在基线的水平中点和指定高度的垂直中点上对齐;⑤右(R):以用户指定的点作为基线右端点进行文字对齐;⑥左上(TL):以用户指定的点作为文字行顶线的起点对齐文字,适用于水平方向文字;⑦中上(TC):以用户指定的点作为文字行顶线的中点对齐文字;⑧右上(TR):以用户指定的点文字行顶线的终点对齐文字;⑨左中(ML):以用户指定的点作为文字中间点的点上靠左对正文字;⑩正中(MC):以用户指定的点作为文字行中心线的中点对齐文字;⑪右中(MR):以用户指定的点作为文字行中心线的终点对齐文字;⑫左下(BL):以用户指定的点作为文字行底线的左起点对齐文字;⑬中下(BC):以用户指定的点作为文字行底线的中点对齐文字;⑭右下(BR):以用户指定的点作为指定文字行底线的终点对齐文字。

(3)样式(S):指定文字样式,文字样式决定文字字符的外观。选择该选项将出现如下提示:

◇ 输入样式名或[?]〈Standard〉:用户可以输入当前文字样式的名字,也可以输入"?"显示当前图形已有的文字样式。

(4)指定高度〈2.5000〉:只有在"文字样式"中没有设置高度时才出现该提示,否则AutoCAD 2009 使用"文字样式"中设置的文字高度,用户输入一个正数即可。

(5)指定文字的旋转角度〈0〉:文字旋转角度是指文字行排列方向与水平线的夹角。

3.特殊字符的输入

在工程绘图中,用户还会经常用到一些单位符号和特殊符号,如下划线、角度单位"度"等。AutoCAD 2009 提供相应的控制符,方便用户输出这些符号。表 8-1 列出了 AutoCAD 2009 中常用的控制符号。

表 8-1　控制符号

控制符号	作　用
%%O	表示打开或关闭文字上划线
%%U	表示打开或关闭文字下划线
%%D	表示角度,单位"度"的符号"°"
%%P	表示正负符号"±"
%%C	表示直径符号"∅"

在 AutoCAD 2009 中,"%%O" 和"%%U" 分别是上划线和下划线的开关,即第一次使用这两个符号时,打开上划线和下划线,第二次使用,则关闭上划线和下划线。

【例 8-1】试用单行文字输入"室内地坪:±0.000"和"巷道倾角:17.5°"。

具体操作如下:

(1)先定义中文文字样式。

(2) 启动单行文字(Text)命令。

(3)在"定文字的起点或[对正(J)/样式(S)]:"提示后,用光标在绘图区内适当的地方选择输入文字的起点。

(4) 在"指定高度〈2.5000〉:"提示后,输入文字的高度,如键入"5"。

(5) 在"指定文字的旋转角度〈0〉:"提示后,取默认值,按回车键。

(6) 在屏幕文字输入区输入"%%U 室内地坪:%%U%%P0.000"之后,按回车键,另起一行。

(7) 在屏幕文字输入区输入"%%U 巷道倾角:%%U17.5%%D"之后,连续两次按回车键,结束单行文字输入。

经上述操作后,即得到如图 8-6 所示的图形。

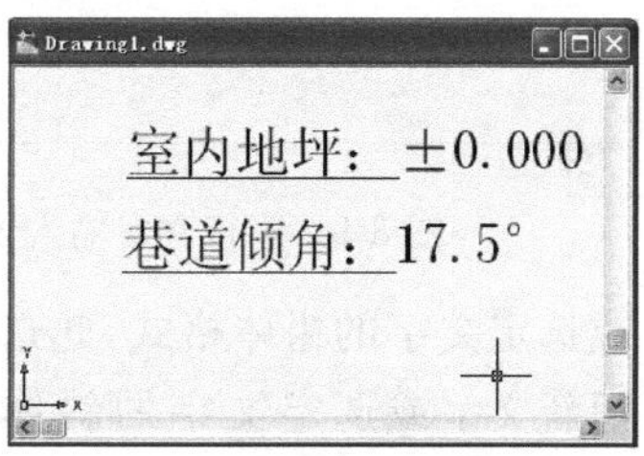

图 8-6　单行文字输入示例

输入文字前,用户要打开"文字样式"对话框,检查字体名是否为中文字体,否则输入中文字符时,中文字符将显示为"?"。

(二)多行文本标注

单行文字比较简单,但不便于一次大量输入文字说明,对于建筑施工图、井巷工程设计图等经常需要插入大量的文字说明,这时使用多行文字输入方法就显得极为方便。多行文字又称为段落文字,是一种更易于管理的文字对象,它由两行以上的文字组成,而且各行文字都是作为一个整体来处理。

1. 命令的启动

(1)单击"菜单浏览器"按钮,在弹出的菜单中选择"绘图"→"文字"→"多行文字(M)"命令。

(2)在"功能区"选项板中选择"注释"选项卡(如图 8-1 所示),在"文字"面板点击"多行文字"按钮**A**。

(3)在"功能区"选项板中选择"常用"选项卡(如图 3-5 所示),在"注释"面板点击"多行文字"按钮**A**。

(4)在命令行提示符下键入"MTEXT"或"MT"后,按回车键。

2. "多行文字"选项卡操作方法

命令启动后有如下的信息提示:

◇ 命令:_mtext 当前文字样式:"Standard" 文字高度:2.5 注释性:否

◇ 指定第一角点:

◇ 指定对角点或[高度(H)/对正(J)/行距(L)/旋转(R)/样式(S)/宽度(W)/栏(C)]:

按命令提示确定多行文字输入范围后将打开"多行文字"选项卡(如图 8-7 所示)和"多行文字"输入窗口(如图 8-8 所示)。

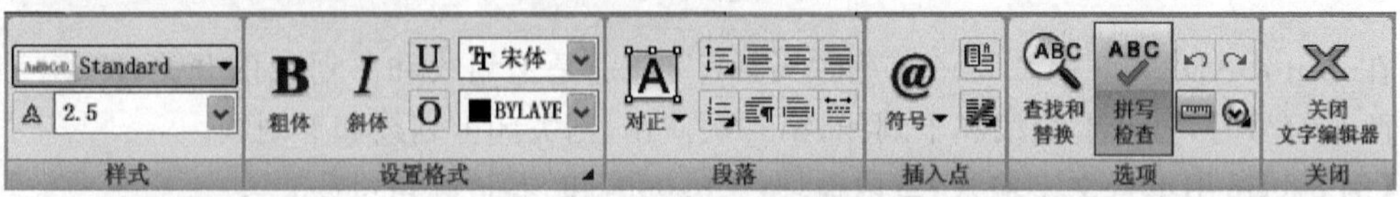

图 8-7 "多行文字"选项卡

在"多行文字"选项卡中包含 6 个面板,各面板及其选项含义如下:

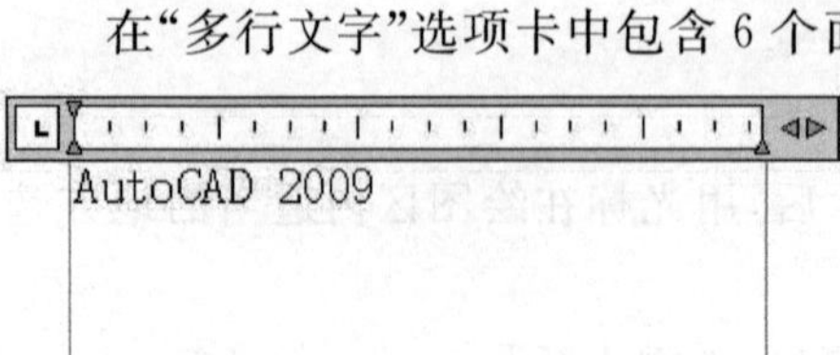

图 8-8 多行文字输入窗口

(1)"样式"面板:①样式:向多行文字对象应用文字样式,默认情况下,"标准文字"(Standard)样式为当前默认的文字样式;②注释性:打开或关闭当前多行文字对象的"注释性";③文字高度:按图形单位设置新文字的字符高度或修改选定文字的高度,如果当前文字样式没有固定高度,则文字高度是 Textsize 系统变量中存储的值,多行文字对象可以包含不同高度的字符。

(2)"格式"面板:①粗体(**B**):打开和关闭新文字或选定文字的粗体格式,此选项仅适用于使用 TrueType 字体的字符;②斜体(*I*):打开和关闭新文字或选定文字的斜体格式,此选项仅适用于使用 TrueType 字体的字符;③下划线(U):打开和关闭新文字或选定文字的下划线;④上划线(O):为新建文字或选定文字打开和关闭上划线；⑤字体：为新输入的文字指定字体或改变选定文字的字体，TrueType 字体按字体族的名称列出，AutoCAD 2009 编译的形(SHX)字体按字体所在文件的名称列出；⑥颜色：指定新文字的颜色或更改选定文字的颜色；⑦倾斜角度( )：确定文字是向前倾斜还是向后倾斜。倾斜角度表示的是相对于 90°方向的偏移角度，输入一个－85 到 85 之间的数值使文字倾斜，倾斜角度的值为正时文字向右倾斜，倾斜角度的值为负时文字向左倾斜；⑧字间距( )：增大或减小选定字符之间的空间。1.0 设置是常规间距，设置为大于 1.0 可增大间距，设置为小于 1.0 可减小间距；⑨宽度因子( )：扩展或收缩选定字符。1.0 设置代表此字体中字母的常规宽度，可以增大该宽度(例如，使用宽度因子 2 使宽度加倍)或减小该宽度(例如，使用宽度因子 0.5 将宽度减半)。

(3)“段落”面板：①对正( )：显示“多行文字对正”菜单，并且有九个对齐选项可用；②段落( )：用于设置多行文字的段落格式，将会弹出“段落”对话框；③行距( )：显示建议的行距选项或“段落”对话框。在当前段落或选定段落中设置行距；④编号( )：显示用于创建列表的选项；⑤左对齐( )：段落文字左对齐；⑥右对齐( )：段落文字右对齐；⑦居中( )：段落文字居中；⑧两端对齐( )：段落文字两端对齐；⑨分散对齐( )：段落文字分散对齐。

(4)“插入点”面板：①符号( )：在光标位置插入符号或不间断空格，也可以手动插入符号；②插入字段( )：显示“字段”对话框，从中可以选择要插入到文字中的字段；③栏( )：显示栏弹出型菜单，该菜单提供三个栏选项：“不分栏”、“静态栏”和“动态栏”。

(5)“选项”面板：①查找和替换( )：显示“查找和替换”对话框；②拼写检查( )：确定键入文本时拼写检查为打开还是关闭状态；③放弃( )：放弃在“多行文字”功能区上下文选项卡中执行的操作，包括对文字内容或文字格式的更改；④重做( )：重做在“多行文字”功能区上下文选项卡中执行的操作，包括对文字内容或文字格式所做的更改；⑤标尺( )：在编辑器顶部显示标尺，拖动标尺末尾的箭头可更改多行文字对象的宽度；⑥选项( )：显示其他文字选项列表。

(6)“关闭”面板：( )：结束“MTEXT”命令并关闭“多行文字”功能区上下文选项卡。

3. 多行文字输入方法

文字输入可在“多行文字”输入窗口内直接输入文字。当输入分数的分子和分母、指数使用“/、^、#”分隔符时，按回车键后打开“自动堆叠特性”对话框，还可以设置堆叠的方法等，如图 8-9 所示。

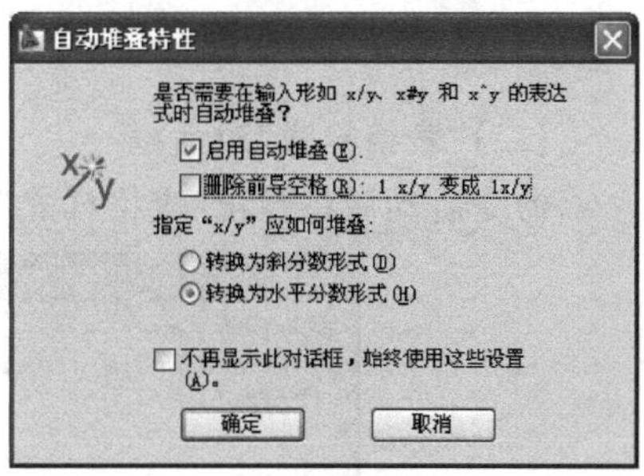

图 8-9　“自动堆叠特性”对话框

三、文字编辑

用户可以对已输入的文字对象进行编辑。

(一)命令的启动

(1)单击“菜单浏览器”按钮 ，在弹出的菜单中选择“修改”→“对象”→“文字”→“编辑(E)”命令。

(2)在“功能区”选项板中选择“注释”选项卡(如图 8-1 所示)，在“文字”面板点击“编辑”按钮 ，此操作只能编辑“多行文字”。

(3)用鼠标左键双击要编辑的多行文字。

(4)在命令行提示符下键入“DDEDIT”后，按回车键。

(二)命令操作方法

命令启动后有如下的信息提示：

◇ 命令：_ddedit

◇ 选择注释对象或[放弃(U)]：

选择要编辑的文字对象(单行或多行文字)后就可进行相关的编辑。

§8-2 绘制表格

表格是用行和列以一种简洁清晰的形式提供与图形相关信息的方式，常用于一些组件的图形、数据的统计信息中。

一、表格样式与管理

表格样式控制一个表格的外观，用于保证标准的字体、颜色、文本、高度和行距。用户可以使用默认的表格样式，也可以根据需要自定义表格样式。

(一)命令的启动

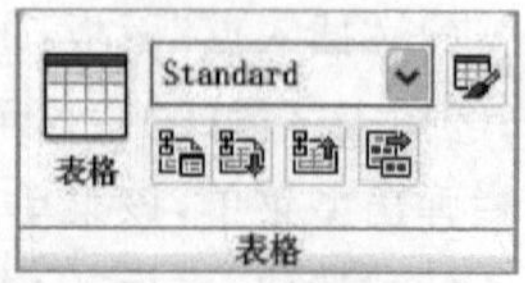

图 8-10 “表格”面板

(1)单击“菜单浏览器”按钮，在弹出的菜单中选择“格式”→表格样式(B)...命令。

(2)在“功能区”选项板中选择“注释”选项卡(如图 8-1 所示)，在“表格”面板(如图 8-10 所示)点击“表格样式”按钮。

(3)在“样式”工具栏(如图 8-11 所示)点击“表格样式”按钮。

(4)在命令行提示符下键入“TABLESTYLE”后，按回车键。

图 8-11 “样式”工具栏

(二)“表格样式”对话框

命令启动后将弹出“表格样式”对话框，如图 8-12 所示。

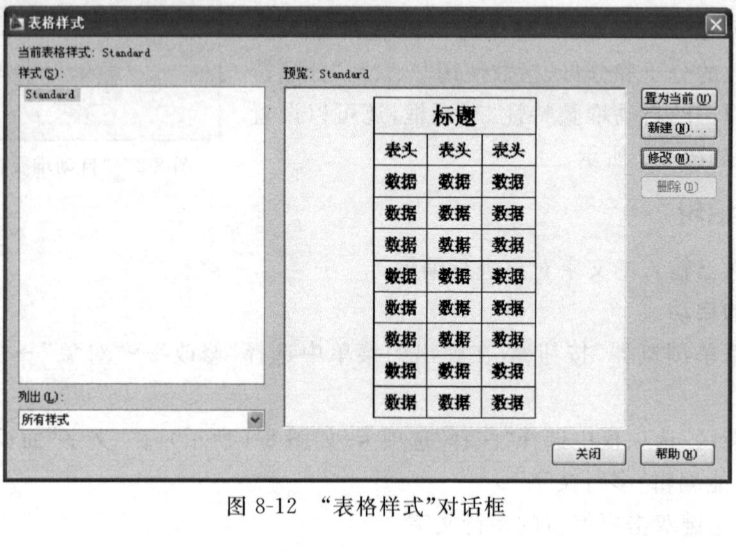

图 8-12 “表格样式”对话框

(1)当前表格样式：显示应用于所创建表格的表格样式的名称。默认表格样式为 Standard。

(2)样式：显示表格样式列表，当前样式被亮显。

(3)列出：控制“样式”列表格的内容，包括所有样式和正在使用的样式。

(4)预览：显示“样式”列表格中选定样式的预览图像。

(5)置为当前：将“样式”列表格中选定的表格样式设置为当前样式。所有新表格都将使用此表格样式创建。

(6)新建：显示“创建新的表格样式”对话框，从中可以定义新的表格样式。

(7)修改：显示“修改表格样式”对话框，从中可以修改表格样式。

(8)删除：删除“样式”列表格中选定的表格样式，不能删除图形中正在使用的样式。

(三)新建表格样式

打开“表格样式”对话框(如图 8-12 所示)。单击“新建”按钮，可以使用打开的“创建新的表格样式”对话框(如图 8-13 所示)创建新表格样式。

图 8-13　“创建新的表格样式”对话框

(1)在“新样式名”文本框中输入新的表格样式名。

(2)在“基础样式”下拉列表中选择默认的表格样式、标准的或者任何已经创建的样式，新样式将在该样式的基础上进行修改。

(3)然后单击“继续”按钮，将打开“新建表格样式”对话框(如图 8-14 所示)，可以通过它指定表格方向、边框特性和文本样式等内容。

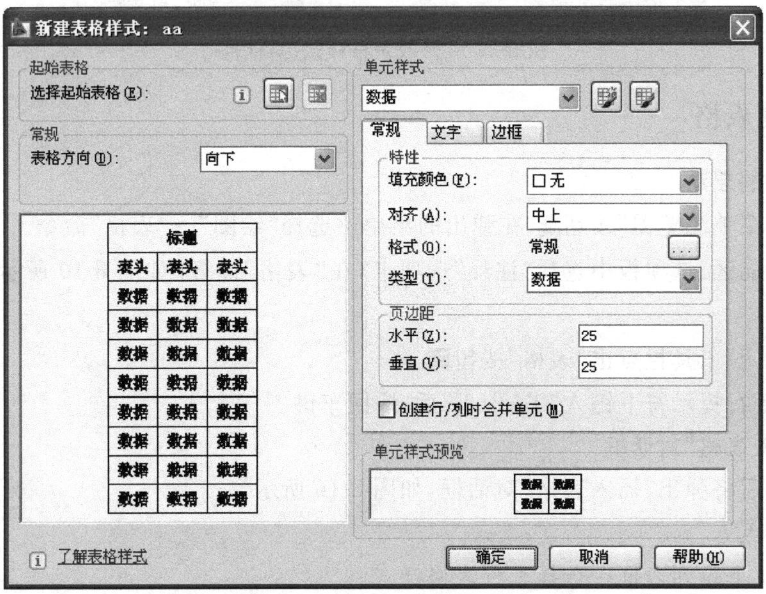

图 8-14　“新建表格样式”对话框

(四)设置表格的数据、列标题和标题样式

在“新建表格样式”对话框中，用户可以通过“起始表格”在图形中指定一个表格用作样例来设置此表格样式的格式。选择表格后，可以指定要从该表格复制到表格样式的结构和内容；用户也可以通过“单元样式”设置表格单元的“常规、文字和边框”等选项内容。

(五)管理表格样式

在 AutoCAD 2009 中,还可以使用“表格样式”对话框来管理图形中的表格样式。在该对话框的“当前表格样式”下显示当前使用的表格样式(默认为 Standard);在“样式”列表中显示了当前图形所包含的表格样式;在“预览”窗口中显示了选中表格的样式;在“列出”下拉列表中,可以选择“样式”列表是显示图形中的所有样式,还是正在使用的样式。

在“表格样式”对话框中,用户在选中的表格样式后,可单击“置为当前”按钮来设置为当前使用的表格样式;单击“修改”按钮,在打开的“修改表格样式”对话框中(如图 8-15 所示)修改选中的表格样式;单击“删除”按钮,删除选中的表格样式。

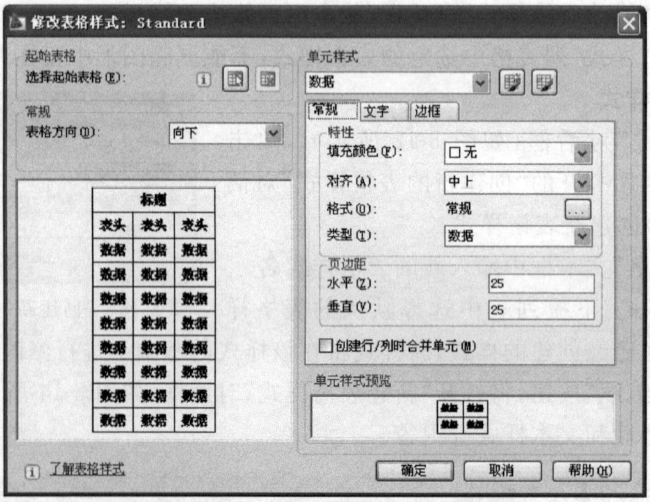

图 8-15　“修改表格样式”对话框

二、创建表格

(一)命令的启动

(1)单击“菜单浏览器”按钮,在弹出的菜单中选择“绘图”→“表格”命令。

(2)在“功能区”选项板中选择“注释”选项卡,在“表格”面板(如图 8-10 所示)点击“表格”按钮。

(3)在“绘图”工具栏点击“表格”按钮。

(4)在命令行提示符下键入“TABLE”后,按回车键。

(二)“插入表格”对话框

命令启动后将弹出“插入表格”对话框,如图 8-16 所示。

1. 表格样式

(1)可以从下拉列表框中选择一种表格样式。

(2)单击按钮,创建或修改的表格样式。

2. 插入选项

(1)“从空表格开始”单选框:创建可以手动填充数据的空表格。

(2)“自数据链接”单选框:从外部电子表格中(Excel)的数据创建表格。

(3)“自图形中的对象数据(数据提取)”单选框:启动“数据提取”向导创建表格。

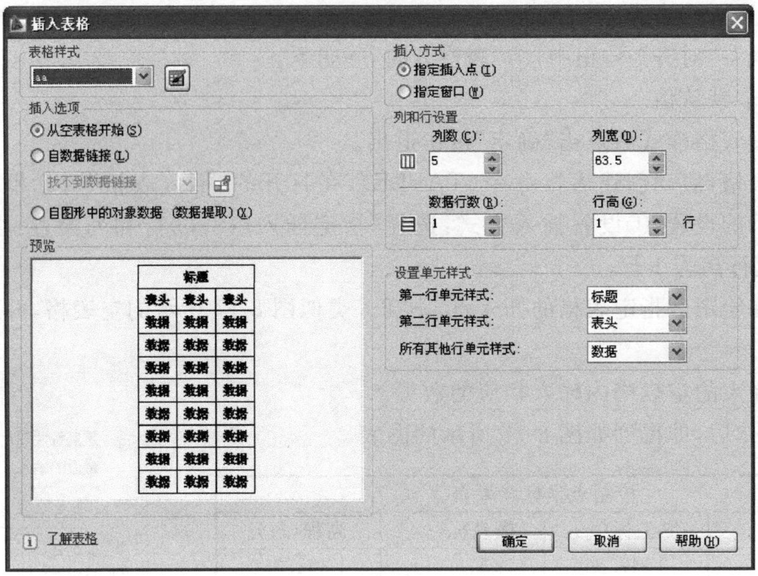

图 8-16　“插入表格”对话框

3. 插入方式

(1)“指定插入点”单选框:在绘图窗口中指定表格左上角的位置。

(2)“指定窗口”单选框:在绘图窗口中通过拖动来指定表格的位置和大小。

4. 列和行设置

设置列数和行数、设置列宽和行高来调整表格的外观大小。

5. 设置单元样式

指定单元格式,包括“第一行单元样式”、“第二行单元样式”和“所有其他行单元样式”为标题、表头或数据样式。

(三)创建表格

在“插入表格”对话框中各项设置完后,单击“确定” 按钮,系统提示指定插入点或窗口自动插入一个空表格并显示多行文字编辑器,供用户输入相应的文字或数据,如图 8-17 所示。

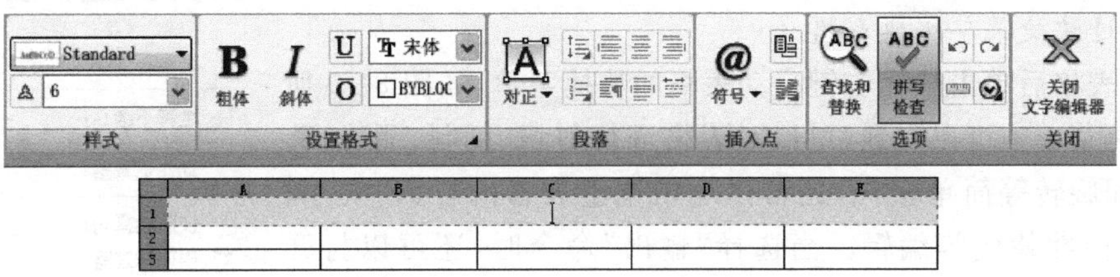

图 8-17　创建和输入表格数据

【例 8-2】试创建如图 8-18 所示的“测量控制点坐标成果表”。

具体操作如下:

(1)先设置表格样式,启动“表格样式”对话框命令。

(2) 单击“修改”按钮,打开如图 8-15 所示的“修改表格样式”对话框,在该对话框中进行如下设置:①“单元样式”→“数据”→“文字”:“文字样式”→ Standard,“文字高度”→ 4,“文字颜色”→ 蓝色;②“单元样式”→“数据”→“常规”:“对齐”→ 正中;③“单元样式”→“标题”→“文字”:“文字高度”→ 5,“文字颜色”→ 蓝色;④“单元样式”→“标题”→“常规”:“对齐”→ 正中;⑤“单元样式”→“表头”→“文字”:“文字高度”→ 4,“文字颜色”→ 蓝色;⑥“单元样式”→“表头”→“常规”:“对齐”→ 正中;⑦“表格方向”→向下。

其他设置取默认值。

(3)设置好表格样式后点击“确定”按钮退出。

(4)创建表格,启动创建表格命令(TABLE),在打开的“插入表格”对话框(如图 8-16 所示)中进行如下的设置:①设置插入方式:选择“指定插入点”;②行和列设置:设置为 12 行 4 列,列宽为 20、行高为 1 行。

确定后,在绘图区指定表格的插入点,则插入类似图 8-17 所示的空表格,并显示多行文字编辑器。

(5)在所插入的空表格内输入相应的数据。

经上述操作后,即得到如图 8-18 所示的图表。

控制点坐标成果表			
点号	纵坐标(x)	横坐标(y)	高程(H)
1	53 547.560	42 575.598	1 862.350
2	53 468.452	42 663.288	1 865.596
3	53 476.523	42 575.598	1 869.258
4	53 425.687	42 679.826	1 862.520
5	53 635.665	42 587.690	1 860.235
6	53 409.482	42 563.156	1 872.369
7	53 586.751	42 596.268	1 873.335
8	53 623.535	42 656.649	1 869.820
9	53 698.779	42 677.521	1 864.668
10	53 522.890	42 672.651	1 865.659

图 8-18 测量控制点坐标成果表

三、编辑表格和表格文字

(一)编辑表格

1.通过快捷菜单编辑表格

选择表格后单击鼠标右键启动表格的快捷菜单,如图 8-19 所示,从快捷菜单中可以看到,可以对表格进行剪切、复制、删除、移动、缩放和旋转等简单操作,还可以均匀调整表格的行、列大小,删除所有特性替代等编辑。当选择“输出”命令时,还可以打开“输出数据”对话框,以.csv 格式输出表格中的数据。

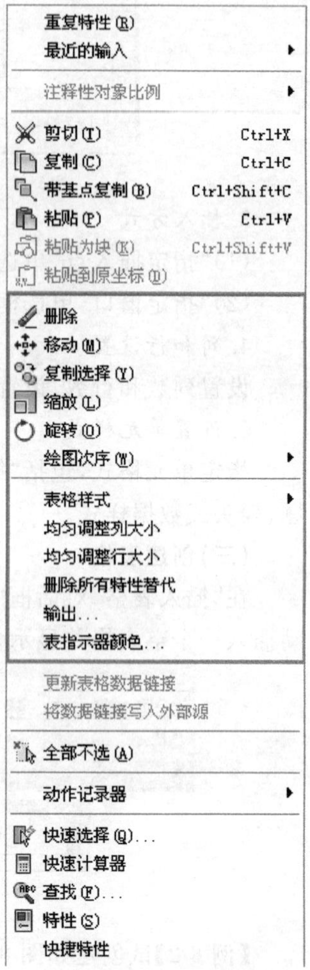

图 8-19 表格快捷菜单

2.通过“表格”选项卡编辑表格

选择表格单元后将显示“表格”选项卡,如图 8-20 所示。可以对表格的行、列进行添加、删除,对表格单元进行合并、单元样式和单元格式的设置等操作。

3.用夹点编辑表格

当选中表格后,在表格的四周、标题行上将显示许多夹点,如图 8-21 所示,可以通过拖动这些夹点来编辑表格。

图 8-20　“表格”选项卡

4. 编辑表格单元

选择表格单元后点击鼠标右键可启动表格单元快捷菜单，如图 8-22 所示，使用表格单元快捷菜单可以编辑表格单元对齐、单元边框、匹配单元、插入块、合并单元等。

	A	B	C	D
1	控制点坐标成果表			
2	点号	纵坐标（x）	横坐标（y）	高程（H）
3	1	53 547.560	42 575.598	1 862.850
4	2	53 469.452	42 663.288	1 865.596
5	3	53 476.523	42 575.598	1 869.258
6	4	53 425.687	42 679.826	1 862.520
7	5	53 635.665	42 587.690	1 860.235
8	6	53 409.483	42 565.156	1 872.369
9	7	53 536.751	42 596.268	1 876.335
10	8	53 623.535	42 656.649	1 869.830
11	9	53 698.779	42 677.521	1 864.666
12	10	53 522.690	42 672.651	1 865.569

图 8-21　编辑表格

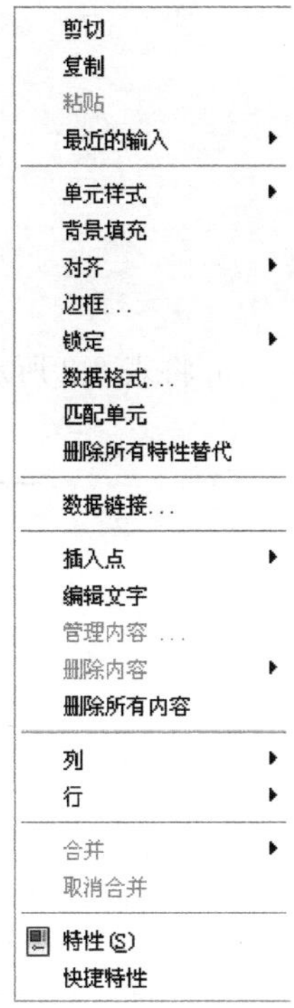

图 8-22　表格单元快捷菜单

(二)表格文字编辑

1. 命令启动

(1)用鼠标在表格单元内双击。

(2)选择表格单元后，单击鼠标右键并单击“编辑文字”。

(3)在命令行键入编辑表格单元中的文字命令(TABLEDIT)后，按回车键。

2. 操作方法

命令启动后，可直接输入文字或者使用“多行文字”选项卡进行单元文字编辑。

复　习　题

1. 单行文字输入中文字有哪几种对齐的方式？

2. 单行文本标注与多行文本标注有何区别？一般在什么情况下用单行文本标注？什么情况下用多行文本标注？

3. 如何定义或修改字体样式及其所使用字体？

4. 如何定义表格样式、创建表格和编辑表中的文字？

5. 完成图 8-23 和图 8-24，并用“宋体”字标注下面图示中的控制点(字高 3)数据和村庄名称(字高 4)。

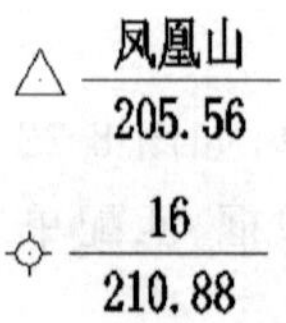

图 8-23

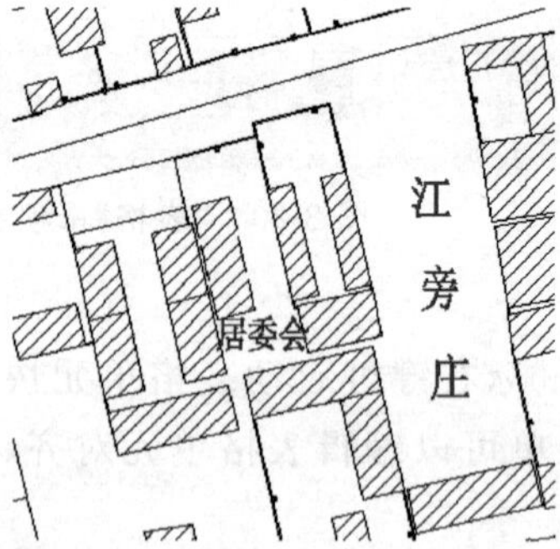

图 8-24

6. 将表 8-2 所示的控制点坐标成果输入到 AutoCAD 2009 图形文件中。

表 8-2 控制点坐标成果表 单位:m

点名	坐标		高程	备注
	x	y	H	
K02	95 745.317	32 233.465	194.957	
K03	95 765.523	32 378.007	194.166	
0603	95 631.954	32 012.086	194.579	
0604	95 518.078	32 030.466	194.697	
0605	95 555.588	32 087.533	194.910	
0606	95 644.717	32 154.759	194.636	
0607	95 725.023	32 014.709	194.440	
0611	95 811.420	32 064.182	194.579	
0612	95 873.357	32 156.432	194.444	
0616	95 859.967	32 353.345	194.461	图根点
0617	95 886.195	32 271.287	194.468	图根点
0618	95 802.403	32 266.002	194.919	图根点
0619	95 784.799	32 170.529	194.969	图根点
0621	95 593.820	32 251.372	194.339	图根点
0622	95 514.383	32 240.471	194.074	图根点
0623	95 423.170	32 255.373	194.107	图根点

第9章　块与外部参照

在绘图过程中，经常会使用一些标准的常用图形符号，如钻孔、井筒、电杆、雕塑等测绘、地质、采矿和建筑方面的符号。为了方便地使用相同的图形以减少工作量，可以将这些图形定义为图块来使用。熟练掌握块的创建和各种插入方法，可使绘制图形操作变得更为轻松，提高绘图效率，而且可节省大量的磁盘空间。

§9-1　块的简介

一、块的基本概念

图块也称为块，它是由一组图形对象组成的集合。在一个图块中，各图形实体对象均有各自的图层、线型、颜色等特征，但 AutoCAD 2009 总是把图块作为一个独立的、完整的对象来处理。用户可以根据实际需要把图块按给定的缩放比例和旋转角度插入到指定的位置，也可以对整个图块进行复制、移动、缩放、阵列等处理，还可以重新定义图块。

二、图块的作用

在 AutoCAD 中，块的主要作用是：

(1)便于创建图形符号库。如果将绘图过程中经常使用的某些图形定义成图块，并保存在磁盘中，就形成一个图形符号库，当需要某个图形符号时，将相应的图块插入到图中，就把复杂的图形变成由几个图块拼凑而成的图形，避免了大量的重复工作，大大提高绘图效率，确保绘图的质量。

(2)便于图形修改。在现实的工程绘图中，经常需要对已有的图形进行反复修改和润色，如果在当前的图形中修改或更新一个已定义的图块，AutoCAD 会自动地更新图中的所有该图块。

(3)节省磁盘空间。图形文件的每一个实体都有特征参数，如图层、线型、颜色、坐标等。用户保存所处理的图形，也就是让 AutoCAD 把图中所有的实体的特征参数保存在磁盘中，图块作为一个独立的图形对象，在每次插入时，AutoCAD 只需保存该图块的特征参数(如图块名、插入点坐标、缩放比例、旋转角度等)，而不需要保存该图块的每一个实体的特征参数，特别是绘制比较复杂的图形时，利用图块就会节省大量的磁盘空间。

(4)便于添加属性。有些常用的图块虽然形状相似，但在工程绘图(如测绘、地质、采矿、建筑等)中，常根据实际情况，需要确定特定的技术参数，如建筑设计图中的门、窗、桌、椅等的材料、规格等，AutoCAD 2009 允许用户为图块赋予属性，所谓属性，就是从属于图块的文本信息，是图块中不可缺少的组成部分，在每次插入图块时，可根据用户的需要而改变图块属性，如建筑设计中的门窗的材料，在每次插入图块时，就可以将其属性值设为“钢”、“木”或“塑钢”等。

§9-2 块的定义和操作

一、块的定义

块的定义指的是将图形中的一个或几个实体对象组合成一个集合,将其视为一个实体对象,并命名存储,以便以后在图形中调用。要使用图块,就必须先定义图块。

(一)命令的启动

(1)单击“菜单浏览器”按钮,在弹出的菜单中选择“绘图”→“块”→“创建(M)”命令。

(2)在“功能区”选项板中选择“块与参照”选项卡(如图 9-1 所示),在“块”面板点击“创建”按钮。

(3)在“绘图”工具栏上点击“创建块”按钮。

(4)在命令行提示符下键入“BLOCK”或“B”后,按回车键。

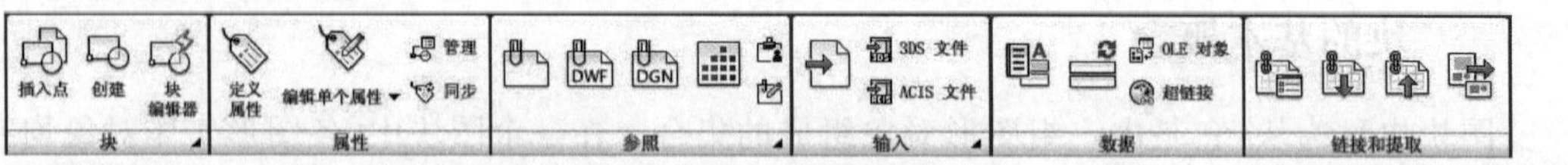

图 9-1 “块与参照”选项卡

(二)“块定义”对话框及其操作方法

命令启动后将弹出“块定义”对话框,如图 9-2 所示。

(1)名称:指定块的名称,名称最多可以包含 255 个字符,包括字母、数字、空格,以及操作系统或程序未作他用的任何特殊字符,块名称及块定义将保存在当前图形中。

(2)基点:用于指定块的插入基点,默认值是(0,0,0),也可以直接输入 X,Y,Z 坐标值,还可以点击“拾取点”按钮用鼠标拾取点确定。

(3)对象:指定块中要包含的对象,以及创建块之后如何处理这些对象,是保留还是删除选定的对象或者是将它们转换成块实体。

图 9-2 “块定义”对话框

(4)方式:指定定义块的方式,包括“注释性”块、“统一比例缩放”块和“允许分解”块。

(5)设置:设置图块的单位和超级链接属性。

(6)说明:指定块的文字说明。

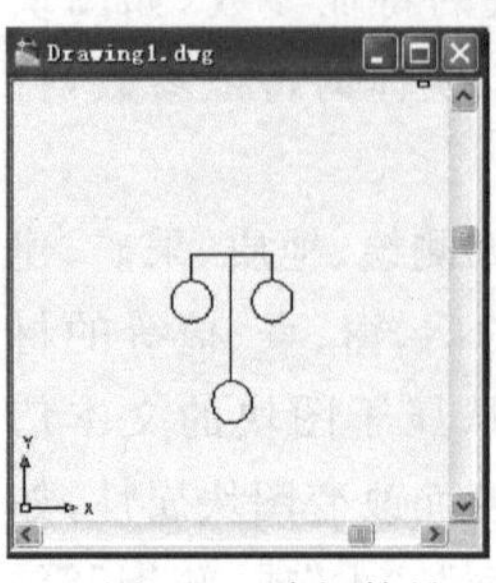

图 9-3 路灯符号

【例 9-1】如图 9-3 所示,试将该图形定义为图块“Ld”。

具体操作如下:

(1)启动图块命令(BLOCK)。

(2)在“块定义”对话框的“名称”标签框中键入“Ld”。

(3)在“块定义”对话框中点击“拾取点”按钮,选择最下边的圆心作为插入图块的基点。

(4)在“块定义”对话框中点击“选择对象”按钮,拾取如图 9-3 所示的组成路灯符号的全部图形后返回“块定义”对话框，如图 9-4 所示。

(5)单击“确定”按钮，完成块的定义。

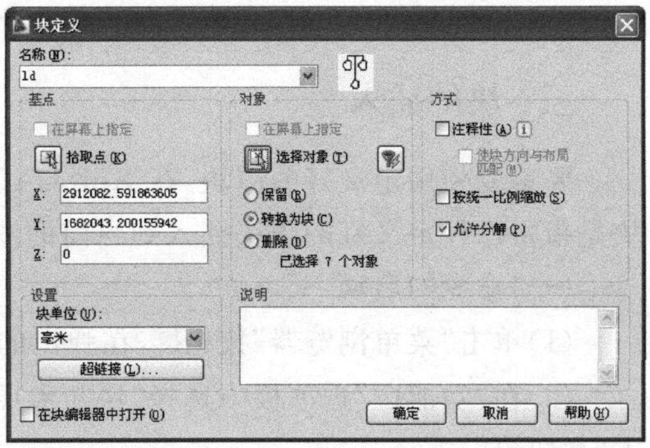

图 9-4　定义图块“路灯”

二、块的存盘

用 Block 定义的图块，只能在当前图形文件中使用，不能被其他图形引用。在实际的工程设计和绘图中，经常需要把定义好的图块应用到其他的图形中，使所有用户都能很方便地引用。AutoCAD 2009 提供的“WBLOCK”命令，可将图块单独以图形文件形式存盘。

(一)命令的启动

在命令行提示符下键入“WBLOCK”或“W”后，按回车键。

(二)“写块”对话框及其操作方法

命令启动后将弹出“写块”对话框，如图 9-5 所示。

(1)源：指定现有的块、整个图形或对象，将其另存为文件并指定插入点。

(2)基点：用于指定块的插入基点，默认值是(0,0,0)，也可以直接输入 X,Y,Z 坐标值，还可以点击“拾取点”按钮，用鼠标拾取点确定。

(3)对象：指定块中要包含的对象，以及创建块之后如何处理这些对象，是保留还是删除选定的对象或者是将它们转换成块实体。

(4)目标：指定文件的新名称和新位置以及插入块时所用的测量单位。

【例 9-2】如图 9-3 所示，试将该图形用写块命令取名为“Ld”存盘。

具体操作如下：

(1)启动写块命令(WBLOCK)。

(2)点击“拾取点”按钮，选择最下边的圆心作为插入图块的基点。

(3)点击“选择对象”按钮，拾取如图 9-3 所示的组成路灯符号的全部图形后返回“写块”对话框，如图 9-6 所示。

(4)点击按钮，选择保存文件的路径和文件名，如图 9-6 所示。

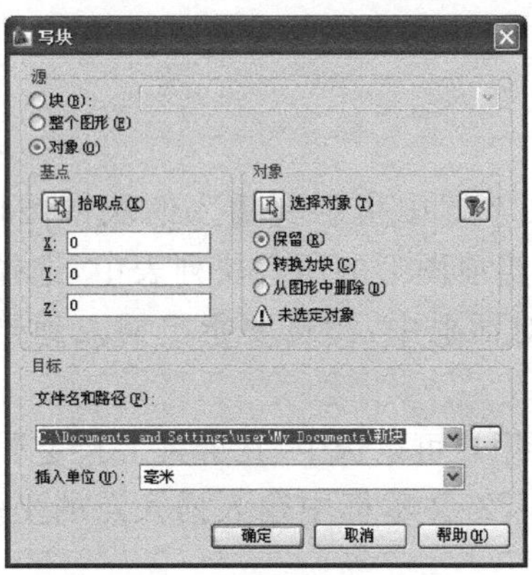

图 9-5　“写块”对话框

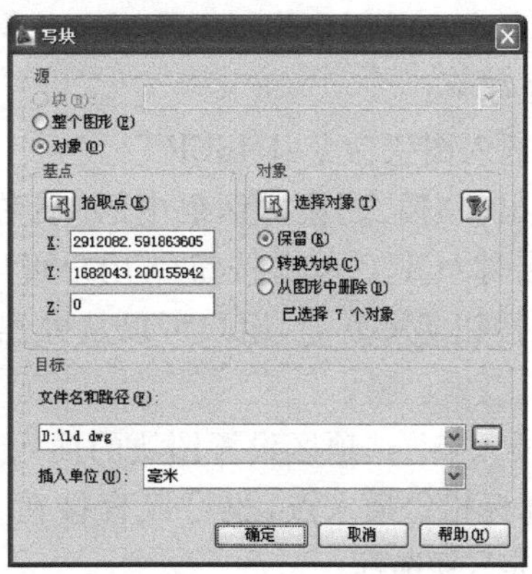

图 9-6　“写块”命令操作

(5)单击“确定”按钮,完成了写块的定义。

三、块的插入

要重复使用定义好的图块,在 AutoCAD 2009 中是通过插入图块的方式来实现。插入图块是指将已经定义好的图块插入到当前的图形文件中。

(一)命令的启动

(1)单击“菜单浏览器”按钮,在弹出的菜单中选择“插入”→“块(B)”命令。

(2)在“功能区”选项板中选择“块与参照”选项卡(如图 9-1 所示),在“块”面板点击“插入点”按钮。

(3)在“绘图”工具栏上点击“插入块”按钮。

(4)在命令行提示符下键入“INSERT”或“I”后,按回车键。

(二)“插入”对话框及其操作方法

命令启动后将弹出“插入”对话框,如图 9-7 所示。

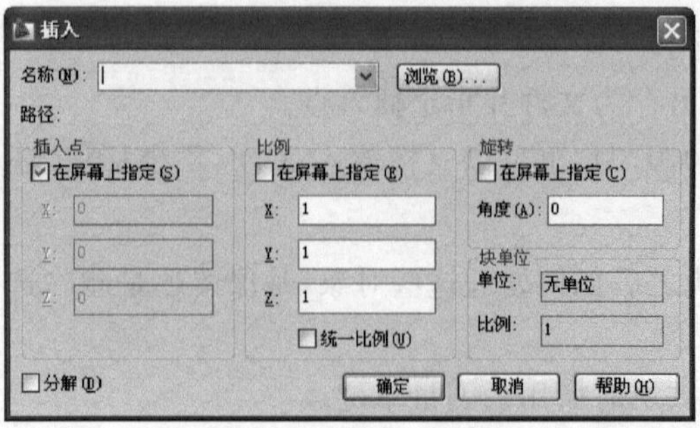

图 9-7　“插入”对话框

(1)名称:指定要插入块的名称,或指定要作为块插入的文件的名称。

(2)插入点:指定块的插入点,默认值是(0,0,0),也可以直接输入 X,Y,Z 坐标值或在屏幕上直接指定。

(3) 比例:指定插入块的缩放比例,如果指定负的 X,Y 和 Z 缩放比例因子,则插入块的镜像图像,也可在屏幕上指定;如果是选中了“统一比例”复选框,则插入的图块的 X,Y,Z 的 3 个方向的插入比例是一致的,这时 Y,Z 文本框低亮度显示,表示不能输入值,用户只需在 X 文本框中输入比例值。

(4)旋转:在当前 UCS 中指定插入块的旋转角度,也可在屏幕上指定。

(5)块单位:显示有关块单位的信息。

(6)分解:用于设置是否将插入的图块分解成各个独立的对象,选定“分解”时,只可以指定统一比例因子。

【例 9-3】试在当前图形中插入“路灯”符号。

具体操作如下:

(1)启动插入图块命令(INSERT)。

(2)在弹出的“插入”块对话框中的“名称”文本框中指定要插入的块或图形的名字,这里输入图块名称“Ld”。单击按钮,用户可以从当前图形的所有块列表中,选择要插入的图块;如果单击按钮 浏览(B)...,用户可以从弹出的对话框中,浏览要指定插入到当前图形的图形文件。

(3) 在“插入点”选项区设置图块的插入点。用户可以选中“在屏幕上指定”复选框,然后在绘图区用光标指定插入点,也可以直接在 X,Y,Z 文本框中输入插入点的坐标,这里选择“在屏幕上指定”复选框。

(4) 在“比例”选项区设置图块的插入比例。用户可以选中“在屏幕上指定”复选框,然后在插入块时在绘图区指定缩放比例，也可以直接在 X、Y、Z 文本框中输入图块在 3 个方向的缩放比例，这里选择“统一比例”复选框，插入比例为 X 文本框中输入值，如图 9-8 所示。

(5)单击“确定”按钮，在“指定插入点或［基点(B)/比例(S)/旋转(R)］:”提示下，从屏幕上选择插入点，完成了插入图块的操作。

四、动态块

动态块具有灵活性和智能性，用户在操作时可以轻松地更改图形中的动态块参照，也可以通过自定义夹点或自定义特性来操作几何图形，这使得用户可以根据需要调整块参照，而不用搜索另一个块以插入或重定义现有的块。

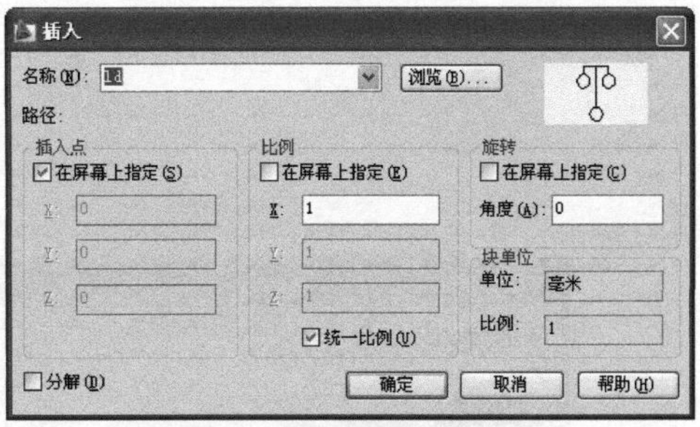

图 9-8　“插入”命令操作

例如，如果在图形中插入一个“房间门”块参照，则在编辑图形时可能需要更改“房间门”的大小、方向(如图 9-9 和图 9-10 所示)。如果该块是动态的，并且定义为可调整大小，那么只需拖动自定义夹点或在“特性”选项板中指定不同的尺寸就可以修改“房间门”的大小。用户可能还需要修改“房间门”的开角。该“房间门”块还可能会包含对齐夹点，使用对齐夹点可以轻松地将“房间门”块参照与图形中的其他几何图形对齐(如图 9-11 所示)。

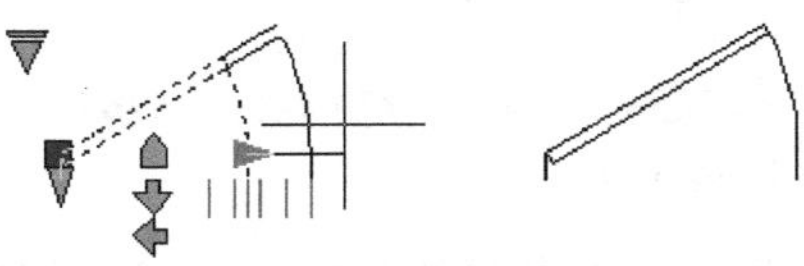

图 9-9　改变图块的大小

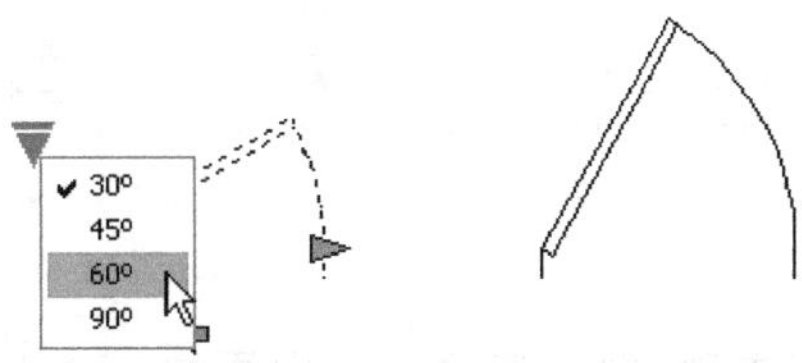

图 9-10　改变图块的方向

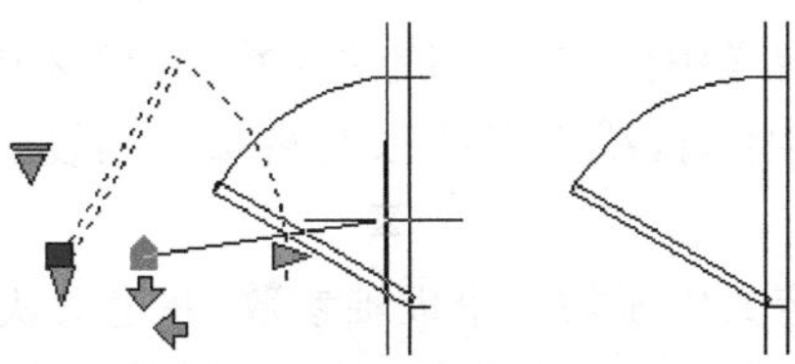

图 9-11　图块的对齐

(一)命令的启动

(1)单击“菜单浏览器”按钮，在弹出的菜单中选择“工具”→“块编辑器(B)”命令。

(2)在“功能区”选项板中选择“常用”选项卡，在“块”面板点击“编辑”按钮。

(3)在“标准”工具栏上点击“块编辑器”按钮。

(4)选择一个块参照，在绘图区域中单击鼠标右键，在快捷菜单中选择“块编辑器”。

(5)在命令行提示符下键入“BEDIT”或“BE”后，按回车键。

命令启动后将弹出“编辑块定义”对话框，如图 9-12 所示。当选中要编辑的图块并按“确定”按钮后，将弹出块编写选项板(如图 9-13 所示)和“块编辑器”选项板(如图 9-14 所示)。

(二)“块编写选项板”及其操作要点

该选项板有三个选项卡。

1.“参数”选项卡

“参数”选项卡是用于向块编辑器中的动态块定义中添加参数的工具。参数用于指定几何图形在块参照中的位置、距离和角度。将参数添加到动态块定义中时,该参数将定义块的一个或多个自定义特性。

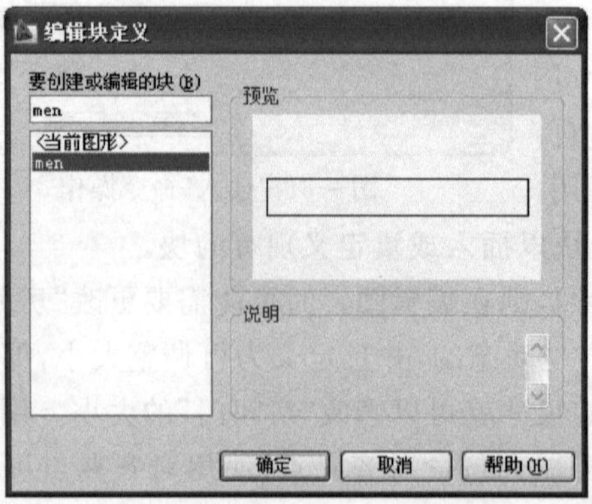

图 9-12 “编辑块定义”对话框

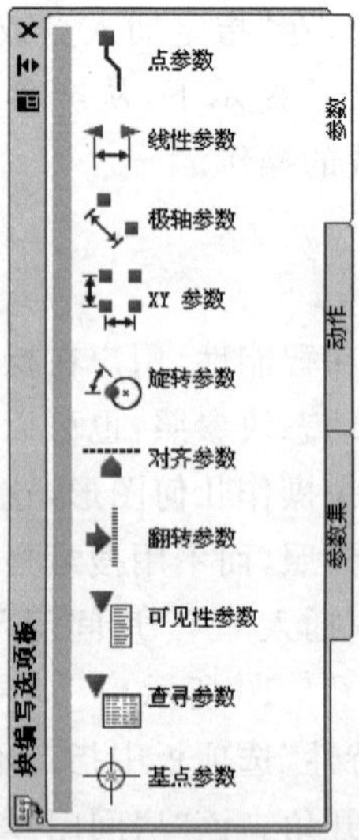

图 9-13 块编写选项板

图 9-14 “块编辑器”选项板

(1)点参数:向动态块定义中添加一个点参数,并定义块参照的自定义 X 和 Y 特性,点参数定义图形中的 X 和 Y 位置,在块编辑器中,点参数类似于一个坐标标注。

(2) 线性参数:向动态块定义中添加一个线性参数,并定义块参照的自定义距离特性,线性参数显示两个目标点之间的距离,线性参数限制沿预设角度进行的夹点移动,在块编辑器中,线性参数类似于对齐标注。

(3) 极轴参数:向动态块定义中添加一个极轴参数,并定义块参照的自定义距离和角度特性。极轴参数显示两个目标点之间的距离和角度值,可以使用夹点和“特性”选项板来共同更改距离值和角度值,在块编辑器中,极轴参数类似于对齐标注。

(4)XY 参数:向动态块定义中添加一个 XY 参数,并定义块参照的自定义水平距离和垂直距离特性,XY 参数显示距参数基点的 X 距离和 Y 距离,在块编辑器中,XY 参数显示为一对标注(水平标注和垂直标注),这一对标注共享一个公共基点。

(5) 旋转参数:向动态块定义中添加一个旋转参数,并定义块参照的自定义角度特性,旋转参数用于定义角度,在块编辑器中,旋转参数显示为一个圆。

(6) 对齐参数:向动态块定义中添加一个对齐参数,对齐参数用于定义 X 位置、Y 位置和角度,对齐参数总是应用于整个块,并且无须与任何动作相关联,对齐参数允许块参照自动围绕一个点旋转,以便与图形中的其他对象对齐,对齐参数影响块参照的角度特性,在块编辑器中,对齐参数类似于对齐线。

(7)翻转参数:向动态块定义中添加一个翻转参数,并定义块参照的自定义翻转特性。翻转参数用于翻转对象,在块编辑器中,翻转参数显示为投影线,可以围绕这条投影线翻转对象,翻转参数将显示一个值，该值显示块参照是否已被翻转。

（8）可见性参数：向动态块定义中添加一个可见性参数，并定义块参照的自定义可见性特性，可见性参数允许用户创建可见性状态并控制对象在块中的可见性，可见性参数总是应用于整个块，并且无须与任何动作相关联，在图形中单击夹点可以显示块参照中所有可见性状态的列表，在块编辑器中，可见性参数显示为带有关联夹点的文字。

（9）查寻参数：向动态块定义中添加一个查寻参数，并定义块参照的自定义查寻特性，查寻参数用于定义自定义特性，用户可以指定或设置该特性，以便从定义的列表或表格中计算出某个值，该参数可以与单个查寻夹点相关联，在块参照中单击该夹点可以显示可用值的列表，在块编辑器中，查寻参数显示为文字。

（10）基点参数：向动态块定义中添加一个基点参数，基点参数用于定义动态块参照相对于块中的几何图形的基点，基点参数无法与任何动作相关联，但可以属于某个动作的选择集，在块编辑器中，基点参数显示为带有十字光标的圆。

2.“动作”选项卡

用于向块编辑器中的动态块定义添加动作的工具。动作定义了在图形中操作块参照的自定义特性时，动态块参照的几何图形将如何移动或变化。

（1）移动动作：当用户将移动动作与点参数、线性参数、极轴参数或 XY 参数关联时，将该动作添加到动态块定义中，移动动作类似于 MOVE 命令。

（2）缩放动作：当用户将缩放动作与线性参数、极轴参数或 XY 参数关联时，将该动作添加到动态块定义中，缩放动作类似于 SCALE 命令。

（3）拉伸动作：当用户将拉伸动作与点参数、线性参数、极轴参数或 XY 参数关联时，将该动作添加到动态块定义中，拉伸动作将使对象在指定的位置移动和拉伸指定的距离。

（4）极轴拉伸动作：当用户将极轴拉伸动作与极轴参数关联时，将该动作添加到动态块定义中。

（5）旋转动作：当用户将旋转动作与旋转参数关联时，将该动作添加到动态块定义中，旋转动作类似于 ROTATE 命令。

（6）翻转动作：当用户将翻转动作与翻转参数关联时，将该动作添加到动态块定义中，使用翻转动作可以围绕指定的轴（称为投影线）翻转动态块参照。

（7）阵列动作：当用户将阵列动作与线性参数、极轴参数或 XY 参数关联时，将该动作添加到动态块定义中，通过夹点或“特性”选项板编辑关联的参数时，阵列动作将复制关联的对象并按矩形的方式进行阵列。

（8）查寻动作：向动态块定义中添加一个查寻动作，向动态块定义中添加查寻动作并将其与查寻参数相关联后，将创建查寻表。

3.“参数集”选项卡

提供用于在块编辑器中向动态块定义中添加一个参数和至少一个动作的工具。将参数集添加到动态块中时，动作将自动与参数相关联。

（1）点移动：向动态块定义中添加一个点参数，系统会自动添加与该点参数相关联的移动动作。

（2）线性移动：向动态块定义中添加一个线性参数，系统会自动添加与该线性参数的端点相关联的移动动作。

(3)线性拉伸:向动态块定义中添加一个线性参数,系统会自动添加与该线性参数相关联的拉伸动作。

(4)线性阵列:向动态块定义中添加一个线性参数,系统会自动添加与该线性参数相关联的阵列动作。

(5)线性移动配对:向动态块定义中添加一个线性参数,系统会自动添加两个移动动作,一个与基点相关联,另一个与线性参数的端点相关联。

(6)线性拉伸配对:向动态块定义中添加一个线性参数,系统会自动添加两个拉伸动作,一个与基点相关联,另一个与线性参数的端点相关联。

(7)极轴移动:向动态块定义中添加一个极轴参数,系统会自动添加与该极轴参数相关联的移动动作。

(8)极轴拉伸:向动态块定义中添加一个极轴参数,系统会自动添加与该极轴参数相关联的拉伸动作。

(9)环形阵列:向动态块定义中添加一个极轴参数,系统会自动添加与该极轴参数相关联的阵列动作。

(10)极轴移动配对:向动态块定义中添加一个极轴参数,系统会自动添加两个移动动作,一个与基点相关联,另一个与极轴参数的端点相关联。

(11)极轴拉伸配对:向动态块定义中添加一个极轴参数,系统会自动添加两个拉伸动作,一个与基点相关联,另一个与极轴参数的端点相关联。

(12) *XY* 移动:向动态块定义中添加 *XY* 参数,系统会自动添加与 *XY* 参数的端点相关联的移动动作。

(13) *XY* 移动配对:向动态块定义中添加一个 *XY* 参数,系统会自动添加两个移动动作,一个与基点相关联,另一个与 *XY* 参数的端点相关联。

(14) *XY* 移动方格集:向动态块定义中添加 *XY* 参数,系统会自动添加四个移动动作,分别与 *XY* 参数上的四个关键点相关联。

(15) *XY* 拉伸方格集:向动态块定义中添加 *XY* 参数,系统会自动添加四个拉伸动作,分别与 *XY* 参数上的四个关键点相关联。

(16) *XY* 阵列方格集:向动态块定义中添加 *XY* 参数,系统会自动添加与该 *XY* 参数相关联的阵列动作。

(17)旋转集:向动态块定义中添加一个旋转参数,系统会自动添加与该旋转参数相关联的旋转动作。

(18)翻转集:向动态块定义中添加一个翻转参数,系统会自动添加与该翻转参数相关联的翻转动作。

(19)可见性集:向动态块定义中添加一个可见性参数并允许定义可见性状态,无须添加与可见性参数相关联的动作。

(20)查寻集:向动态块定义中添加一个查寻参数,系统会自动添加与该查寻参数相关联的查寻动作。

【例 9-4】利用动态块功能标注房屋“房间门”的不同开启位置。

具体操作如下:

(1)用绘图命令绘制建筑构件“房间门”的图形。

(2)用写块(WBLOCK)命令以绘制的构件“房间门”为对象，输入图块名“men”，指定路径保存后确认退出。

(3)用插入块(INSERT)命令，打开“插入”对话框，设置插入点为屏幕指定，比例和旋转为固定值，选择刚保存的图形文件“men”作为要插入的图块，在屏幕上指定插入点，将图块(men)插入到图形中，如图 9-15 所示。

(4)利用“BEDIT”命令，选择刚插入的图块，打开“块编辑器”界面和“块编写选项板”，在“块编写选项板”的“参数”选项卡中选择“旋转参数”项，系统有如下提示：

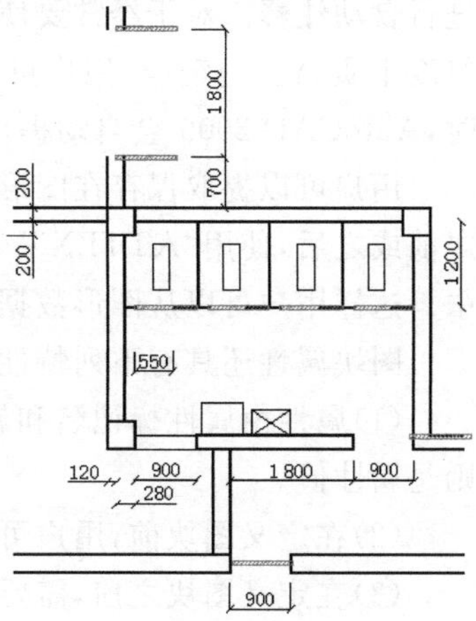

图 9-15　定义和插入图块“men”

◇ 命令：_bparameter 旋转

◇ 指定基点或［名称(N)/标签(L)/链(C)/说明(D)/选项板(P)/值集(V)］：指定图块“men”左端中心点位基点

◇ 指定参数半径：指定适当值为半径

◇ 指定默认旋转角度或［基准角度(B)］〈0〉：用默认值

(5)在“块编写”选项板的“动作”选项卡中选择“旋转动作”项，系统有如下提示：

◇ 命令：_bactiontool 旋转

◇ 选择参数：选择刚才设置的旋转参数

◇ 指定动作的选择集

◇ 选择对象：选择“men”图块

◇ 指定动作位置或［基点类型(B)］：指定适当的位置

(6)关闭“块编辑器”。

(7)在当前图形中选择刚才标注的图块(men)系统显示图块的动态选转标记，选中该标记，按住鼠标拖动，直到图块旋转到满意的位置为止，如图 9-16 所示，经整理结果如图 9-17 所示。

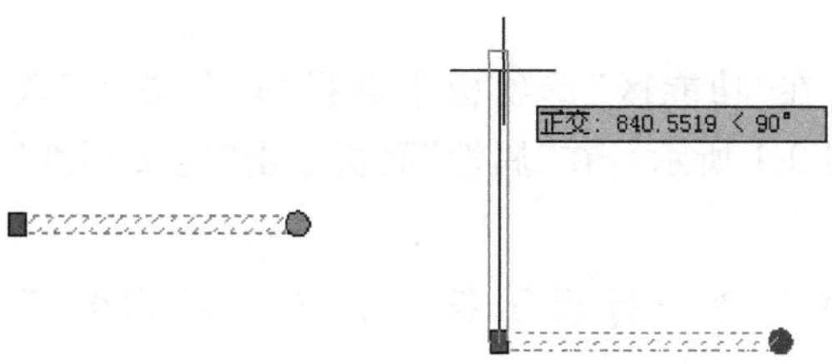

(a)　(b)　(c)

图 9-16　动态块操作过程

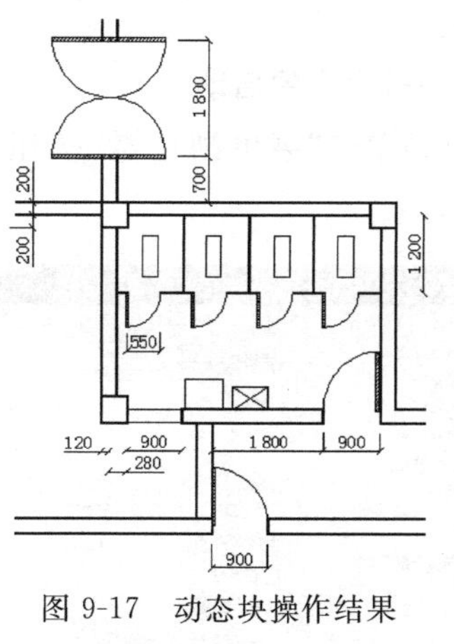

图 9-17　动态块操作结果

§9-3　块的属性

AutoCAD 2009 允许为图块附加文本信息，以增强图块的通用性和可读性，这些文本信息称为属性。块属性是附属于块的非图形信息，也是块的组成部分，通常属性在图块插入过程中进行自动注释。对于经常要使用的图块,利用属性很重要。例如,在建筑制图中,房间门的材料度木质、钢、塑钢等,用户可以在房间门图块中将使用的材料定义为属性,每次插入房间门时,AutoCAD 2009 会自动提示用户输入材料名称。

用户可以提取保存在图形数据库文件中关于每个图块插入的数据,也可以在图形绘制完之前或之后,使用"ATTEXT "命令,将图块属性数据从图形中提取出来,将该数据写入文件中。这样用户可以从图形数据库中获取图块数据信息。

图块属性还具有下列特性:

(1)属性由属性标记名和属性值组成,例如定义"材料"为属性标记名,具体的使用的材料则是属性值。

(2)在定义图块前,用户可以修改属性定义。

(3)在定义图块之前,需要定义图块的每个属性,如属性的标记名、属性提示、属性默认值、属性的显示格式、属性在图中的位置等。定义属性后,该属性值以标记名在图形中显示,并保存了有关信息。

(4)在插入图块时,AutoCAD 2009 通过提示,要求用户输入属性值,如果不输入属性值,则应用默认值,插入图块后,属性用它的当前值来表示,所以,如果一个图块具有不同的属性值,则不同位置的属性值可能不相同,如果属性值在属性定义时设为常数,AutoCAD 2009 则不提示用户输入属性值。

(5)插入图块后,可以对它进行处理,如修改属性,把属性提取出来写进数据文件,以供统计、制表需要。

一、定义块的属性

图块属性是附属于块的非图形信息,是块的组成部分,可包含在块定义中的文字对象。在定义一个块时,属性必须预先定义后才可选定。通常属性用于在块的插入过程中进行自动注释。

(一)命令的启动

(1)单击"菜单浏览器"按钮,在弹出的菜单中选择"绘图"→"块"→"定义属性(D)"命令。

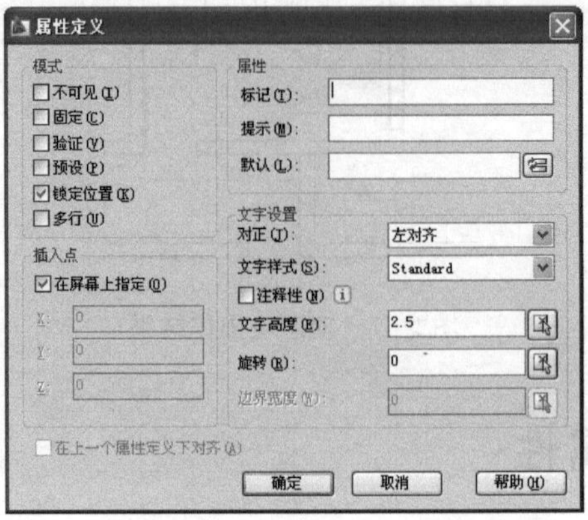

图 9-18　"属性定义"对话框

(2)在"功能区"选项板中选择"块与参照"选项卡(如图 9-1 所示),在"属性"面板点击"定义属性"按钮。

(3)在命令行提示符下键入"ATTDEF"或"ATT"后,按回车键。

(二)"属性定义"对话框及其操作方法

命令启动后将弹出"属性定义"对话框,如图 9-18 所示。

1."模式"区

在图形中插入块时,用来设置与块关联的属性值选项。

(1)“不可见”复选框：用于设置插入图块后是否显示或打印属性值。

(2)“固定”复选框：在插入块时赋予属性固定值。

(3)“验证”复选框：用于插入图块时，提示验证属性值是否正确。

(4)“预设”复选框：插入包含预设属性值的块时，将属性设置为默认值。

(5)“锁定位置”复选框：锁定块参照中属性的位置，解锁后，属性可以相对于使用夹点编辑块的其他部分移动，并且可以调整多行文字属性的大小。

(6)“多行”复选框：用于使用多行文字来标注块的属性值。

2.“属性”区

用于设置属性的标记，插入块时 AutoCAD 2009 的提示属性的默认值。

(1)“标记”文本框：标识图形中每次出现的属性，使用任何字符组合(空格除外)输入属性标记，小写字母会自动转换为大写字母。

(2)“提示”文本框：指定在插入包含该属性定义的图块时显示的提示，如果不输入提示，属性标记将用作提示，如果在“模式”区域选定了“固定”模式，“属性提示”选项将不可用。

(3)“默认”文本框：指定默认属性值。

3.“插入点”区

指定属性的插入点，即属性文字的起点。用户可直接输入坐标值或者选择“在屏幕上指定”，并使用定点设备根据与属性关联的对象指定属性的位置。

4.“文字设置”区

(1)“对正”：用于设置属性文字相对于插入点的排列形式，用户可以通过相应的下拉列表框进行选择，同标注文字时的对应项相同。

(2)“文字样式”：用于设置属性文字的样式，可在相应的下拉列表框中选择文字样式。

(3)“文字高度”：设置属性文字的高度，用户可直接在文本框中输入文字高度值，也可以单击“高度”按钮，在绘图区以两点来确定文字高度。

(4)“旋转”：设置属性文字的旋转角度，用户可直接在文本框中输入角度值，也可以单击“旋转”按钮，在绘图区中指定。

5.“在上一个属性定义下对齐”复选框

将属性标记直接置于之前定义的属性的下面，如果之前没有创建属性定义，则此选项不可用。

【例 9-5】试为图块“men”创建一个“房间门值属性”。

具体操作如下：

(1)启动属性定义(ATTDEF)命令。

(2)用“属性定义”对话框进行相关的设置，如图 9-19 所示。

(3)单击“属性定义”对话框中的“确定”按钮，完成属性定义，在绘图区中显示相应的属性标记，如图 9-20(a)所示。

(4)启动创建块(BLOCK)命令，将刚创建“房间门值属性”与绘制的房间门图形一起定义为房间门

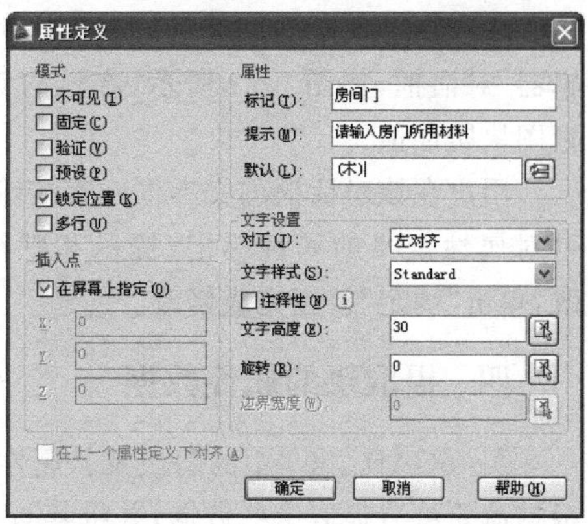

图 9-19　房间门“属性定义”对话框

图块“men”,如图 9-20(b)所示。

二、修改属性定义

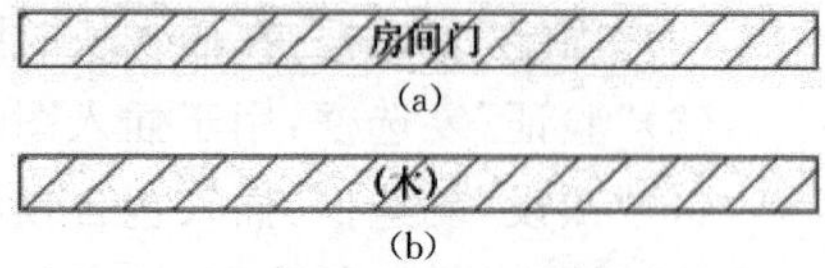

图 9-20　房间门值属性及图块

如果用户对已定义的属性不满意,可以对属性定义进行修改,不仅可修改属性标记,还可修改属性提示和属性默认值。

(一)命令的启动

(1)单击“菜单浏览器”按钮,在弹出的菜单中选择“修改”→“文字”→“编辑(E)”命令。

(2)在命令行提示符下键入“DDEDIT”后,按回车键。

(二)“编辑属性定义”对话框及其操作方法

命令启动后有如下的提示:

◇ 命令:_ddedit

◇ 选择注释对象或[放弃(U)]:

在选择已定义的属性标记后,将弹出“编辑属性定义”对话框,如图 9-21 所示,在该对话框中可编辑相关的属性定义。

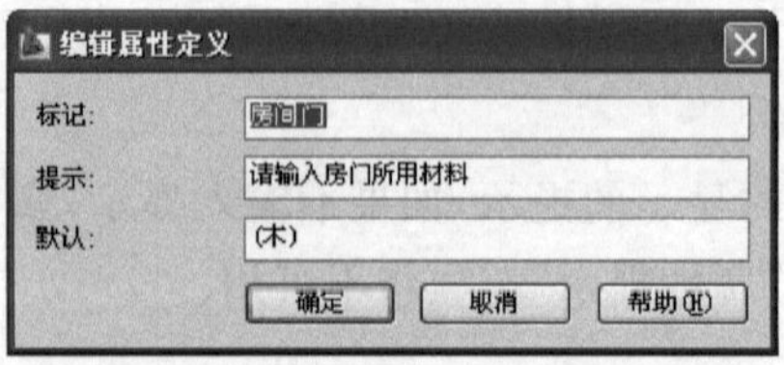

图 9-21　“编辑属性定义”对话框

三、编辑图块属性

当属性已定义到图块中或图块已插入到当前图形中之后,用户不仅可对图块的属性进行修改,还可以对属性的位置、文本等进行编辑。

(一)命令的启动

(1)单击“菜单浏览器”按钮,在弹出的菜单中选择“修改”→“文字”→“编辑(E)”命令。

(2)在命令行提示符下键入“DDEDIT”后,按回车键。

(3)在命令行提示符下键入“EATTEDIT”后,按回车键,或直接双击块属性。

(二)“增强属性编辑器”对话框及其操作方法

命令启动后有如下的提示:

◇ 命令:_ddedit

◇ 选择注释对象或[放弃(U)]:

在选择已定义的图块后,将弹出“增强属性编辑器”对话框,如图 9-22 所示,在该对话框中可编辑图块属性值。

用户在该对话框的文本框中直接输入数值,即可对属性定义的属性标记、提示和默认值进行修改,单击“确定”按钮完成修改。

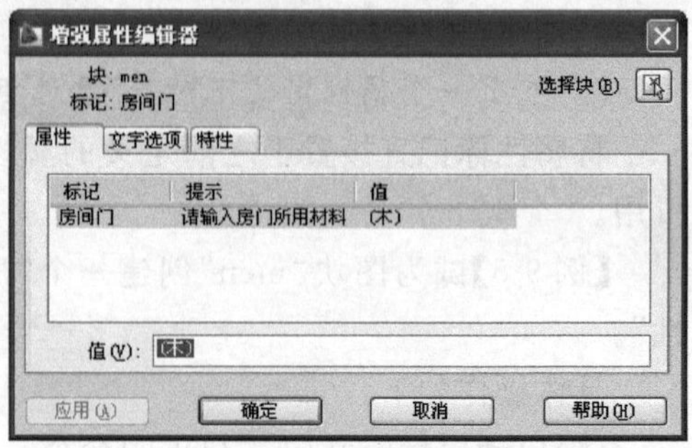

图 9-22　“增强属性编辑器”对话框

四、提取块的属性数据

AutoCAD 2009 中的图块及其属性中有大量的数据,如:图块的标记名、插入点等。用户根据需要可以提取这些数据,并将其写入到文件中,作为数据文件保存下来。这些数据文件可以传给数据库使用,或者提供给其他高级语言程序分析使用。

(一)命令的启动

(1)单击“菜单浏览器”按钮，在弹出的菜单中选择“工具”→“数据提取(X)”命令。

(2)在“修改Ⅱ”工具栏上点击“数据提取”按钮。

(3)在命令行提示符下键入“EATTEXT”后，按回车键。

(二)命令操作方法

命令启动后将打开“数据提取—开始”对话框，如图 9-23 所示。

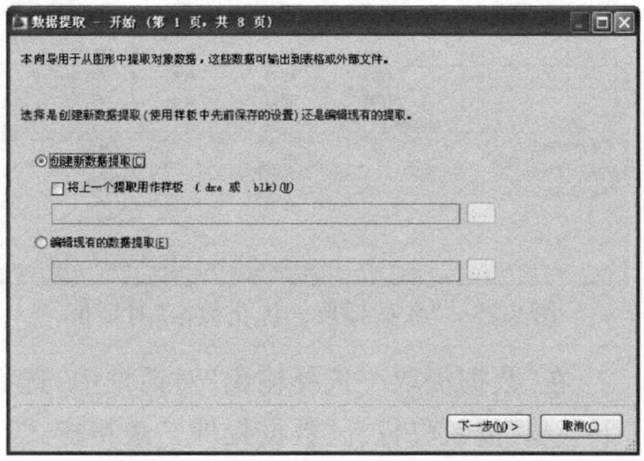

图 9-23　“数据提取—开始”对话框

单击“下一步”按钮依次打开“数据提取另存为”对话框和“数据提取—定义数据源”对话框，如图 9-24 和图 9-25 所示。

选择图形文件后，单击“下一步”按钮将打开“数据提取—选择对象”对话框，如图 9-26 所示。

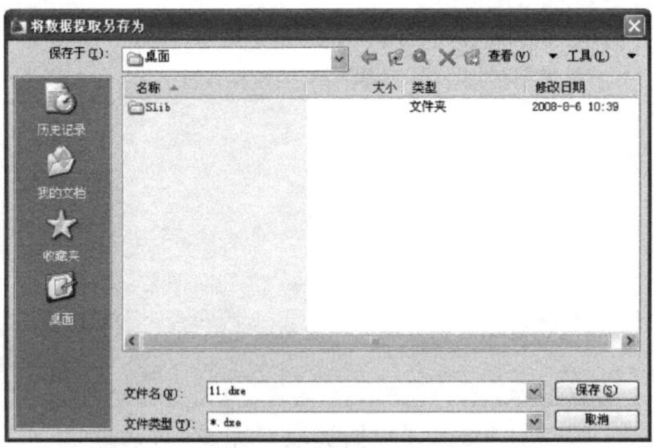

图 9-24　“数据提取另存为”对话框

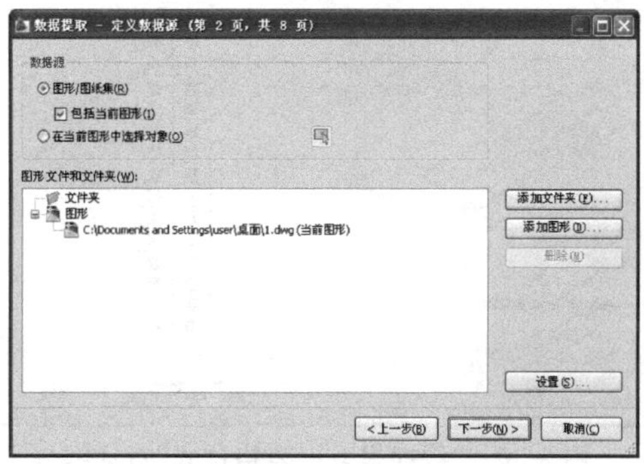

图 9-25　“数据提取—定义数据源”对话框

在列表中选择要提取属性的对象，如“men”对象。单击“下一步”按钮，将打开“数据提取—选择特性”对话框，如图 9-27 所示。

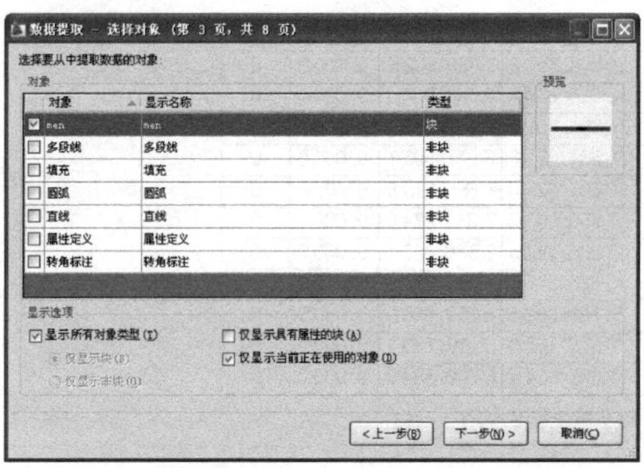

图 9-26　“数据提取—选择对象”对话框

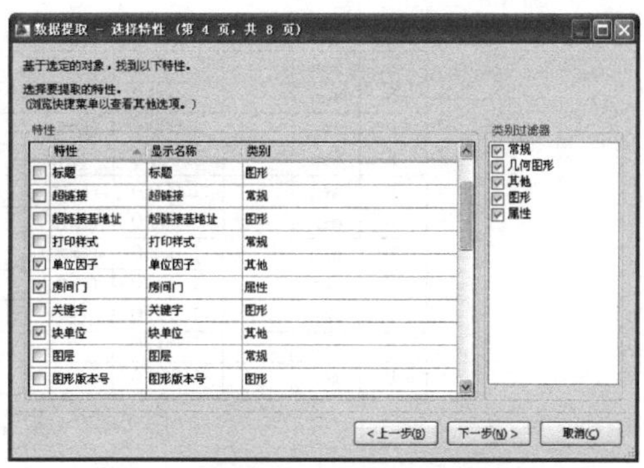

图 9-27　“数据提取—选择特性”对话框

在列表中选择要提取对象的特性后，单击“下一步”按钮将打开“数据提取—优化数据”对话框，如图 9-28 所示。

单击“下一步”按钮将打开“数据提取—选择输出”对话框，如图 9-29 所示。

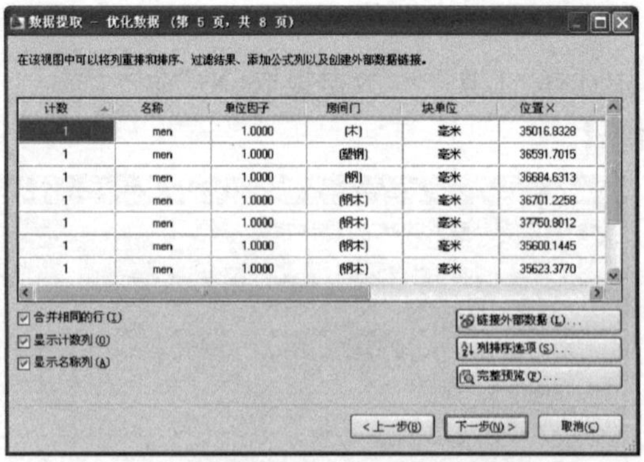

图 9-28　“数据提取—优化数据”对话框

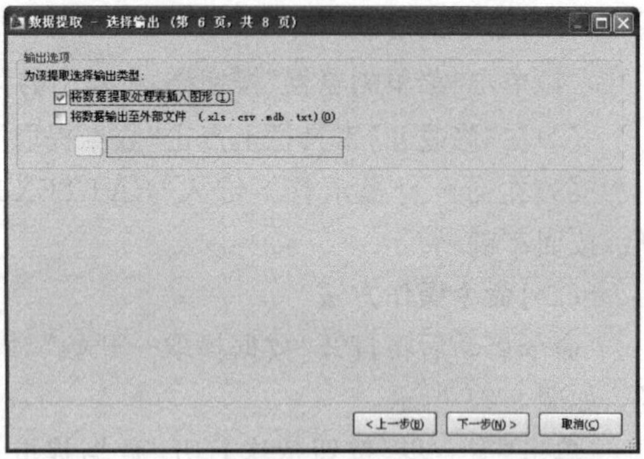

图 9-29　“数据提取—选择输出”对话框

在“数据提取—选择输出”对话框中，选择输出选项（如：将数据提取表插入图形）后，单击“下一步”按钮将打开“数据提取—表格样式”对话框，如图 9-30 所示。

在设置表格样式后，单击“下一步”按钮将打开“数据提取—完成”对话框，如图 9-31 所示。

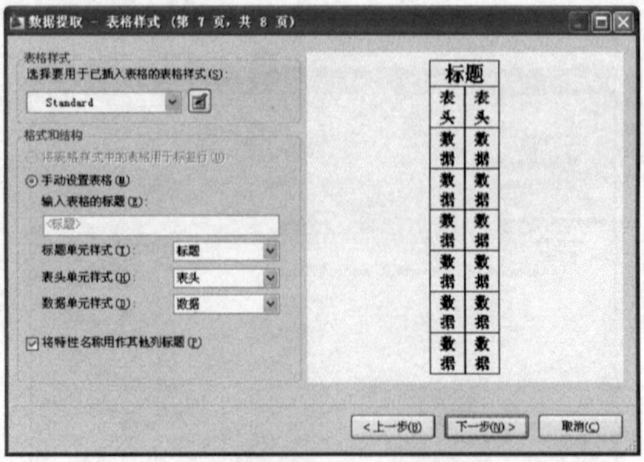

图 9-30　“数据提取—表格样式”对话框

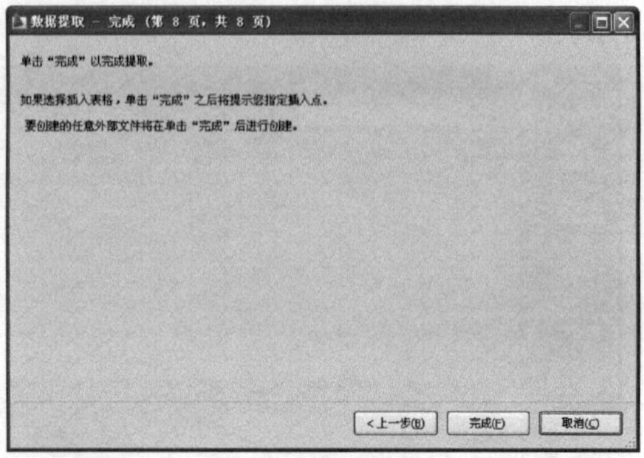

图 9-31　“数据提取—完成”对话框

单击“完成”按钮，在“指定插入点：”提示下，选择数据表格在屏幕上的插入点，将提取数据插入到当前的图形文件中，如图 9-32 所示。

计数	名称	标题	单位因子	房间门	块单位	位置 X	位置 Y	位置 Z	旋转
1	men		1.000 0		毫米	20 503.591 6	1 059.802 5	0.000 0	0
1	men		1.000 0	(木)	毫米	35 016.832 8	6 593.007 4	0.000 0	0
1	men		1.000 0	(塑钢)	毫米	36 591.701 5	6 440.608 1	0.000 0	0
1	men		1.000 0	(钢)	毫米	36 684.631 3	6 871.593 7	0.000 0	0
1	men		1.000 0	(钢木)	毫米	36 701.225 8	7 655.219 5	0.000 0	0
1	men		1.000 0	(钢木)	毫米	37 750.801 2	7 236.274 0	0.000 0	0
1	men		1.000 0	(钢木)	毫米	35 600.144 5	7 386.682 1	0.000 0	0
1	men		1.000 0	(钢木)	毫米	35 623.377 0	7 645.273 6	0.000 0	0
1	men		1.000 0	(钢)	毫米	37 787.309 1	6 859.390 9	0.000 0	0
1	men		1.000 0	(木)	毫米	37 375.167 3	5 919.780 4	0.000 0	0
1	men		1.000 0	(木)	毫米	37 355.924 4	5 600.364 5	0.000 0	0

图 9-32　提取属性数据结果表

§9-4　外部参照

外部参照(External Reference，Xref)可以将图形作为一个外部参照附着。外部参照与块有相似的地方，但它们的主要区别是：一旦插入了块，该块就永久性地插入到当前图形中，成为当前图形的一部分，而以外部参照方式将图形插入到某一图形（称之为主图形）后，被插入图形文件的信息并不直接加入到主图形中，主图形只是记录参照的关系，例如，参照图形文件的路径等信息。另外，对主图形的操作不会改变外部参照图形文件的内容，当打开具有外部参照的图形时，系统会自动把各外部参照图形文件重新调入内存并在当前图形中显示出来。

外部参照具有如下优点：

(1)外部参照只记录引用信息，更加节省存储空间。

(2)外部参照图形文件一旦被修改，用户会立即得到通知，便于刷新参照，这可以方便多人协同工作。

(3)外部参照在被绑定之前，不能编辑和分解。

(4)外部参照文件被改名或移动路径，主图形必须重新指定文件名和路径，否则，主图形将出现错误。

(5)在主图形中外部参照可被裁剪，即只显示外部参照的一部分。

一、外部参照附着

(一)命令的启动

(1)单击“菜单浏览器”按钮，在弹出的菜单中选择“插入”→ DWG 参照(R)... 命令。

(2)在“功能区”选项板中选择“块和参照”选项卡，在“参照”面板中单击“DWG”按钮。

(3)在命令行提示符下键入“XATTACH”或“XA”后，按回车键。

(二)命令操作方法

命令启动后将打开“选择参照文件”对话框，如图 9-33 所示。选择外部参照.dwg 文件后点击“打开”按钮，将弹出“外部参照”对话框（如图 9-34 所示），利用该对话框可以将图形文件以外部参照的形式插入到当前图形中。

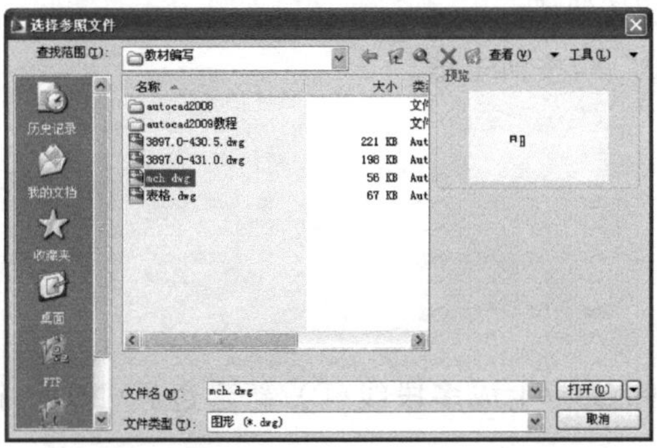

图 9-33　“选择参照文件”对话框

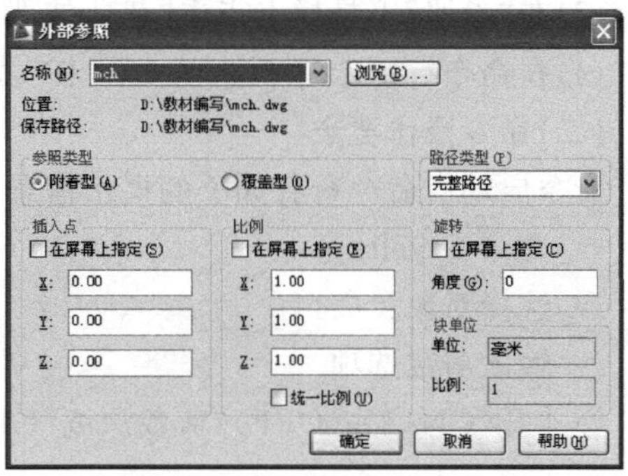

图 9-34　“外部参照”对话框

二、外部参照的绑定

外部参照绑定是将外部参照对象转换为当前图形的一部分，当外部参照绑定到当前图形后，外部参照及其依赖命名对象则成为当前图形的一部分。其操作步骤如下：

(一)命令的启动

(1)单击“菜单浏览器”按钮，在弹出的菜单中选择“修改”→“对象”→“外部参照”→ 绑定(B)... 命令。

(2)在“参照”工具栏上点击“外部参照绑定”按钮。

(3)在命令行提示符下键入“XBIND”或“XB”后，按回车键。

(二)命令操作方法

命令启动后将打开“外部参照绑定”对话框，如图 9-35 所示。在该对话框中选择要添加的外部参照绑定内容后点击“确定”按钮。系统将外部参照所依赖的命名对象(如块、图层、线型、标注样式和文字等)添加到用户图形中。

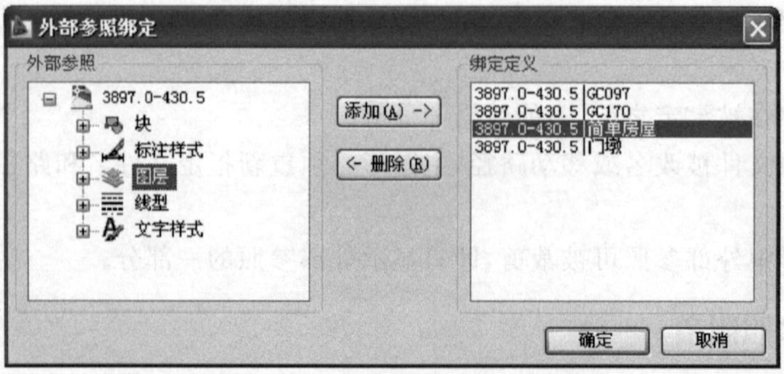

图 9-35　“外部参照绑定”对话框

三、剪裁外部参照

(一)命令的启动

(1)单击“菜单浏览器”按钮，在弹出的菜单中选择“修改”→“裁剪”→ 外部参照(X)命令。

(2)在“功能区”选项板中选择“块和参照”选项卡，在“参照”面板中单击“裁剪外部参照”按钮。

(3)在“参照”工具栏上点击“裁剪外部参照”按钮。

(4)在命令行提示符下键入“XCLIP”或“XC”后，按回车键。

(二)命令操作要点

命令启动后命令行有如下的提示信息：

◇ 命令：_xclip

◇ 选择对象：

◇ 输入剪裁选项

◇ [开(ON)/关(OFF)/剪裁深度(C)/删除(D)/生成多段线(P)/新建边界(N)]〈新建边界〉：

在上述命令行中各项的意义为

(1)开(ON)：在当前图形中显示外部参照或块的被剪裁部分。

(2)关(OFF)：在当前图形中显示外部参照或块的全部几何信息，忽略剪裁边界。

(3)剪裁深度(C)：在外部参照或块上设置前剪裁平面和后剪裁平面，系统将不显示由边界和指定深度所定义的区域外的对象。

(4)删除(D)：为选定的外部参照或块删除剪裁边界。

(5)生成多段线(P)：自动绘制一条与剪裁边界重合的多段线，此多段线采用当前的图层、线型、线宽和颜色设置。

(6)新建边界(N):定义一个矩形或多边形剪裁边界,或者用多段线生成一个多边形剪裁边界。

【例 9-6】裁剪外部参照。

具体操作步骤如下:

(1)启动“裁剪外部参照”命令(XCLIP)。

(2)在“选择对象:”提示后选择要裁剪的外部参照图形。

(3)在“[开(ON)/关(OFF)/剪裁深度(C)/删除(D)/生成多段线(P)/新建边界(N)]〈新建边界〉:”提示后选“新建边界(N)”,键入“N”,按回车键。

(4)在“[选择多段线(S)/多边形(P)/矩形(R)/反向剪裁(I)]〈矩形〉:”提示后选“矩形(R)”选项,键入“R”,按回车键。

(5)指定矩形的两个角点建立裁剪边界,裁剪外部参照图形。

裁剪结果见图 9-36 所示。

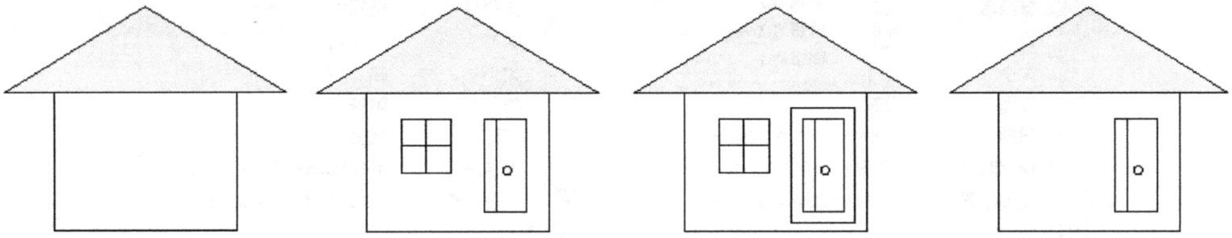

(a)主图形　　(b)插入参照图后　　(c)建立裁剪边界　　(d)显示边界内的参照图

图 9-36　裁剪外部参照图形

四、参照编辑

在 AutoCAD 2009 中,用户可以通过直接打开参照图形对其进行编辑,或从当前图形内部的适当位置编辑外部参照。

(一)在位编辑外部参照

(1)在“功能区”选项板中选择“块和参照”选项卡,在“参照”面板中单击“在位编辑”按钮,或在命令行键入“REFEDIT”后,按回车键。

(2)在“选择参照:”提示后,在当前图形中选择要编辑的参照,则选定的参照将显示在“参照编辑”对话框中,如图 9-37 所示。

(3)在“参照编辑”对话框中,选择要进行编辑的参照,最后单击“确定”按钮。

(4)在打开的参照图形中选择要编辑的对象进行编辑,选定的对象将成为工作集,默认情况下,其他所有的对象都被锁定,这时,在“功能区”选项板的“编辑参照”选项卡的右边显示在位编辑的参照名称,如图 9-38 所示。

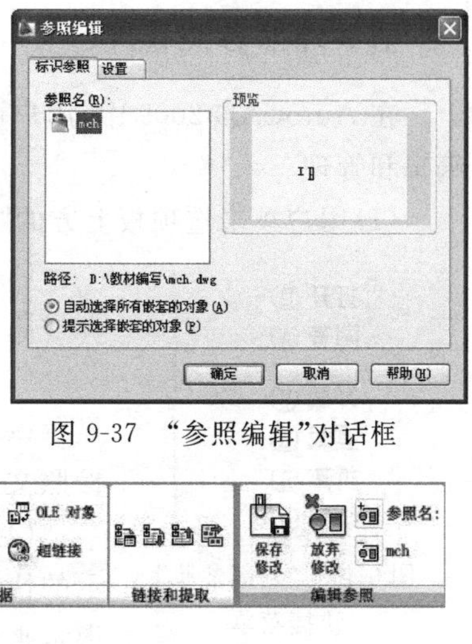

图 9-37　“参照编辑”对话框

图 9-38　“参照编辑”选项卡

(5)编辑完工作集中的对象后,单击“参照编辑”选项卡中的“保存修改”按钮,工作集中的对象将保存到参照,外部参照将被更新。

(二) 在单独的窗口中编辑外部参照

(1)在“功能区”选项板中选择“块和参照”选项卡,在“参照”面板中单击“外部参照”按钮,打开“外部参照”选项板,如图 9-39 所示。

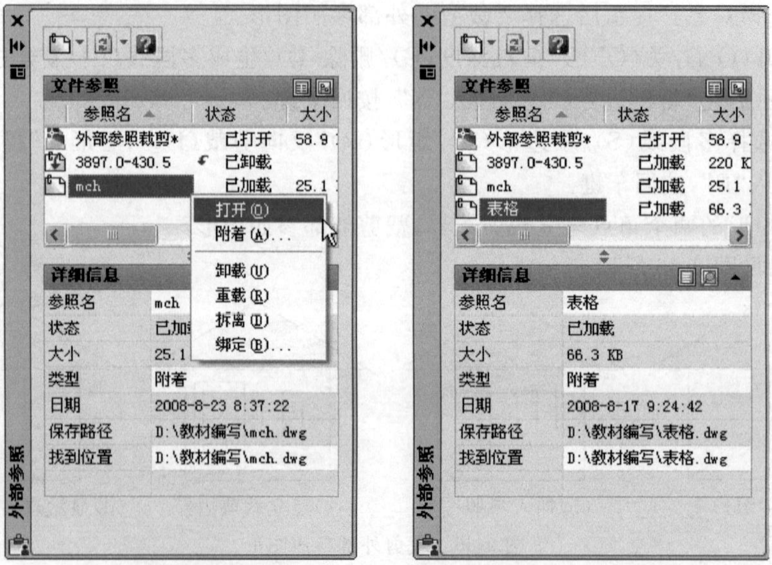

(a)打开外部参照图形　　　　(b)显示外部参照信息

图 9-39 “外部参照”选项板

(2)在“外部参照”选项板中,选择要编辑的参照名称。

(3)单击鼠标右键,在弹出的快捷菜单中选择“打开”命令。

(4)AutoCAD 2009 将在新窗口中打开选定的图形参照,在该窗口中用户可以编辑图形、保存图形,然后关闭图形(也可在命令行键入“XOPEN”后,按回车键,打开选定参照图形,进行编辑)。

五、外部参照管理

在 AutoCAD 2009 中,用户可以在“外部参照”选项板(如图 9-39 所示)中对外部参照进行编辑和管理。

(1)用户单击选项板上方的“附着”按钮可以添加不同格式的外部参照文件。

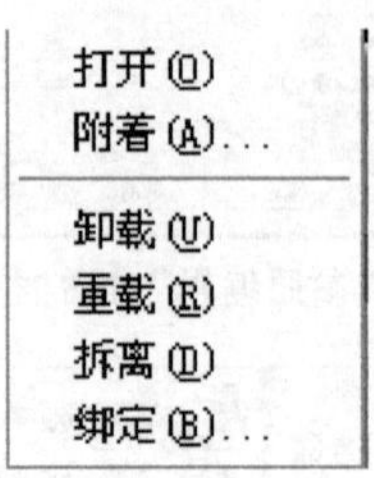

图 9-40 “外部参照”快捷菜单

(2)在选项板下方的外部参照列表框中显示当前图形中各个外部参照文件名称。

(3)选择任意一个外部参照文件后,在下方“详细信息”选项组中显示该外部参照的名称、加载状态、文件大小、参照类型、参照日期及参照文件的存储路径等内容,如图 9-39(b)所示。

(4)在文件参照中选定一外部参照,右击鼠标,弹出如图 9-40 所示的快捷菜单,通过该快捷菜单可选择打开、附着、卸载、重载、拆离、绑定来管理外部参照。

复　习　题

1. 在绘图时定义块有何作用？
2. 定义图块时，指定块的基点的作用是什么？
3. 内部块与外部块的区别是什么？
4. 块与外部参照的区别是什么？
5. 什么是块的属性？带有属性的块与不带属性的块插入时有什么不同？
6. 试将图 9-41～图 9-46 地形图的图例符号做成内部块和外部块。

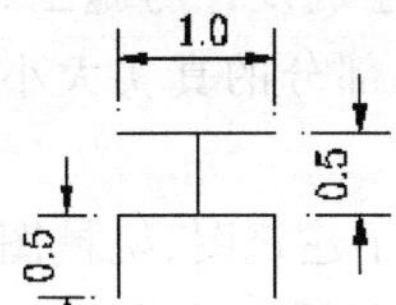

露天设备

图 9-41

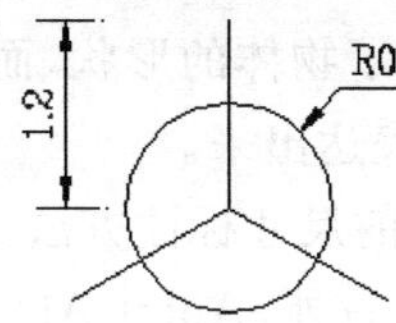

粮仓

图 9-42

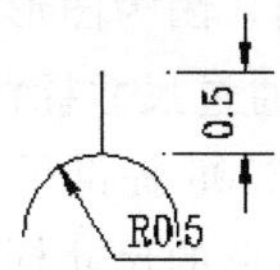

窑

图 9-43

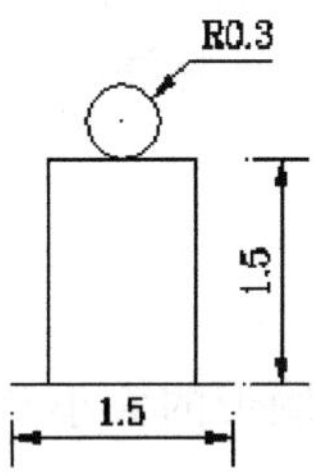

雕塑

图 9-44

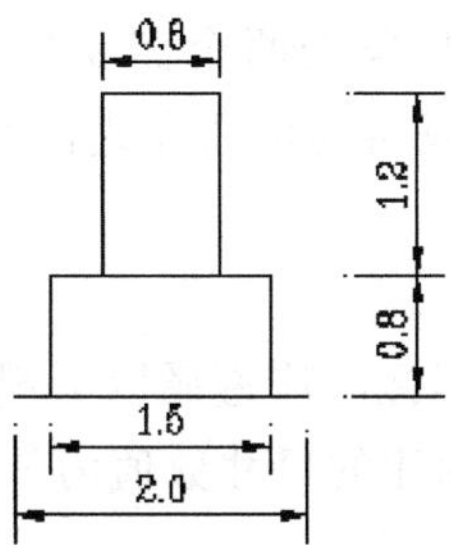

纪念碑

图 9-45

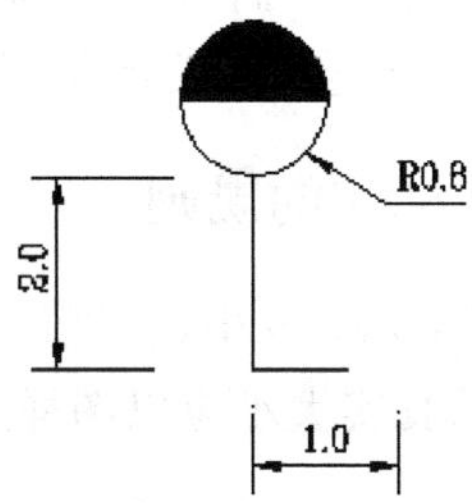

加油站

图 9-46

第10章　尺寸标注

§10-1　尺寸标注概述

尺寸标注是工程设计图纸的重要组成部分，是工程预算、建筑设计与施工、零部件制造与装配的重要依据。因为图形仅仅表达了物体的形状，而物体各部分的真实大小和相互关系的确切位置，只有通过尺寸标注才可以表达出来。

AutoCAD 2009 提供了多种方式的尺寸标注方法，以适用于建筑图、机械图、采矿图、电路图等不同类型图形的尺寸标注要求。另外，AutoCAD 2009 还提供了多样化的尺寸标注编辑功能，以便对已完成的尺寸标注进行修改。

使用 AutoCAD 2009，可方便地在图形上标注任何所需要的尺寸。在设定了标注样式后，无须任何人工量测，我们所需要做的就是单击两个需要标注的点，然后指出尺寸线的位置，AutoCAD 2009 就会按图形的量测值和设定的标注样式自动进行尺寸标注。

一、尺寸标注的规则

在 AutoCAD 2009 中，在进行尺寸标注时应遵循以下规则：

(1)物体的真实大小应以图样上所标注的尺寸数值为依据，与图形的大小及绘图的准确度无关。

(2)图样中的尺寸以毫米为单位时，不需要标注计量单位的代号或名称，如采用其他单位，则必须注明相应计量单位的代号或名称，如度、厘米及米等。

(3)图样中所标注的尺寸为该图样所表示的物体的最后完工尺寸，否则应另加说明。

(4)一般物体的每一尺寸只标注一次，且标注在最后反映该结构最清晰的图形上。

二、尺寸标注的组成

一个完整的尺寸标注通常由尺寸线、尺寸界线、尺寸箭头和尺寸文本等部分组成，通常 AutoCAD 2009 把一个尺寸作为一个独立的对象来处理，如图 10-1 所示。尺寸标注的各组成部分含义如下。

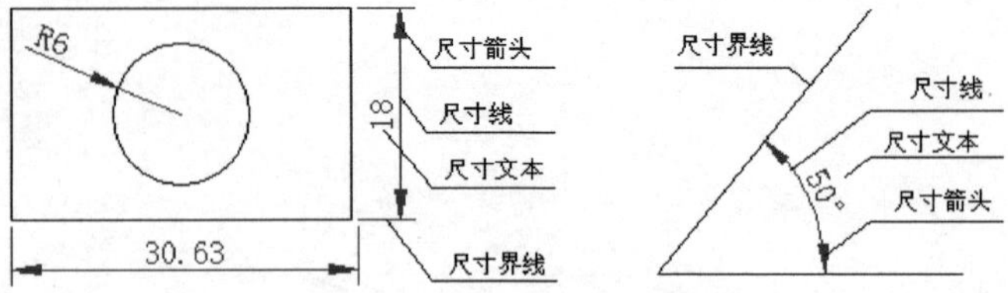

图 10-1　尺寸标注的组成

(一)尺寸线

用来表明尺寸标注起始范围。通常在尺寸线的末端带有箭头，用于指出尺寸线的起点和终点。对于角度型标注对象，尺寸线为圆弧线，对于非角度型标注对象，尺寸线为直线。

(二)尺寸界线

尺寸界线通常出现在要标注尺寸的物体两端，表示尺寸线的开始与结束。为了标注清晰以利于读图，一般通过尺寸界线将尺寸引至被标注的对象之外，尺寸界线端点一般超出尺寸线一定的距离。

(三)尺寸箭头

用于指出量测的开始和结束位置，尺寸箭头位于尺寸线的两端。系统默认使用闭合的填充箭头符号作为尺寸箭头。同时 AutoCAD 2009 还提供了许多其他符号可供用户选择。

(四)尺寸文本

用来表明标注对象的标注值。标注文字可以是系统测量值，也可以是用户输入的尺寸值和其他文字。

三、尺寸标注的类型

AutoCAD 2009 提供了十余种标注工具用于标注图形对象，如图 10-2 所示。使用它们可以进行角度、直径、半径、线性、对齐、连续、圆心及基线，弧长标注等标注。

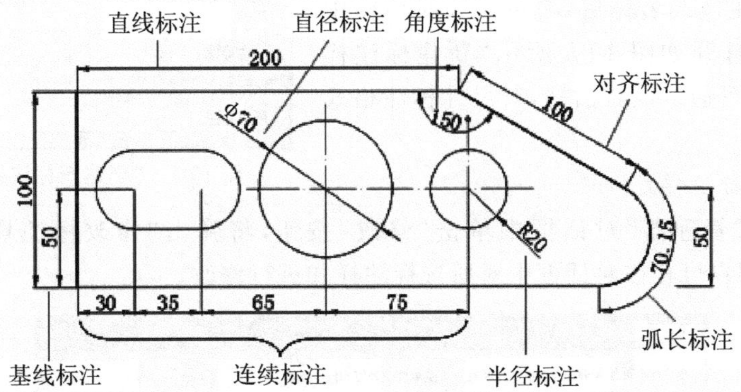

图 10-2　尺寸标注类型

§10-2　设置尺寸标注的样式

一、新建、修改和选择尺寸标注样式

(一)命令启动

(1)单击“菜单浏览器”按钮，在弹出的菜单中选择“格式”→“标注样式”命令。

(2)在“功能区”选项板中选择“注释”选项卡，在“标注”面板中单击“标注样式”按钮。

(3)在“标注”工具栏上点击“标注样式”按钮。

(4)在命令行提示符下键入“DIMSTYLE”后，按回车键。

(二)命令操作要点

命令启动后弹出“标注样式管理器”对话框，如图 10-3 所示。

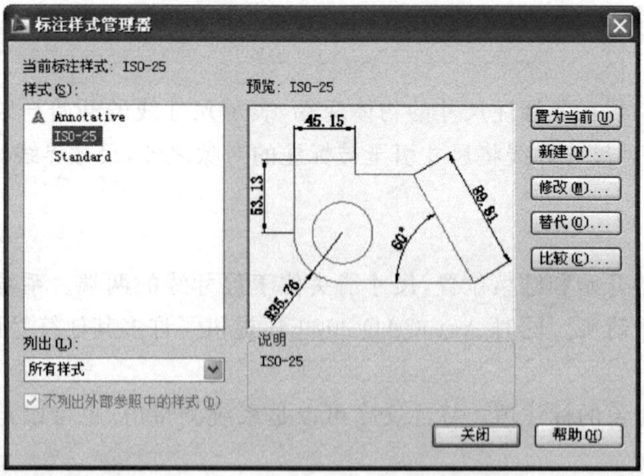

图 10-3 "标注样式管理器"对话框

1. 新建尺寸标注样式

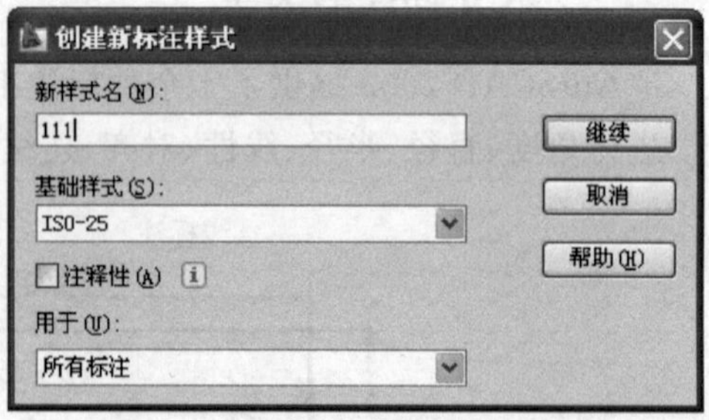

图 10-4 "创建新标注样式"对话框

在"标注样式管理器"对话框中单击"新建"按钮,在弹出如图 10-4 所示"创建新标注样式"对话框中,命名新标注样式名称后,再单击该对话框中"继续"按钮,将打开如图 10-5 所示"新建标注样式"对话框,用户可通过该对话框,对尺寸标注格式进行设置。

2. 修改尺寸标注样式

在"标注样式管理器"对话框中单击"修改"按钮,将弹出"修改标注样式"对话框(如图 10-6 所示),用户可在该对话框中对所选标注样式进行修改。

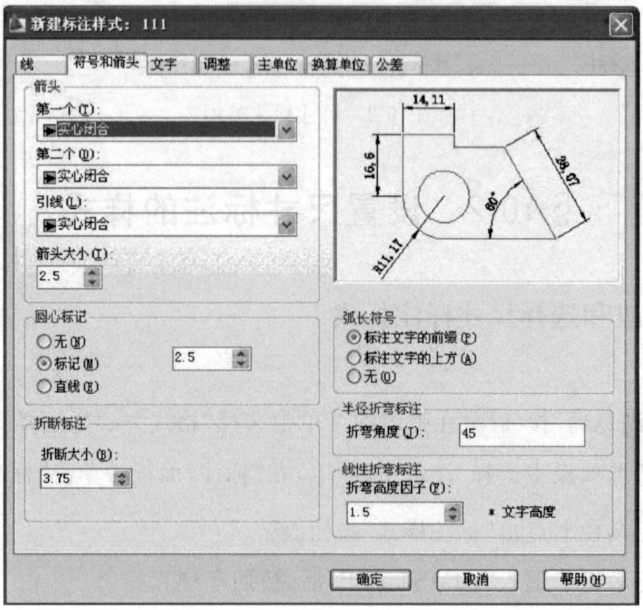

图 10-5 "新建标注样式"对话框

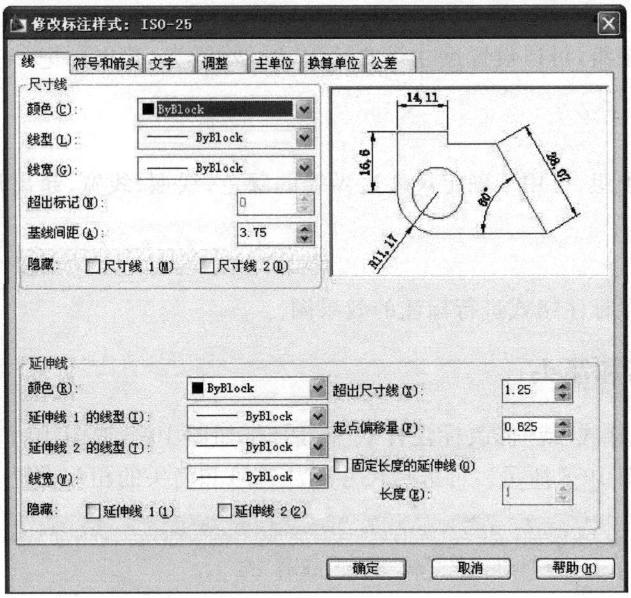

图 10-6　“修改标注样式”对话框

3. 选择尺寸标注样式

在“标注样式管理器”对话框中，当“列出”下拉列表选择所有样式时“样式”区将显示当前图形所使用的所有标注样式名称。用户选择已列出的某一尺寸标注样式后点击“置为当前”按钮，系统将用户选中的标注样式设置为当前标注样式。

二、设置尺寸线

在“新建新标注样式”或“修改标注样式”对话框（如图 10-5 或图 10-6 所示）中单击“线”选项卡（如图 10-7 所示），可进行尺寸线的相关设置。

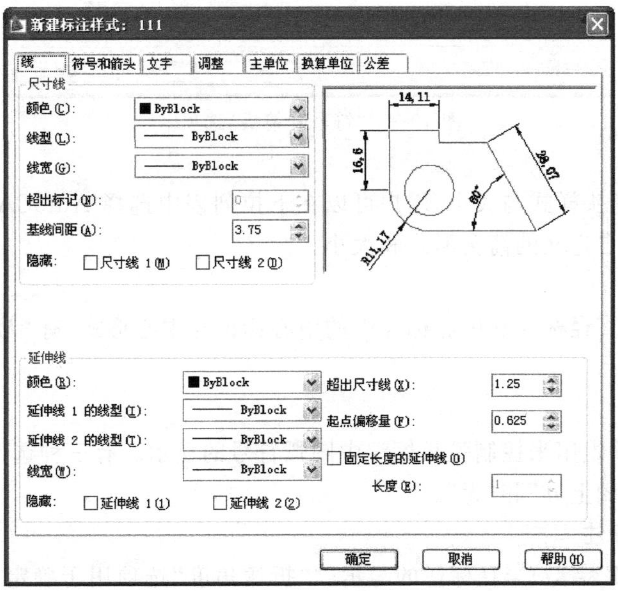

图 10-7　“线”选项卡

(一)尺寸线

在“尺寸线”选项组,可以设置尺寸线的颜色、线型、线宽、超出标记、基线间距以及隐藏等特性。

(二)延伸线

在“延伸线”选项组,可用于确定尺寸边界线的颜色、线型、线宽、超出尺寸线、起点偏移量以及隐藏等形式。

(三)预览区

显示用户所设置标注格式进行标注的效果图。

三、设置符号和箭头

在“新建新标注样式”或“修改标注样式”对话框(如图 10-5 或图 10-6 所示)中单击“符号和箭头”选项卡(如图 10-8 所示),可进行尺寸标注符号和箭头的相关设置。

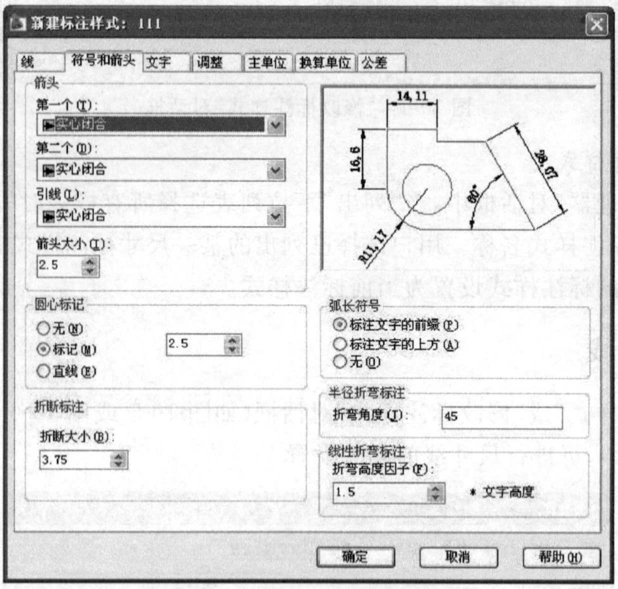

图 10-8 “符号和箭头”选项卡

(一)箭头

设置尺寸线的箭头样式与大小,用户可以在下拉列表中选择 AutoCAD 2009 提供的箭头样式,用户也可使用自定义的箭头形式和大小。

(二)圆心标记

设置半径标注、直径标注和中心标注中的中心标记与中心形式,有“无”、“标记”、“直线”和“大小”四种形式。

(三)弧长符号

“弧长符号”选项组用来控制弧长标注中圆弧符号的显示。有三种选择方式,即“标注文字的前缀”、“标注文字的上方”和“无”。

(四)半径折弯标注

用于控制折弯(Z 字型)半径标注的显示。“折弯角度”选项用于确定折弯半径标注中,尺寸线的横向线段的角度。

四、设置尺寸文本样式

在"新建新标注样式"或"修改标注样式"对话框(如图 10-5 或图 10-6 所示)中单击"文字"选项卡(如图 10-9 所示),可进行尺寸文本的相关设置。

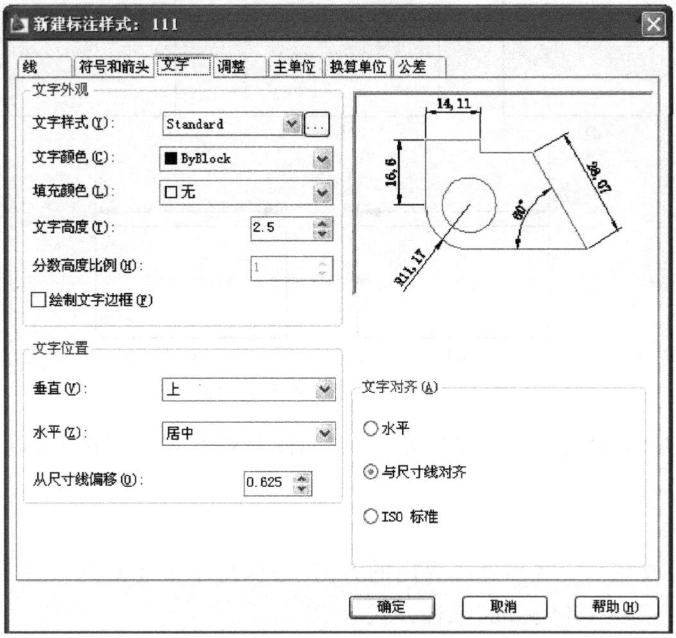

图 10-9　"文字"选项卡

(一)文字外观

(1)文字样式:从下拉列表中可选择当前标注文字样式。

(2)文字颜色:设置标注文字的颜色。

(3)文字高度:设置标注文字样式的高度。用户可以输入文字样式高度值,也可以通过上下箭头调节其大小。

(4)分数高度比例:设置文本中分数高度的比例因子。输入比例值后,系统将把文字的高度按一定倍数放大,以确定与标注文字相关的那部分标注的高度。

(5)绘制文字边框:设置是否在标注文字周围绘制一个边框。

(二)文字位置

(1)垂直:控制标注文字相对尺寸线的垂直位置。垂直位置选项包括"居中"、"上方"、"外部"和"JIS"(是按照日本工业标准(JIS)放置标注文字),如图 10-10 所示。

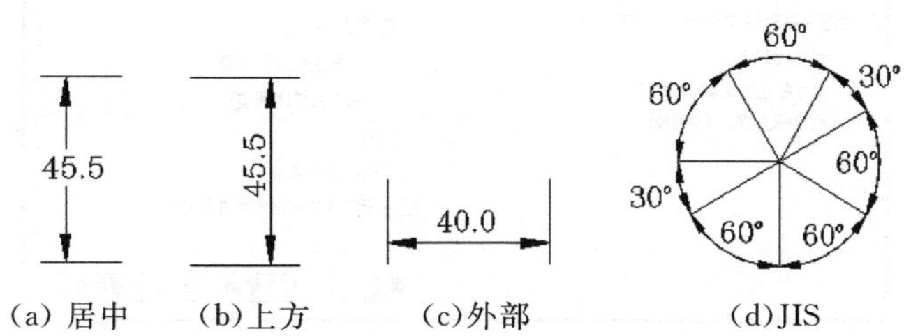

图 10-10　尺寸文本垂直方向放置

(2)水平:控制标注文字相对于尺寸线和尺寸界线的水平位置。水平位置选项包括“居中”、“第一条延伸线”、“第二条延伸线”、“第一条延伸线上方”、“第二条延伸线上方”,如图 10-11 所示。

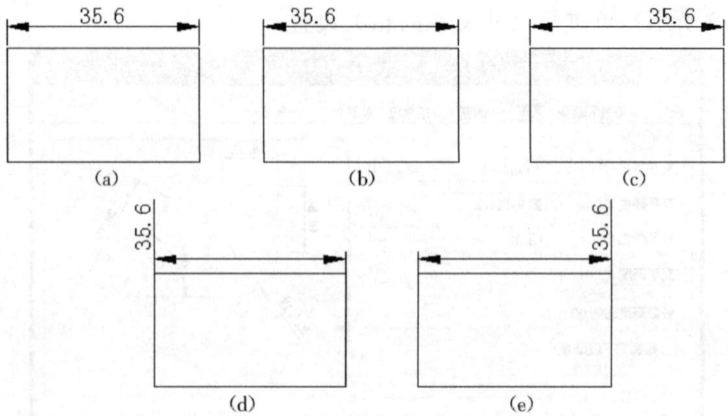

图 10-11 尺寸文本水平方向放置

(3)从尺寸线偏移:设置当前文字间距,文字间距是指当尺寸线断开,以容纳标注文字时,标注文字周围的距离。

(三)文字对齐

控制标注文字放在尺寸线界外或界内的方向,是保持水平还是与尺寸界线平行,包括“水平”、“与尺寸线对齐”和“ISO 标准”三种方式。

五、设置调整

在“新建新标注样式”或“修改标注样式”对话框(如图 10-5 或图 10-6 所示)中单击“调整”选项卡(如图 10-12 所示),主要内容如下。

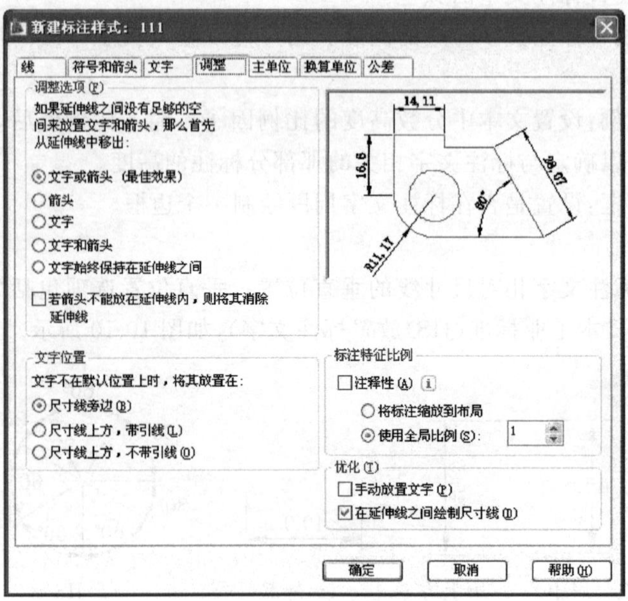

图 10-12 “调整”选项卡

(一)调整选项

控制基于尺寸界线之间可用空间的文字和箭头的位置。

(1)“文字或箭头(取最佳效果)”单选框:按照最佳效果放置文字或箭头的位置。当尺寸界线间的距离足够放置文字和箭头时,文字和箭头都放在尺寸界线内;当尺寸界线间的距离仅够容纳文字时,将文字放在尺寸界线内,而箭头放在尺寸界线外;当尺寸界线间的距离仅够容纳箭头时,将箭头放在尺寸界线内,而文字放在尺寸界线外;当尺寸界线间的距离既不够放文字,又不够放箭头时,文字和箭头都放在尺寸界线外。

(2)“箭头”单选框:按照下列方式放置文字和箭头,当尺寸界线间的距离足够放置文字和箭头时,文字和箭头都放在尺寸界线内;当尺寸界线间距离仅够放下箭头时,将箭头放在尺寸界线内,而文字放在尺寸界线外;当尺寸界线间距离不足以放下箭头时,文字和箭头都放在尺寸界线外。

(3)“文字”单选框:按照下列方式放置文字和箭头,当尺寸界线间的距离足够放置文字和箭头时,文字和箭头都放在尺寸界线内;当尺寸界线间的距离仅能容纳文字时,将文字放在尺寸界线内,而箭头放在尺寸界线外;当尺寸界线间距离不足以放下文字时,文字和箭头都放在尺寸界线外。

(4)“文字和箭头”单选框:当尺寸界线间距离不足以放下文字和箭头时,文字和箭头都放在尺寸界线外。

(5)“文字始终保持在延伸线之间” 单选框:始终将文字放在尺寸界线之间。

(6)“若不能放在延伸线内,则将其消除延伸线”复选框:如果尺寸界线内没有足够的可用空间,则消除箭头。

(二)文字位置

设置标注文字从默认位置(由标注样式定义的位置)移动时,标注文字的位置,包括“尺寸线旁边”、“尺寸线上方,带引线”和“尺寸线上方,不带引线”三个单选项。

(三)标注特征比例

用于设置全局标注比例值或图纸空间比例,包括“使用全局比例”和“将标注缩放到布局”单选项。

(四)优化

(1)“手动放置文字”复选框:忽略所有水平对正设置并把文字放在“尺寸线位置”提示下指定的位置。

(2)“在延伸线之间绘制尺寸线” 复选框:即使箭头放在测量点之外,也在测量点之间绘制尺寸线。

六、设置主单位

在“新建新标注样式”或“修改标注样式”对话框(如图 10-5 或图 10-6 所示)中单击“主单位”选项卡(如图 10-13 所示),主要设置内容如下。

(一)线性标注

设置除角度之外的所有标注类型的当前单位格式,包括“单位格式”、“精度”、“分数格式”、“小数分隔符”、“舍入”、“前缀”、“后缀”、“测量单位比例”和“消零”(用于控制线性尺寸标注文本不输出前导零和后续零以及零英尺和零英寸部分)设置。

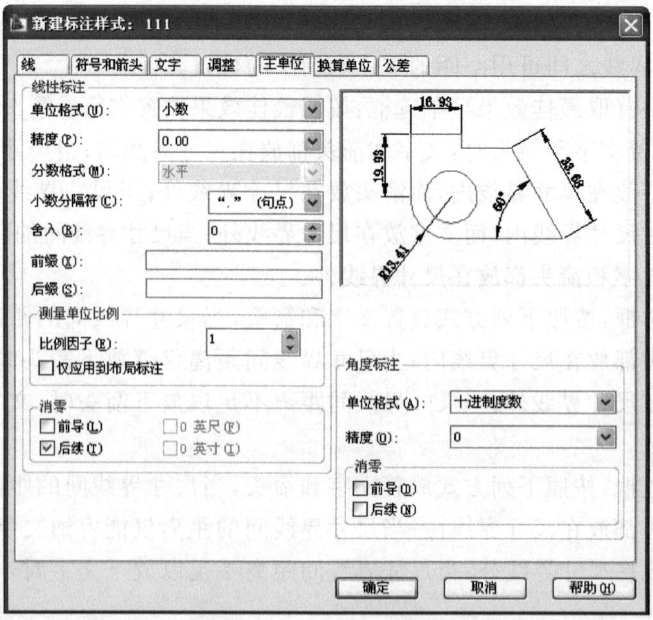

图 10-13 “主单位”选项卡

(二)角度标注

用于显示和设置角度标注的当前角度格式,包括“单位格式”、“精度”和“消零”(用于控制角度文本不输出前导零和后续零)等设置。

七、设置单位换算

在“新建新标注样式”或“修改标注样式”对话框(如图 10-5 或图 10-6 所示)中单击“换算单位”选项卡(如图 10-14 所示),主要换算单位设置如下。

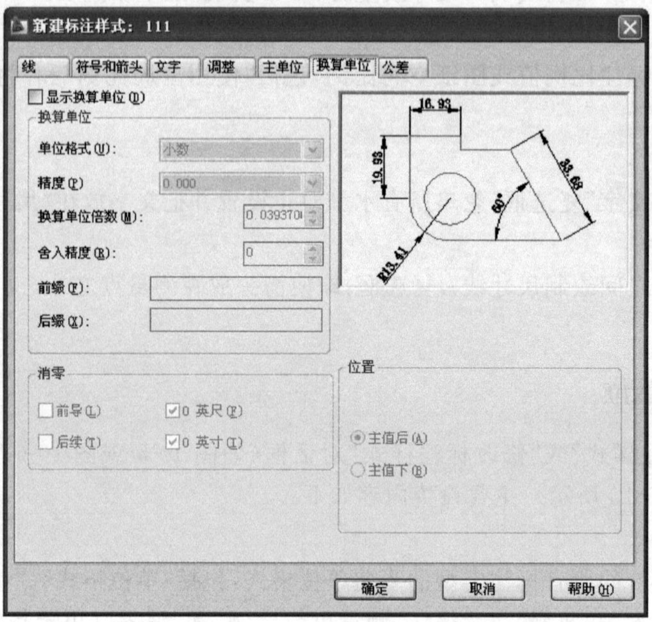

图 10-14 “换算单位”选项卡

(一)"显示换算单位"复选框

用于向标注文字添加换算测量单位。

(二)换算单位

显示和设置除角度之外的所有标注类型的当前换算单位格式,包括"单位格式"、"精度"、"换算单位倍数"、"舍入精度"、"前缀"和"后缀"设置。

(三)消零

控制是否禁止输出前导零和后续零以及零英尺和零英寸部分。

(四)位置

控制标注文字中换算单位的位置,是将换算单位放在"主值后"还是放在"主值下"。

八、设置公差

在"新建新标注样式"或"修改标注样式"对话框(如图 10-5 或图 10-6 所示)中单击"公差"选项卡(如图 10-15 所示),主要公差内容设置如下。

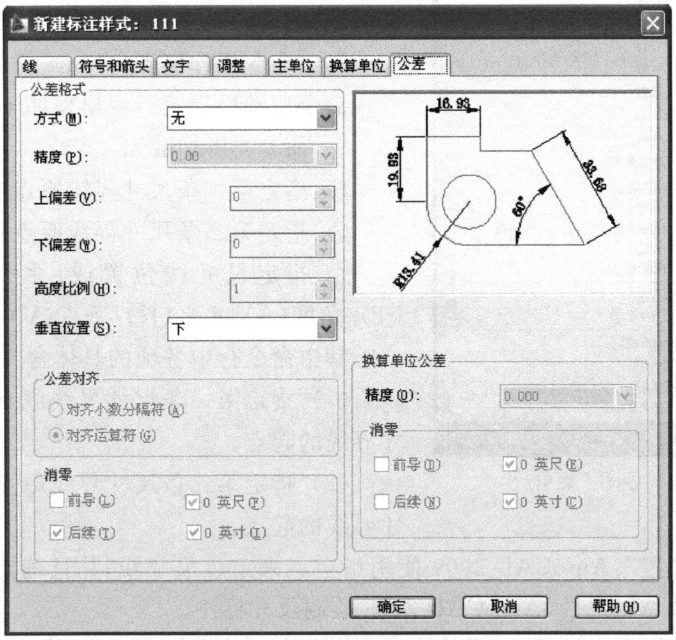

图 10-15　"公差"选项卡

(一)公差格式

用于控制公差标注格式,包括"方式"、"精度"、"上偏差"、"下偏差"、"高度比例"和"垂直位置"选项。

(二)公差对齐

在堆叠时,控制上偏差值和下偏差值的对齐。

(三)消零

用于控制是否禁止输出前导零和后续零以及零英尺和零英寸部分。

(四)换算单位公差

设置换算公差单位的精度和消零规则。

§10-3　标注尺寸

一、线性标注

线性标注用于对水平尺寸、垂直尺寸及旋转尺寸等长度类尺寸的标注。

(一)命令启动

(1)单击“菜单浏览器”按钮，在弹出的菜单中选择“标注”菜单(如图 10-16 所示)下的“线性”命令项。

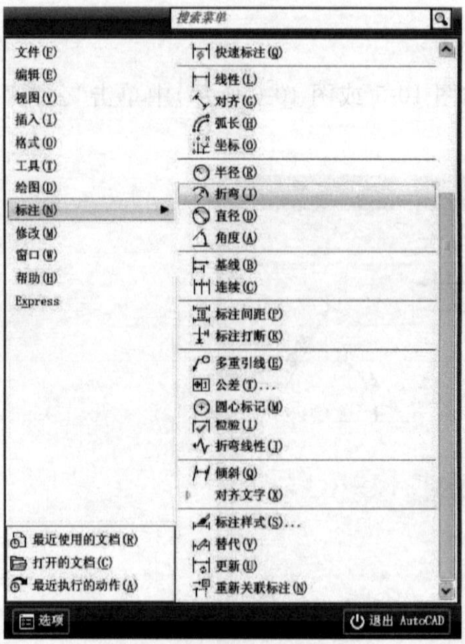

图 10-16　“标注”菜单

(2)在“功能区”选项板中选择“注释”选项卡，在“标注”面板中单击“线性”按钮。

(3)在“标注”工具栏上点击“标注”按钮。

(4)在命令行提示符下键入“DIMLINEAR”后，按回车键。

(二)命令操作要点

命令启动后提示行将出现如下提示信息：

◇ 命令：_dimlinear

◇ 指定第一条尺寸界线原点或〈选择对象〉：

◇ 指定第二条尺寸界线原点：

◇ 指定尺寸线位置或[多行文字(M)/文字(T)/角度(A)/水平(H)/垂直(V)/旋转(R)]：

其中命令行中各项的具体含义如下：

(1)“指定第一条尺寸界线原点”：指定第一条尺寸界线的起点。

(2)“指定第二条尺寸界线原点”：指定第二条尺寸界线的起点。

(3)“尺寸线位置”：AutoCAD 2009 使用指定点来定位尺寸线，并且确定绘制尺寸界线的方向。指定尺寸线位置之后，AutoCAD 2009 绘制尺寸标注。

(4)“多行文字”：选中该项后，系统将进入多行文字编辑模式，可以使用“多行文字编辑器”对话框输入并设置标注文字。

(5)“文字”：在命令行自定义标注文字。

(6)“角度”：修改标注文字的角度，选中该项后，系统命令提示行将出现如下提示信息：“指定标注文字的角度”。

(7)“水平”：创建水平线性标注。

(8)“垂直”：创建垂直线性标注。

(9)“旋转”：创建旋转线性标注。

二、对齐标注

对齐标注指使标注尺寸线与被标注的图形对象的边界平行。

(一)命令启动

(1)单击“菜单浏览器”按钮，在弹出的菜单中选择“标注”菜单(如图 10-16 所示)下的“对齐”命令项。

(2)在“功能区”选项板中选择“注释”选项卡，在“标注”面板中单击“对齐”按钮。

(3)在“标注”工具栏上点击“对齐”按钮。

(4)在命令行提示符下键入“DIMALIGNED”后，按回车键。

(二)命令操作要点

命令启动后提示行将出现如下提示信息：

◇ 命令：_dimaligned

◇ 指定第一条延伸线原点或〈选择对象〉：

◇ 指定第二条延伸线原点：

◇ 指定尺寸线位置或[多行文字(M)/文字(T)/角度(A)]：

◇ 标注文字＝529.46

命令提示行中各项的意义与线性标注中命令提示信息中的各项意义相同。

【例 10-1】如图 10-17 所示，试用“对齐标注”命令对图(a)中 *BC*、*DE* 两条直线进行标注。

具体操作过程如下：

◇ 命令：_dimaligned

◇ 指定第一条延伸线原点或〈选择对象〉：

◇ 指定第二条延伸线原点：

◇ 指定尺寸线位置或[多行文字(M)/文字(T)/角度(A)]：t

◇ 输入标注文字〈83.73〉：94.61

◇ 指定尺寸线位置或[多行文字(M)/文字(T)/角度(A)]：

◇ 标注文字＝83.73

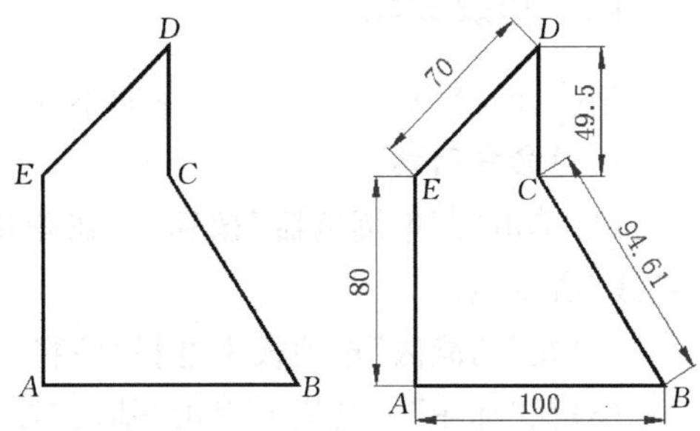

(a)尺寸标注前　　(b)尺寸标注后

图 10-17　“对齐标注”实例

◇ 命令：_dimaligned

◇ 指定第一条延伸线原点或〈选择对象〉：

◇ 指定第二条延伸线原点：

◇ 指定尺寸线位置或[多行文字(M)/文字(T)/角度(A)]：t

◇ 输入标注文字〈61.95〉：70

◇ 命令：_dimaligned

◇ 指定第一条延伸线原点或〈选择对象〉：

◇ 指定第二条延伸线原点：

◇ 指定尺寸线位置或[多行文字(M)/文字(T)/角度(A)]：

◇ 标注文字＝61.95

三、弧长标注

(一)命令启动

(1)单击“菜单浏览器”按钮，在弹出的菜单中选择“标注”菜单(如图 10-16 所示)下的

"弧长"弧长(H)命令项。

(2)在"功能区"选项板中选择"注释"选项卡,在"标注"面板中单击"弧长"按钮。

(3)在"标注"工具栏上点击"弧长"按钮。

(4)在命令行提示符下键入"DIMARC"后,按回车键。

(二)命令操作要点

命令启动后提示行将出现如下提示信息:

◇ 命令:_dimarc

◇ 选择弧线段或多段线弧线段:

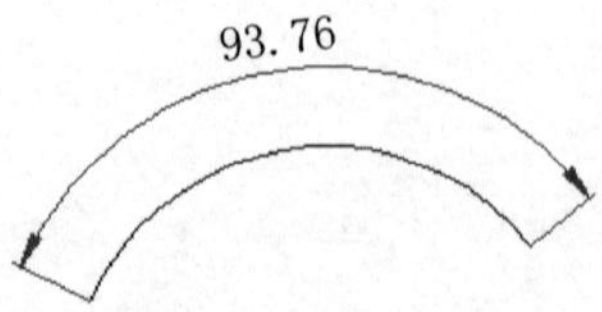

图 10-18　"弧长"标注实例

◇ 指定弧长标注位置或[多行文字(M)/文字(T)/角度(A)/部分(P)/引线(L)]:

◇ 标注文字=93.76

用户可以选择"多行文字(M)、文字(T)、角度(A)、部分(P)和引线(L)"项来输入、编辑文本或确定尺寸文本的倾斜角度,也可直接确定尺寸线的位置,如图 10-18 所示。

四、基线标注

基线标注针对一个图形对象的不同部分的尺寸,均以统一的基准线为标注的起点。

(一)命令启动

(1)单击"菜单浏览器"按钮,在弹出的菜单中选择"标注"菜单(如图 10-16 所示)下的"基线"命令项。

(2)在"功能区"选项板中选择"注释"选项卡,在"标注"面板中单击"基线"按钮。

(3)在"标注"工具栏上点击"基线"按钮。

(4)在命令行提示符下键入"DIMBASELINE"后,按回车键。

(二)命令操作要点

命令启动后提示行将出现如下提示信息:

◇ 命令:_dimbaseline

◇ 指定第二条尺寸界线原点或[放弃(U)/选择(S)]〈选择〉:指定点、输入选项或按"Enter"键选择基准标注。

◇ 选择基准标注:

◇ 指定第二条延伸线原点或[放弃(U)/选择(S)]〈选择〉:

◇ 标注文字=80

◇ 指定第二条延伸线原点或[放弃(U)/选择(S)]〈选择〉:

◇ 标注文字=110

◇ 指定第二条延伸线原点或[放弃(U)/选择(S)]〈选择〉:

要结束此命令,需按回车键两次,或按"Esc"键。当前标注样式决定文字的外观。

如图 10-19 所示为用基线标注的实例。

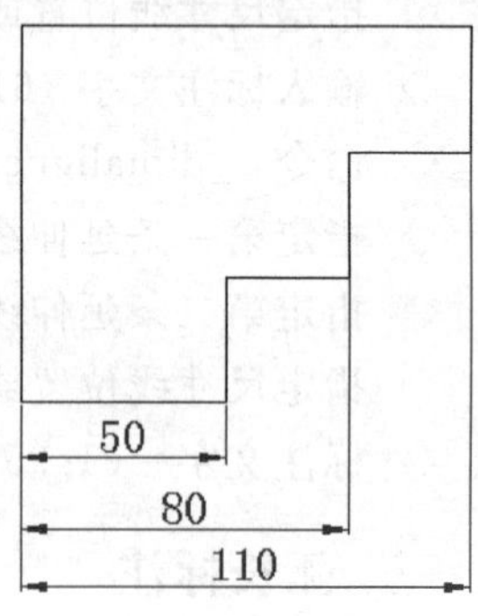

图 10-19　"基线"标注实例

五、连续标注

连续标注是将一个图形上不同部分的尺寸以最边上的尺寸起点为标注的起始位置，其他部分的尺寸连续进行标注。

(一)命令启动

(1)单击“菜单浏览器”按钮，在弹出的菜单中选择“标注”菜单(如图 10-16 所示)下的“连续”命令项。

(2)在“功能区”选项板中选择“注释”选项卡，在“标注”面板中单击“连续”按钮。

(3)在“标注”工具栏上点击“连续”按钮。

(4)在命令行提示符下键入“DIMCONTINUE”后，按回车键。

(二)命令操作要点

命令启动后提示行将出现如下提示信息：

◇ 命令：_dimcontinue

◇ 选择连续标注：

◇ 指定第二条延伸线原点或[放弃(U)/选择(S)]〈选择〉：

◇ 标注文字＝30

◇ 指定第二条延伸线原点或[放弃(U)/选择(S)]〈选择〉：

◇ 标注文字＝30

如图 10-20 所示为用连续标注的实例。

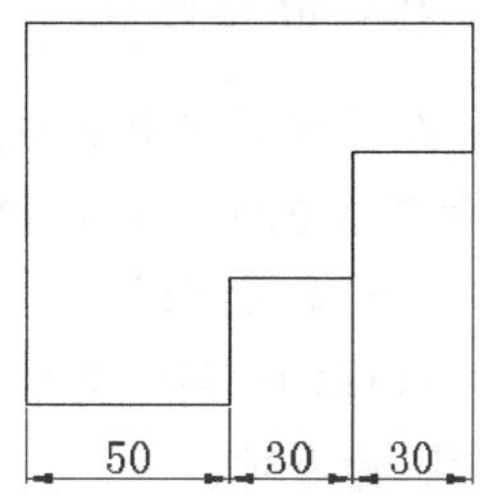

图 10-20 “连续”标注实例

六、直径标注

(一)命令启动

(1)单击“菜单浏览器”按钮，在弹出的菜单中选择“标注”菜单(如图 10-16 所示)下的“直径”命令项。

(2)在“功能区”选项板中选择“注释”选项卡，在“标注”面板中单击“直径”按钮。

(3)在“标注”工具栏上点击“直径”按钮。

(4)在命令行提示符下键入“DIMDIAMETER”后，按回车键。

(二)命令操作要点

命令启动后提示行将出现如下提示信息：

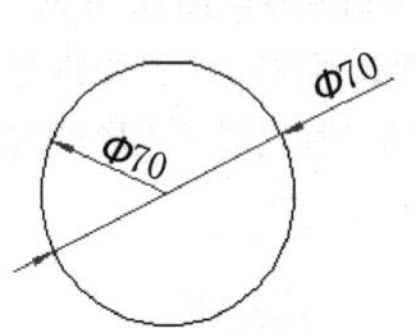

图 10-21 “直径”标注实例

◇ 命令：_dimdiameter

◇ 选择圆弧或圆：

◇ 标注文字＝70

◇ 指定尺寸线位置或[多行文字(M)/文字(T)/角度(A)]：

如图 10-21 所示为用直径标注的实例。

七、半径标注

(一)命令启动

(1)单击“菜单浏览器”按钮，在弹出的菜单中选择“标注”菜单(如图 10-16 所示)下的

“半径”命令项。

(2)在“功能区”选项板中选择“注释”选项卡,在“标注”面板中单击“半径”按钮。

(3)在“标注”工具栏上点击“半径”按钮。

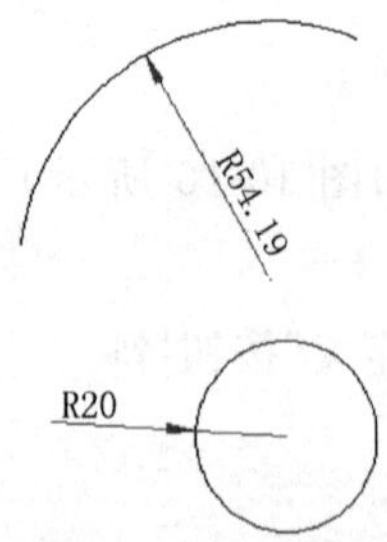

图 10-22　“半径”标注实例

(4)在命令行提示符下键入“DIMRADIUS”后,按回车键。

(二)命令操作要点

命令启动后提示行将出现如下提示信息:

◇ 命令:_dimradius

◇ 选择圆弧或圆:

◇ 标注文字=20

◇ 指定尺寸线位置或[多行文字(M)/文字(T)/角度(A)]:

如图 10-22 所示为用半径标注的实例。

八、折弯标注

在尺寸标注中常遇到标注大圆弧的半径,而在图纸中无法显示出准确的圆心位置,那么可用折弯标注的方式进行标注。因此,折弯半径标注也称为缩放半径标注。

(一)命令启动

(1)单击“菜单浏览器”按钮,在弹出的菜单中选择“标注”菜单(如图 10-16 所示)下的“折弯”命令项。

(2)在“标注”工具栏上点击“折弯”按钮。

(3)在命令行提示符下键入“DIMJOGGED”后,按回车键。

(二)命令操作要点

命令启动后提示行将出现如下提示信息:

◇ 命令:_dimjogged

◇ 选择圆弧或圆:

◇ 指定图示中心位置:

◇ 标注文字=100

◇ 指定尺寸线位置或[多行文字(M)/文字(T)/角度(A)]:t

◇ 输入标注文字〈100〉:R250

◇ 指定尺寸线位置或[多行文字(M)/文字(T)/角度(A)]:

◇ 指定折弯位置:

如图 10-23 所示,为用折弯标准的实例。

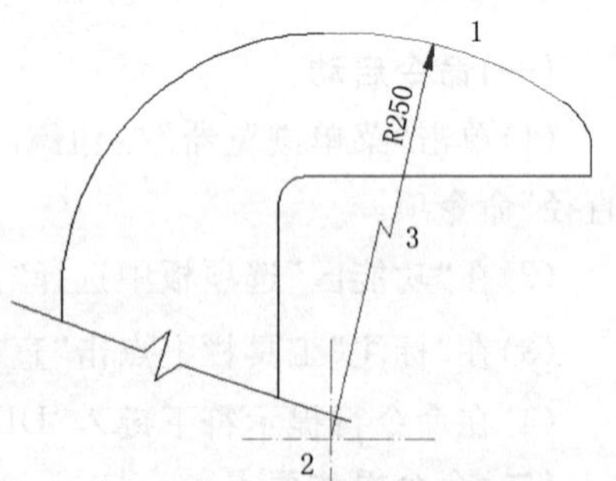

图 10-23　“折弯”　标注实例

注:1 为要标注的圆弧对象;2 为接受折弯半径标注的新圆心,以用于替代圆弧或圆的实际圆心;3 为折弯点。

九、圆心标记

(一)命令启动

(1)单击“菜单浏览器”按钮,在弹出的菜单中选择“标注”菜单(如图 10-16 所示)下的“圆心标记”命令项。

(2)在“功能区”选项板中选择“注释”选项卡，在“标注”面板中单击“圆心标记”按钮⊕。

(3)在“标注”工具栏上点击“圆心标记”按钮⊕。

(4)在命令行提示符下键入“DIMCENTER”后，按回车键。

(二)命令操作要点

命令启动后提示行将出现如下提示信息：

◇ 命令：_dimcenter

◇ 选择圆弧或圆：

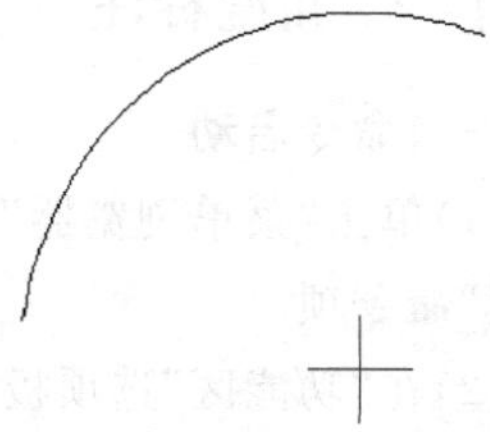

图 10-24　“圆心标记”标注实例

如图 10-24 所示为用圆心标记标注的实例。

十、坐标标注

(一)命令启动

(1)单击“菜单浏览器”按钮，在弹出的菜单中选择“标注”菜单(如图 10-16 所示)下的“坐标”命令项。

(2)在“功能区”选项板中选择“注释”选项卡，在“标注”面板中单击“坐标”按钮。

(3)在“标注”工具栏上点击“坐标”按钮。

(4)在命令行提示符下键入“DIMORDINATE”后，按回车键。

(二)命令操作要点

命令启动后提示行将出现如下提示信息：

◇ 命令：_dimordinate

◇ 指定点坐标：

◇ 指定引线端点或 [X 基准(X)/Y 基准(Y)/多行文字(M)/文字(T)/角度(A)]：x

◇ 指定引线端点或 [X 基准(X)/Y 基准(Y)/多行文字(M)/文字(T)/角度(A)]：

◇ 标注文字＝2274.69

其中命令行中各项的具体含义如下：

(1) 指定引线端点：使用点坐标和引线端点的坐标差可确定它是 X 坐标标注还是 Y 坐标标注。如果 Y 坐标的坐标差较大，标注就测量 X 坐标，否则就测量 Y 坐标。

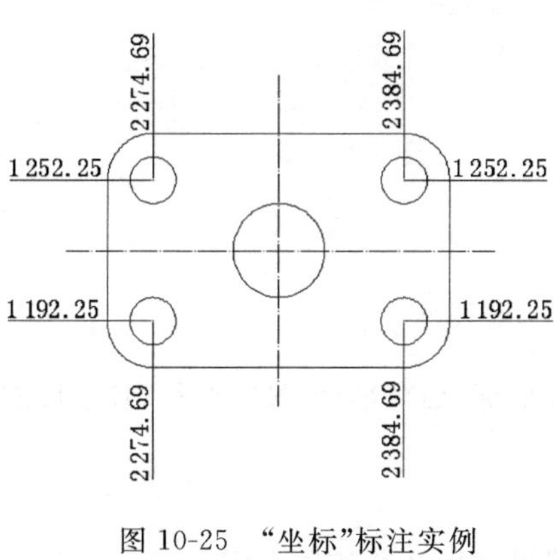

图 10-25　“坐标”标注实例

(2) X 基准(X)：测量 X 坐标并确定引线和标注文字的方向，AutoCAD 2009 显示“引线端点”提示，从中可以指定端点。

(3) Y 基准(Y)：测量 Y 坐标并确定引线和标注文字的方向，AutoCAD 2009 显示“引线端点”提示，从中可以指定端点。

(4)多行文字(M)：显示“多行文字”选项卡，可用它来编辑标注文字。

(5) 文字(T)：在命令行自定义标注文字，AutoCAD 2009 在尖括号中显示生成的标注测量值。

(6)角度(A)：修改标注文字的角度。

如图 10-25 所示为坐标标注的实例。

十一、角度标注

(一)命令启动

(1)单击“菜单浏览器”按钮，在弹出的菜单中选择“标注”菜单(如图 10-16 所示)下的“角度”命令项。

(2)在“功能区”选项板中选择“注释”选项卡，在“标注”面板中单击“角度”按钮。

(3)在“标注”工具栏上点击“角度”按钮。

(4)在命令行提示符下键入“DIMANGULAR”后，按回车键。

(二)命令操作要点

命令启动后提示行将出现如下提示信息：

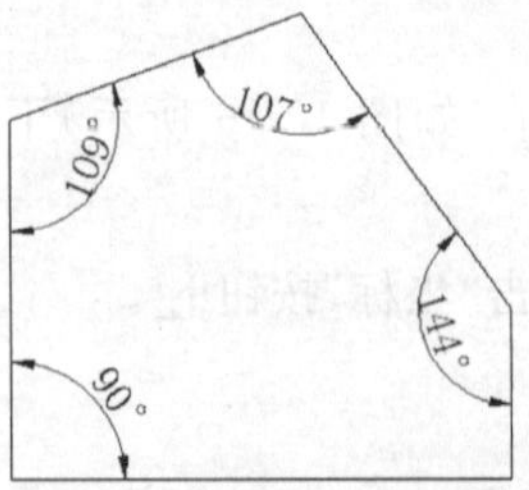

图 10-26 “角度”标注实例

◇ 命令：_dimangular

◇ 选择圆弧、圆、直线或〈指定顶点〉：

◇ 选择第二条直线：

◇ 指定标注弧线位置或[多行文字(M)/文字(T)/角度(A)/象限点(Q)]：

◇ 标注文字＝109

如图 10-26 所示为角度标注的实例。

十二、快速标注

快速标注可以快速创建成组的基线、连续、阶梯和坐标标注、快速标注多个圆、圆弧以及编辑现有标注的布局。

(一)命令启动

(1)单击“菜单浏览器”按钮，在弹出的菜单中选择“标注”菜单(如图 10-16 所示)下的“快速标注”命令项。

(2)在“功能区”选项板中选择“注释”选项卡，在“标注”面板中单击“快速标注”按钮。

(3)在“标注”工具栏上点击“快速标注”按钮。

(4)在命令行提示符下键入“QDIM”后，按回车键。

(二)命令操作要点

命令启动后提示行将出现如下提示信息：

◇ 命令：_qdim

◇ 关联标注优先级＝端点

◇ 选择要标注的几何图形：找到 1 个

◇ 选择要标注的几何图形：

◇ 指定尺寸线位置或[连续(C)/并列(S)/基线(B)/坐标(O)/半径(R)/直径(D)/基准点(P)/编辑(E)/设置(T)]〈连续〉：

其中命令行中各项的具体含义如下：

(1)选择要标注的几何图形：选择要标注的对象或要编辑的标注并按回车键。

(2)连续(C)：创建一系列连续标注。

(3)并列(S):创建一系列并列标注。

(4)基线(B):创建一系列基线标注。

(5)坐标(O):创建一系列坐标标注。

(6)半径(R):创建一系列半径标注。

(7)直径(D):创建一系列直径标注。

(8)基准点(P):为基线和坐标标注设置新的基准点,AutoCAD 2009 返回到上一个提示。

(9)编辑(E):编辑一系列标注,AutoCAD 2009 提示在现有标注中添加或删除点。

(10)设置(T):为指定尺寸界线原点设置默认对象捕捉。

如图 10-27 所示为用快速标注的实例,具体步骤如下:

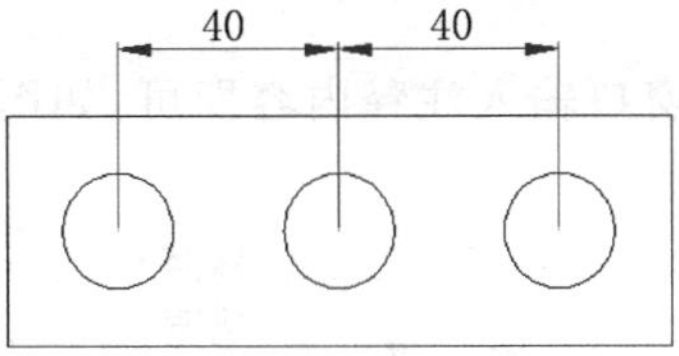

图 10-27　“快速标注”标注实例

◇ 命令:_qdim

◇ 关联标注优先级=端点

◇ 选择要标注的几何图形:指定对角点:找到 3 个

◇ 选择要标注的几何图形:

◇ 指定尺寸线位置或[连续(C)/并列(S)/基线(B)/坐标(O)/半径(R)/直径(D)/基准点(P)/编辑(E)/设置(T)]〈连续〉:

十三、折弯线性标注

在尺寸标注中常遇到标注尺寸过大,而在图纸中无法完整显示图形和尺寸线,那么可用折弯线性标注的方式进行标注。折弯线性标注可用在线性标注或对齐标注中添加或删除折弯线。

(一)命令启动

(1)单击“菜单浏览器”按钮,在弹出的菜单中选择“标注”菜单(如图 10-16 所示)下的“折弯线性”命令项。

(2)在“标注”工具栏上点击“折弯线性”按钮。

(3)在“功能区”选项板中选择“注释”选项卡,在“标注”面板中单击“折弯线性”按钮。

(4)在命令行提示符下键入“DIMJOGLINE”后,按回车键。

(二)命令操作要点

命令启动后提示行将出现如下提示信息:

◇ 命令:_dimjogline

◇ 选择要添加折弯的标注或[删除(R)]:

◇ 指定折弯位置(或按 Enter 键):

如图 10-28 所示为用折弯线性标注的实例。

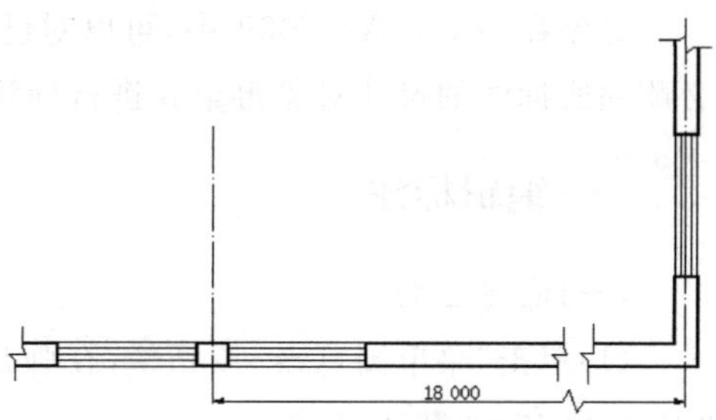

图 10-28　“折弯线性”标注实例

十四、多重引线

引线标注指利用旁注引线(可以是折线或样条曲线)表明图形上某些特殊部位需要的特征信息。

(一)命令启动

(1)单击“菜单浏览器”按钮,在弹出的菜单中选择“标注”菜单(如图 10-16 所示)下的

图 10-29 “多重引线”面板

“多重引线”命令项。

(2)在“功能区”选项板中选择“注释”选项卡，在“多重引线”面板(如图 10-29 所示)中单击“多重引线”按钮。

(3)在“多重引线”工具栏上点击“多重引线”按钮。

(4)在命令行提示符下键入“MLEADER”后，按回车键。

(二)命令操作要点

命令启动后提示行将出现如下提示信息：

◇ 命令：_mleader

◇ 指定引线箭头的位置或[引线基线优先(L)/内容优先(C)/选项(O)]〈选项〉：

◇ 指定引线基线的位置：

图形中单击确定引线箭头的位置，然后在打开的文字输入窗口输入注释内容即可，如图 10-30 所示。

其中命令行中各项的具体含义如下：

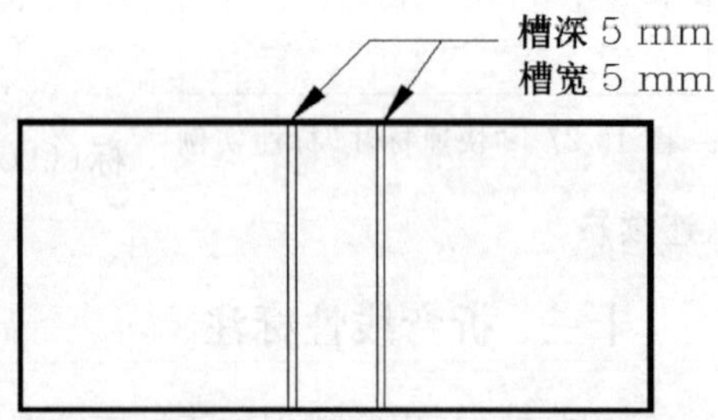

图 10-30 “多重引线”标注实例

(1)指定引线箭头的位置：指定多重引线对象箭头的位置。

(2)引线基线优先：指定多重引线对象的基线的位置，如果先前绘制的多重引线对象是基线优先，则后续的多重引线也将先创建基线(除非另外指定)。

(3)内容优先：指定与多重引线对象相关联的文字或块的位置，如果先前绘制的多重引线对象是内容优先，则后续的多重引线对象也将先创建内容(除非另外指定)。

(4)选项：指定用于放置多重引线对象的选项，包括：引线类型(L)、引线基线(A)、内容类型(C)、最大节点数(M)、第一个角度(F)、第二个角度(S)、退出选项(X)等选项。

§10-4 尺寸标注的编辑

对象在 AutoCAD 2009 中，可以对已标注对象的文字、位置及样式等内容进行修改，而不必删除所标注的尺寸对象再重新进行标注。

一、编辑标注

(一)命令启动

(1)单击“菜单浏览器”按钮，在弹出的菜单中选择“标注”菜单(如图 10-16 所示)下的“对齐文字”→“默认”选项。

(2)在“标注”工具栏上点击“编辑标注”按钮。

(3)在命令行提示符下键入“DIMEDIT”后，按回车键。

(二)命令操作要点

命令启动后提示行将出现如下提示信息：

◇ 命令：_dimedit

◇ 输入标注编辑类型［默认(H)/新建(N)/旋转(R)/倾斜(O)］〈默认〉:

其中命令行中各项的具体含义如下:

(1)默认:将旋转标注文字移回默认位置。

(2)新建:使用在位文字编辑器更改标注文字。

(3)旋转:旋转标注文字。此选项与 DIMTEDIT 的“角度”选项类似。

(4)倾斜:调整线性标注延伸线的倾斜角度,将创建线性标注,其延伸线与尺寸线方向垂直,当延伸线与图形的其他要素冲突时,“倾斜”选项将很有用处。

【例 10-2】如图 10-31 所示,试用“编辑标注”命令对图(a)的尺寸标注进行倾斜编辑。

具体操作过程如下:

在命令行中键入“DIMEDIT”命令,启动后按如下提示操作:

输入标注编辑类型［默认(H)/新建(N)/旋转(R)/倾斜(O)］〈默认〉:键入“O”,按回车键确认;

选择对象:选择要编辑的标注尺寸对象;

指定对角点:找到 3 个;

选择对象:

输入倾斜角度 (按 Enter 表示无):50

编辑尺寸标注后如图 10-31(b)所示。

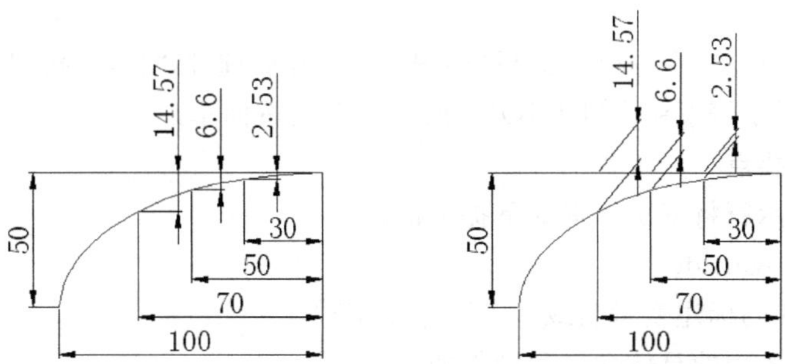

(a)编辑前尺寸标注　(b)编辑后尺寸标注

图 10-31　编辑尺寸标注实例

二、编辑标注文字的位置

(一)命令启动

(1)单击“注释”标签,在“标注”面板(如图 10-32 所示)选择相应的编辑文字按钮(如图 10-33 所示)。

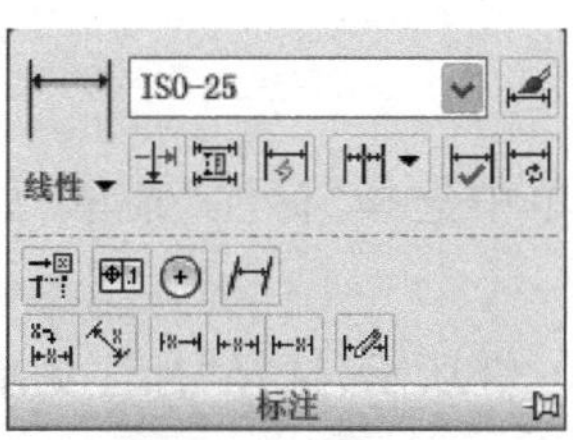

图 10-32　“标注”面板

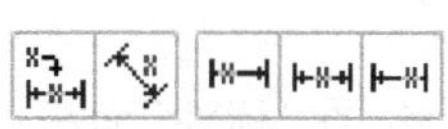

图 10-33　“编辑文字”按钮

(2)在“标注”工具栏上点击“编辑标注文字”按钮。

(3)在命令行提示符下键入“DIMTEDIT”后,按回车键。

(二)命令操作要点

命令启动后提示行将出现如下提示信息:

◇ 命令:_dimtedit

◇ 选择标注:

◇ 为标注文字指定新位置或[左对齐(L)/右对齐(R)/居中(C)/默认(H)/角度(A)]:

其中命令行中各项的具体含义如下:

(1)左对齐(L):沿尺寸线左对正标注文字,本选项只适用于线性、直径和半径标注。

(2)右对齐(R):沿尺寸线右对正标注文字,本选项只适用于线性、直径和半径标注。

(3)居中(C):将标注文字放在尺寸线的中间。

(4)默认(H):将标注文字移回默认位置。

(5)角度(A):修改标注文字的角度,文字的中心并没有改变,如果移动了文字或重生成了标注,由文字角度设置的方向将保持不变,输入零度角将使标注文字以默认方向放置。

三、替代标注

(一)命令启动

(1)单击“菜单浏览器”按钮,在弹出的菜单中选择“标注”菜单(如图 10-16 所示)下的“替代(V)”项。

(2)单击“注释”标签,在“标注”面板(如图 10-32 所示)选择“替代”按钮。

(3)在命令行提示符下键入“DIMOVERRIDE”后,按回车键。

(二)命令操作要点

命令启动后提示行将依次出现如下提示信息:

◇ 命令:_dimoverride

◇ 输入要替代的标注变量名或[清除替代(C)]:

其中命令行中各项的具体含义和操作如下:

(1)输入要替代的标注变量名:替代指定尺寸标注系统变量的值。

(2)清除替代(C):清除选定标注对象的所有替代值。

当输入替代指定尺寸标注系统变量的值后,将显示:

◇ 输入标注变量的新值〈当前〉:输入值或按 Enter 键。

◇ 选择对象:使用对象选择方法选择标注。将应用选定标注的替代。

四、标注更新

(一)命令启动

(1)单击“菜单浏览器”按钮,在弹出的菜单中选择“标注”菜单(如图 10-16 所示)下的“更新(U)选项。

(2)单击“注释”标签,在“标注”面板(如图 10-32 所示)选择“标注更新”按钮。

(3)在命令行提示符下键入“DDIMSTYLE”后,按回车键。

(二)命令操作要点

命令启动后提示行将出现如下提示信息:

◇ 命令：_dimstyle

◇ 当前标注样式：ISO-25　注释性：否

◇ 输入标注样式选项［注释性(AN)/保存(S)/恢复(R)/状态(ST)/变量(V)/应用(A)/?］〈恢复〉：_apply

◇ 选择对象：

命令行中常用选项的含义如下：

(1)注释性(AN)：用于创建注释性标注样式。

(2)状态(ST)：显示标注系统变量的当前值，列出变量值后自动结束命令。

(3)变量(V)：列出某个标注样式或选定标注的标注系统变量的设置，但不修改当前使者。

(4)应用(A)：将当前尺寸标注系统变量设置应用到选定的标注对象，永久代替应用于这些对象的任何现有的标注样式。

五、尺寸关联

尺寸关联是指所标注尺寸与被标注对象有关联关系。如果标注的尺寸值是按自动测量值标注，且尺寸标注是按尺寸关联模式标注的，那么改变被标注对象的大小后相应的标注尺寸也将发生改变，即尺寸界线、尺寸线的位置都将改变到相应新位置，尺寸值也改变成新测量值；反之，改变尺寸界线起始点的位置，尺寸值也会发生相应的变化。

复　习　题

1. 尺寸标注一般由哪几部分组成？

2. 如何新建尺寸标注样式？

3. 如何修改标注样式？

4. 对第 4 章、第 6 章和第 7 章课后思考题中的带有尺寸标注的图形进行标注。

5. 绘制图 10-2、图 10-17、图 10-19、图 10-20、图 10-25、图 10-26 的内容并标注尺寸。

第 11 章　AutoCAD 二次开发初步

AutoCAD 软件是一种通用的绘图软件，具备非常完善的绘图功能。但是各行各业都有自己的设计规范和行业标准，而每个工程技术人员又有各自的绘图习惯和工作方式。因此，一个通用的绘图软件，不可能完全满足每一个用户的需求。为了提高 AutoCAD 软件的通用性，软件系统采用了开放式结构，允许用户通过编程等多种方式访问图形文件的内核、修改和扩充功能，满足用户的特殊需要，实现 AutoCAD 的二次开发。

AutoCAD 的二次开发主要包含两方面的内容：一是利用系统提供的开发环境和开发工具进行系统功能的开发，例如扩充系统的命令，开发专用绘图系统等；二是根据 AutoCAD 系统的一些基本自定义特性，通过修改、扩充和创建 ASCII 文本文件的方式进行系统功能的扩充，例如开发用户自己的菜单，常用图例符号库等。由于第一种方式要进行大量的程序编制，因此开发的难度较大，而第二种方式几乎不涉及编程，所以相对比较简单。本章将介绍命令文件、形文件等常用的基本自定义特性的扩充。

§11-1　命令文件

利用交互方式绘图直观明了，但是其交互操作过程有时也会使人感觉烦琐。例如在实际绘图过程中必须按照国家标准和行业规范准备绘图数据和绘制图形，这样按交互式一步步地操作，不仅显得过于机械，而且效率不高。针对此种情况，AutoCAD 系统提供了一种功能，即把一系列的 AutoCAD 命令和参数组合起来构成一组命令，当调用时，按指定的顺序自动完成一系列操作，这个命令系列称之为命令组（或脚本）。若把命令组以文件的形式存储到磁盘上，该文件被称为命令文件（或脚本文件）。

命令文件主要具有以下作用：

（1）把使用频度高的命令序列编成命令文件，可使操作简单化，提高绘图效率。

（2）命令文件可作为绘图程序使用，也可以用其他高级语言生成，实现绘图参数化。

（3）命令文件可作为菜单文件调用，使菜单文件简化。

（4）利用命令文件播放幻灯片。

命令文件是 ASCII 码文件，它的扩展名为“. scr”。

一、文件的格式

命令文件的内容是由 AutoCAD 的命令组成，而 AutoCAD 的每个命令都是由命令名、选择项和相关参数组成。把命令的执行过程以符号的形式写成文件，就形成了命令文件。编写命令文件的基本规则为：

（1）空格相当于回车。

（2）每行结尾无论有无空格都将自动加一空格。

（3）命令文件是 ASCII 文件，可在任何文本编辑器中编写，但扩展名必须是“. scr”。

（4）以“；”开头的为注释行，注释行不能与命令或其他输入位于同一行。

(5)命令行中字母的大小写不限。

下面用“LINE”命令画一个边长为 50 的正方形，以此为例说明命令文件的格式。画正方形的“LINE”命令的执行过程如下：

◇ 命令：_line

◇ 指定第一点：50,50

◇ 指定下一点或［放弃(U)］：50,100

◇ 指定下一点或［放弃(U)］：100,100

◇ 指定下一点或［闭合(C)/放弃(U)］：100,50

◇ 指定下一点或［闭合(C)/放弃(U)］：C

把上面画正方形的过程写成命令文件为：

LINE □ 50,50 □ 50,100 □ 100,100 □ 100,50 □ C

其中：“□”表示一个空格，因此命令文件的格式为：

命令名 1　选择项或参数

命令名 2　选择项或参数

⋮　　　⋮

命令名 n　选择项或参数

二、文件的建立

命令文件是一个 ASCII 文本文件，用户可利用文本编辑器或字处理器将定义好的命令执行过程以符号的形式编辑成文件并存在磁盘上，文件的扩展名为“. scr”。为增加文件的可读性，用户在文件中可以加注释字符。

下面以绘制图 11-1 所示图形为例，介绍命令文件的建立过程。在图中先绘制 A3 图纸的图框，外边框用细实线画出，内边框用粗实线画出，最后画出三个椭圆。具体操作过程如下：

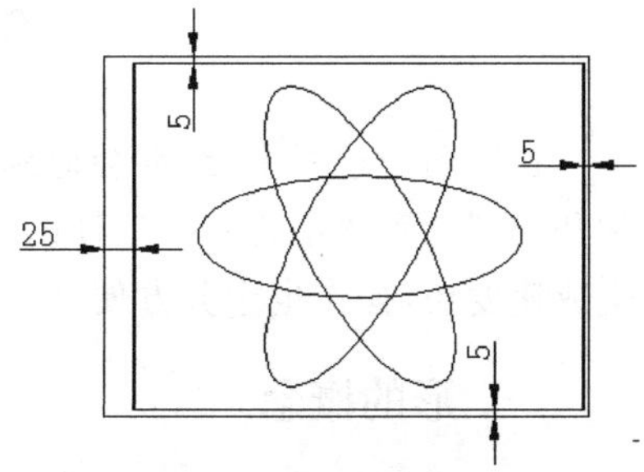

图 11-1　命令文件绘图

1. 进入文本编辑状态

选定 Windows 下的任一文本编辑器，输入和编辑脚本内容。

2. 键入如下文本文件

;TU. scr

Limits □ 0,0 □ 430,307

Line □ 0,0 □ 420,0 □ 420,297 □ 0,297 □ C

Pline □ 25,5 □ W □ 0. 8 □□ 415,5 □ 415,292 □ 25,292 □ C

Ellipse □ C □ 220,145 □ 290,23 □ 50 □ C □ 220,145 □ 150,23 □ 50 □ C □ 220,145 □ 360,145 □ 50

Zoom □ A

3. 命名 TU. scr 文件存盘

当文件存盘后，系统自动返回 AutoCAD 操作环境。这样在磁盘上就建立了一个文件名为 TU. scr 的命令文件。在文件中“□”表示一个空格。通过上述文件的编辑可以看出，应该注意以下两点：

(1)为了正确写出命令文件，必须对 AutoCAD 的命令、命令提示序列、参数以及参数的格式非常熟悉。

(2)在命令文件中空格是十分重要的，不能滥用。

三、文件的调用

调用命令文件要用到 AutoCAD 的 SCRIPT 命令。该命令的功能是从 AutoCAD 的内部调用并执行一个命令文件。该命令执行的过程为：

在系统的命令提示行输入命令关键字“SCRIPT”或“SCR”，然后按回车键，系统弹出如图 11-2 所示的对话框，用户可利用对话框的文本编辑框来确定命令文件的位置和名称。按“打开”按钮后，该命令文件被执行。

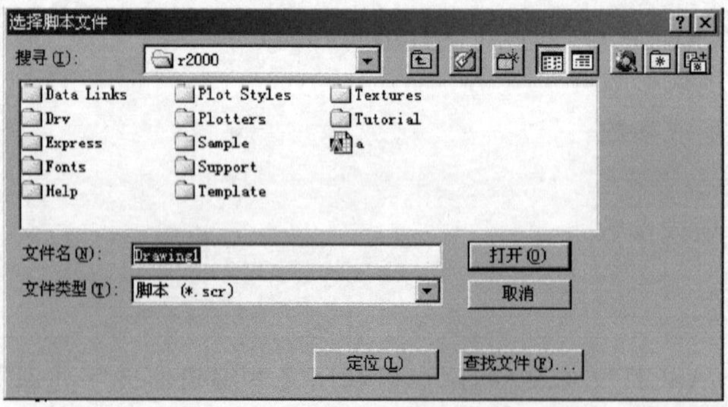

图 11-2　SCRIPT 命令对话框

§11-2　形与形文件

在绘图的过程中，经常会遇到一些结构简单、大小不固定的图形，例如地形图中的植被、地物和控制点等图示符号。这样的图示符号，如果用形来定义和处理，不仅紧凑简单，而且图形生成速度快，操作也十分方便。

一、形的概念

形是一种特殊实体，它是用直线、圆弧或圆来定义的复杂图形对象，文本字体就是一种特殊类型的形。系统在调用形时，将其看作一个整体，既可以很方便地被绘入到图形中，也可以根据需要选定缩放比例、旋转角度，以获得在指定位置处不同特殊图形效果。

形的调用与块的调用有些类似，但 AutoCAD 系统对二者的定义完全不同。块比形易学、易用，而且通用性强。从块和形在图形数据库中的结构形式上来分析，形只有在被调用时，图形数据库中才会记录，记录的仅是形名和变换参数(插入点、比例系数和旋转角度)，而块无论是否被调用，只要被定义就会全部被图形数据库记录，形的最大特点是节约大量的内存空间而且绘图效率高。绘图时，当需要把一些简单的图形符号多次重复绘制在图形的不同位置时，采用形是比较合适的。因此，在实际绘图时，一般将常用的符号、字体等定义为形，建立图形符号库。

在 AutoCAD 系统中，形从定义到绘入图形，需要经过以下步骤：

(1)按照规定的格式定义形。

(2)用文本编辑器或字处理器建立形文件,该文件是 ASCII 文本文件,类型为“.shp”。

(3)编译已经定义的形文件,生成编译文件,类型为“.shx”。

(4)把编译后的形文件装入内存。

(5)将形插入图形中。

通过上面介绍,形的调用过程可用表 11-1 来表示。

表 11-1　形从定义到调用的过程

	编辑形文件	编译形文件	装入形文件	调用形
工具及命令	文本编辑程序	COMPILE 命令	LOAD 命令	SHAPE 命令
结果	源文件(*.shp)	编译文件(*.shx)	形装入内存	将形插入图中

二、形的定义

形的定义是通过文本文件来保存的,该文件称为形文件。形文件的扩展名是“.shp”,它是一个 ASCII 文本文件。建立或修改形文件必须使用文本编辑软件。

(一)形的定义格式

在 AutoCAD 系统中,形的定义具有一定的格式和规定,用户必须严格遵守,每一个形的定义都包括一个标题行和若干个描述行。

1. 标题行

标题行以“*”开始,说明形的编号、大小及名称。格式如下:

*Shapenumber,Defbytes,Shapename

各个字段说明如下:

(1)Shapenumber:是形编号。在形文件中是唯一的一个 1～258(对于 Unicode 字体,最多为 32 768)的数字,前面带有星号。对于非 Unicode 字体文件,用 256、257 和 258 分别作为符号标识符 Degree_Sign、Plus_Or_Minus_Sign 和 Diameter_Symbol 的形编号。对于 Unicode 字体,这些字形以 U+00B0、U+00B1 和 U+2205 作为形编号并且是“Latin Extended-A”子集的一部分。对于字体(包含每个字符的形定义的文件)的编号要与每个字符的 ASCII 码对应,其他形可指定任意数字。

(2)Defbytes:用于说明定义形的数据字节(Specbytes)的数目,包括末尾的零。每个形最多可有 2 000 个字节。

(3)Shapename:形的名称。形的名称必须是数字或大写字母,小写字母的形名只起到形的一种标志作用,不会被存入存储器中,因此该形名就被系统忽略无法被调用。

2. 描述行

描述行的格式如下:

Specbyte1,Specbyte2,Specbyte3,…,0

Specbyte:形定义的字节。每个形定义字节都是一个代码,或者用描述码定义矢量长度和方向,或者是特殊代码的对应值之一。在形定义文件中,定义字节可以用十进制或十六进制值表示。如果形定义字节的第一个字符为 0(零),则后面的两个字符解释为十六进制值。

用于描述形定义的字节必须用逗号隔开,最后用“0”结束形定义。描述形可以用多行表示,但是每行的字符数不得超过 128 个,形定义的总字节数不可多于 2 000 个。

(二)形的描述码

在 AutoCAD 系统中,形的定义有两种编码:标准矢量码和特殊描述码。

1. 标准矢量描述码

描述一段标准矢量应包含矢量的长度和方向,标准矢量描述码采用三个字符的字符串来描述标准矢量段,占用一个字节。第一个字符必须为 0,称为前导 0,用于表明后面的两个字符为十六进制数。第二个字符表示矢量的长度,第三个字符表示矢量的方向。矢量方向代码如图 11-3 所示。

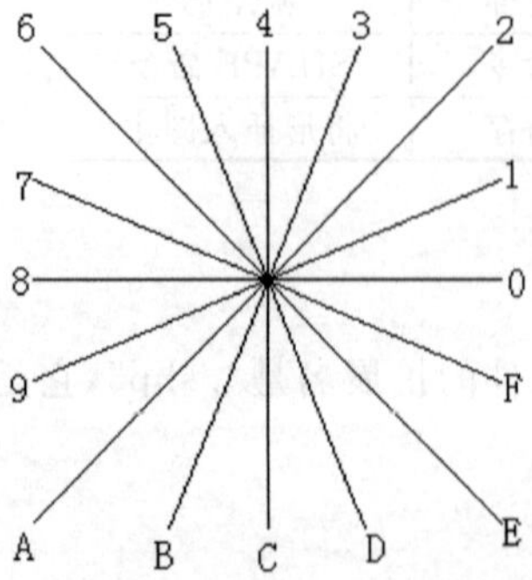

图 11-3 标准矢量方向代码

从图 11-3 中可以看出共有 16 个标准方向,按十六进制编码,即 0～F,凡符合这 16 个标准方向的矢量就可以写出其方向编码。

例如图 11-4 所示的正方形加一条对角线,共有 5 条线段。若把它定义为一个形 BOX,则该形的定义格式如下:

```
*230,6,BOX
014,010,01C,018,012,0
```

第一行为标题行,它说明形编号为 230,定义的字节数为 6,形名为"BOX"。第二行是描述行,用 5 个字节描述 5 段直线,最后一个字节为"0",表示形定义的结束。

对于非垂直和非水平方向(对角线)的矢量,其长度大小按直角三角形中水平与垂直方向矢量中长的矢量确定。图 11-4 中由于水平与垂直矢量长度相等,所以对角线矢量的长度为 1,描述码为 012。若将图形改为图 11-5 所示的图形,则对角线矢量的长度应为 2,描述码为 021。

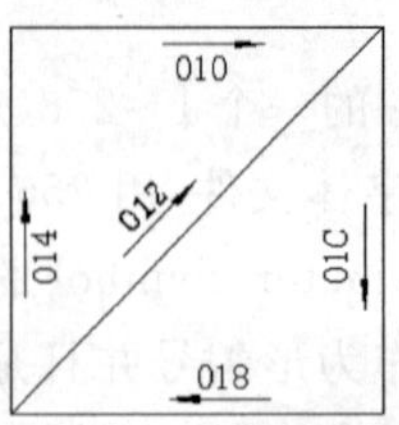

图 11-4 "BOX"的描述

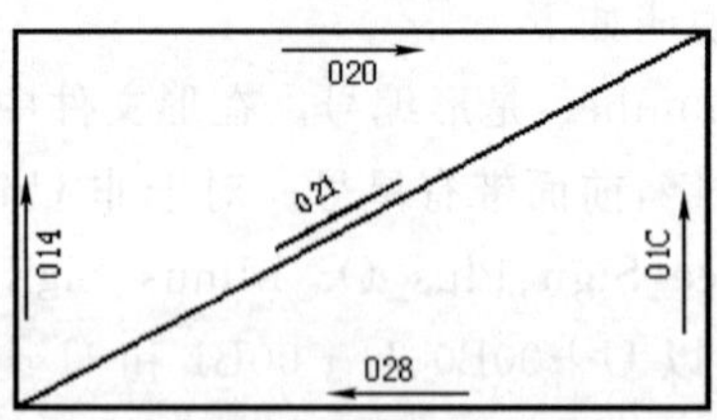

图 11-5 矩形的描述

2. 特殊描述码

由于定义的图形对象不同,如非标准方向线段、圆弧等,以及描述绘图过程中的各种状态如抬笔、落笔等,仅靠 16 种标准矢量线段是不能描述内容丰富的形。为此 AutoCAD 系统设定了特殊描述码,极大地方便了形的描述。这些常用的特殊描述码的定义如表 11-2 所示。

表 11-2 常用的特殊描述码

十进制字节代码	十六进制字节代码	定义和功能
0	000	形状定义结束
1	001	启动绘图模式(即落笔画线)
2	002	退出绘图模式(即抬笔移动,不画线)
3	003	用下一个字节除矢量长度(即缩小系数)
4	004	用下一个字节乘矢量长度(即放大系数)
5	005	将当前位置入栈
6	006	将当前位置出栈

续表

十进制字节代码	十六进制字节代码	定义和功能
7	007	绘制由下一字节给出的子图形
8	008	由下两个字节给出的 X,Y 方向的位移量
9	009	以(0,0)结束多个 X,Y 方向的位移量
10	00A	由下两个字节定义的八分圆弧
11	00B	由下五个字节定义的不规则圆弧
12	00C	由 X-Y 位移和凸度定义的一段圆弧
13	00D	由 X-Y 位移和凸度定义的多段圆弧
14	00E	用于双向字体说明中

下面分别介绍各个特殊描述码：

(1)代码 0:形结束码,1 个字节,放置在描述行的末尾。

(2)代码 1 和代码 2:绘图模式的控制代码,各占 1 个字节。每当绘制图形时,必须启动绘图模式,根据后跟的矢量说明来绘制图形。若绘图结束或抬笔移动时,则关闭绘图模式,后跟矢量说明只移动到新位置。

(3)代码 3 和代码 4:尺寸控制码,用于控制每个矢量的相对大小。跟在该代码后边的是缩放系数(整数),用 1 个字节表示。

(4)代码 5 和代码 6:保存/恢复码,在绘制形时保存和恢复当前的坐标值,这样可以从形的其他点返回该点。

(5)代码 7:子形引用,跟在代码 7 后边的是子形的形编号,用 1 个字节表示,该形编号必须在同一个形文件中。当代码调用时,子形将被绘制,绘图模式将沿用前面的绘图模式。当子形绘制结束,继续调用前的形绘制。对于非 Unicode 字体,代码 7 后面的定义字节是 1～255 的形数字编号。对于 Unicode 字体,代码 7 后面的定义字节是 1～65 535 的形数字编号。

(6) 代码 8:给出 1 个矢量,后跟 2 个字节,表示下一个目标点的 X 位移量和 Y 位移量。实际上给出的是个坐标点,X 和 Y 的坐标是相对坐标,其取值范围是 −127 ～+128 的整数。

格式:8,(X,Y)

例如:8,(−8,4)

8 为特殊码,−8 表示沿 X 方向左移 8 个单位,4 表示沿 Y 方向向上移动 4 个单位。如果在使用该特殊码之前,启动了绘图模式,将按照代码 8 提供的 2 个字节的位移画出一段直线,反之关闭绘图模式,仅将笔抬到目标点。在描述的过程中代码 8 的参数可用括号表示,也可不加括号直接书写。当该特殊码执行完毕后,形返回标准矢量模式。

(7) 代码 9:给出多个连续矢量,代码后面可以跟任意数量的坐标点,最终用(0,0) 结束。因此,代码 9 可用来连续绘制直线段,绘制结束后返回标准矢量模式。

格式:9,(X1,Y1),(X2,Y2),(X3,Y3),…,(0,0)

例如:9,(2,1),(3,2),(−2,2),(−3,−2),(0,0)

对于代码 9 后面的矢量,结束时必须用(0,0)表示,当 AutoCAD 系统读到此标识符后,自动返回到标准矢量模式。在描述的过程中代码 9 的参数可用括号表示,也可不加括号直接书写。

(8)代码 10:定义一段圆弧,代码后跟两个字节的参数以说明圆弧的结构。所定义的圆弧称为八分圆弧,如图 11-6 所示。这是因为它跨越了一个或多个 45°的八分圆弧,圆弧的起点和

终点定义在一个八分圆弧的边界上。圆弧的定义为

10,半径,(－)0SC

其中,半径为正整数,一个字节,取值范围在1～255。第二个字节定义圆弧的绘制方向、起点和终点位置。

对于圆弧的方向规定如下:从起点画至终点,如果为逆时针方向,则为正值;反之,顺时针方向为负值。若为正值时,"＋"可以省略。"0"为前导符,"S"表示圆弧起点所在八分弧上的位置,其值为0～7的整数。"C"表示圆弧所跨越的八分圆弧的个数,其值为0～7的整数,在此0表示八个八分圆弧或一个完整圆。例如在图11-7中定义两段圆弧,其形描述如下:

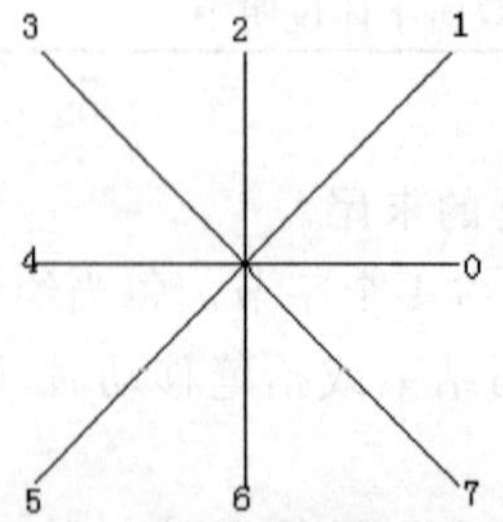

图 11-6　八分圆弧分界

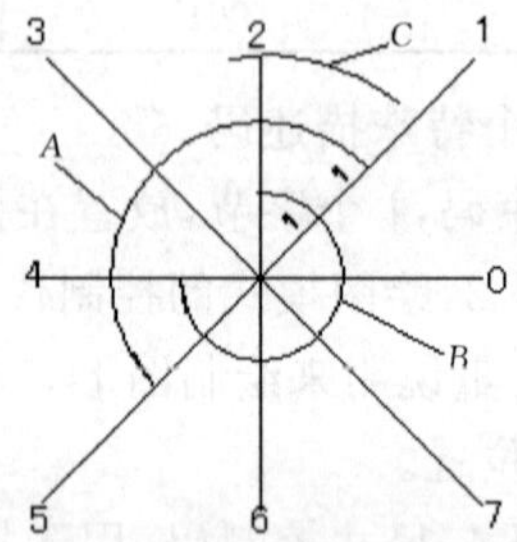

图 11-7　圆弧的形描述

圆弧A:10,(2,014),表示圆弧A的半径为2个单位,圆弧的起点在八分圆弧的1分点处,逆时针跨越了4个八分圆弧。圆弧B:10,(1,－026),表示圆弧B的半径为1个单位,圆弧的起点在八分圆弧的2分点处,顺时针跨越了6个八分圆弧。在描述的过程中代码10的参数可用括号表示,也可不加括号直接书写。

(9)代码11:定义一段不规则圆弧,后跟5个字节的参数,用以定义不规则圆弧的结构。所谓不规则圆弧,就是说圆弧的起点和终点不在八分圆弧的分界上。定义格式如下:

11,起点偏移,终点偏移,高位半径,低位半径,(－)0SC

起点偏移＝(圆弧起始角度－起点所在八分圆弧界点角度)×256÷45

终点偏移＝(圆弧终止角度－终点所在八分圆弧界点角度)×256÷45

高位半径表示半径的高八位有效数字,只有当半径大于255个单位时,它才不为0,否则其值为0。例如,绘制从55°～95°,半径为3个单位的圆弧,如图11-7中的C圆弧。

圆弧的计算如下:

起点所在八分圆弧界点＝45°

终点所在八分圆弧界点＝90°

起点偏移＝(55－45)×256÷45＝56(取整)

终点偏移＝(95－45)×256÷45＝28(取整)

高位半径:由于圆弧的半径为3个单位,小于255,所以高位半径的值为0。

形描述为:11,(56,28,0,3,012)

(10)特殊代码12(00C):描述了另一种在形说明中绘制一段圆弧方法。它与代码8相似,在代码12中通过指定X-Y位移和凸度因子来绘制圆弧。

代码12(00C)后必须跟上三个描述圆弧的字节:

12,X,Y,B

X、Y位移和凸度(用于指定圆弧的曲率)的取值范围均为－127～＋127。如图11-8所

示，如果位移指定的直线段长度为 D，垂直于该线段中点的距离为 H，则凸度因子为

$$B=(2\times H\div D)\times 127$$

如果圆弧从当前位置到新位置是顺时针走向的，则符号为负，反之为正。

半圆的凸度因子为 127(或 −127)，表示的是最大的单段圆弧(可用两个连续的弧线段表示更大的圆弧)，凸度因子为 0，则表示直线段。

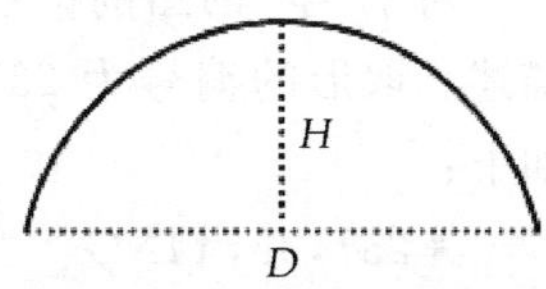

图 11-8　凸度因子计算

(11)特殊代码 13(00D)：描述了另一种在形说明中绘制多段圆弧方法。多段圆弧代码 13(00D)后面可跟 0 或多个圆弧段定义，最后被(0,0)位移终止。

例如，字母“S”可以如下定义：

13,(0,5,127),(0,5,−127),(0,0)

0 凸度线段用于在多段圆弧中表示直线段，它们相当有用。与终止多段圆弧、插入直线段后再开始另一多段圆弧这种方法相比，其效率要高得多。

(12)特殊代码 14(00E)：仅用于双向字体说明中。双向字体说明中的字体在水平和垂直两个方向上使用。在字符定义中遇到此特殊代码时，下一代码是否进行处理由该字符的方向决定。如果方向为垂直的，则下一代码被处理；如果方向为水平的，则下一代码被忽略。

在水平文字中，每个字符的起点是基线的左端；在垂直文字中，起点为字符上方正中。在每个字符的结尾，通常需要用提笔线段绘至下个字符的起点。对于水平文字，该线段是向右绘制的；而对垂直文字，该线段是向下绘制的。特殊代码 14(00E)主要用于调整不同的起点和终点，使同一字符形定义可用于水平文字，也可用于垂直文字。

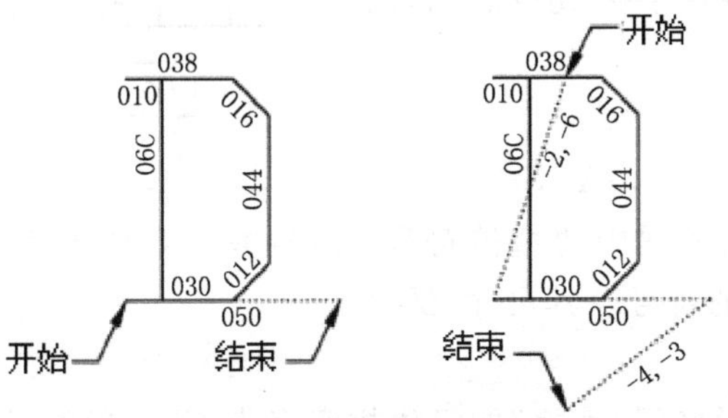

图 11-9　文字“D”形描述

如图 11-9 对大写 D 的定义可用于水平文字，也可用于垂直文字。

*68,22,UCD

2,14,8,(−2,6),1,030,012,044,016,038,2,010,1,06C,2,050,14,8,(−4,−3),0

(三)形定义举例

在测绘工程图件中，经常要插入或绘制植被、地物、控制点等符号，而且在不同比例尺的图中的大小、方向经常发生变化，而且这些符号量大，占用大量图形空间。因此，用形定义这些符号显得更为方便。下面列举几个形的定义。

【例 11-1】用形定义地形图中“水塔”的地物符号，符号尺寸如图 11-10 所示，试用形描述该图例符号。

取形的编号为 236，形名采用“水塔”的汉语拼音字头 ST，“水塔”符号的形描述如下：

*236,39,ST

3,10,5,2,0A8,1,8,(20,0),2,8,(−15,0),1,8,(0,20),2,8,(10,−20),

1,8,(0,20),6,2,8,(0,30),1,0A0,0AC,0A8,0A8,0A4,0A0,054,0

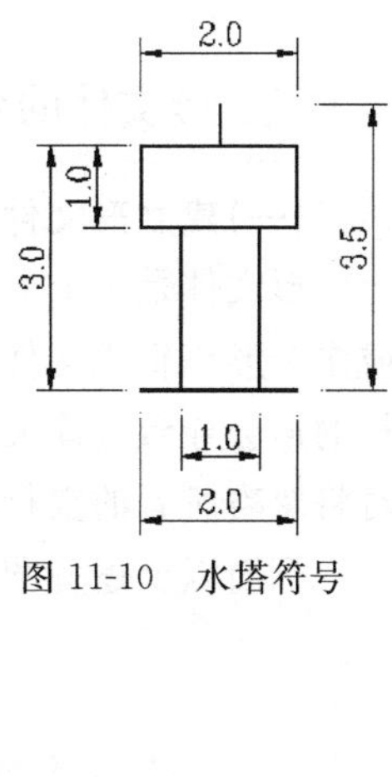

图 11-10　水塔符号

【例 11-2】用形定义地形图中“亭”的地物符号,符号尺寸见图 11-11 所示,试用形描述该图例符号。

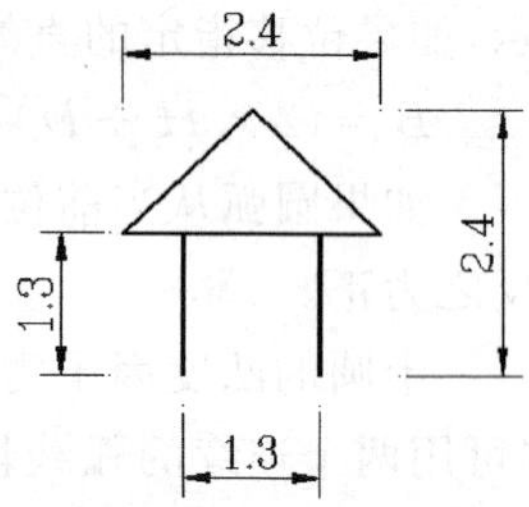

图 11-11　亭符号

对于“亭”的图例符号分别采用标准矢量码和特殊描述码进行形描述。取形的编号为 237,形名采用“亭”的汉语拼音 TING。描述如下:

```
*237,35,TING
3,100,5,2,8,(-65,0),4,10,1,8,(0,13),2,8,(13,0),1,
0DC,6,2,0D4,1,9,(12,0),(-12,11),(-12,-11),(12,0),(0,
0),0
```

【例 11-3】用形定义地形图中的控制点符号,如图 11-12 所示为“不埋石导线点”的符号及其尺寸,试用形描述该图例符号。

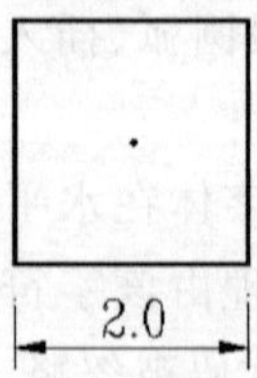

11-12　不埋石导线点符号

取形的编号为 238,形名采用“不埋石导线点”的汉语拼音字头 BMSDXD,形的描述均采用十进制表示,“不埋石导线点”图例符号的形描述如下:

```
*238,41,BMSDXD
3,100,5,2,010,1,10,1,000,2,010,1,10,2,000,2,010,1,10,
3,000,6,4,10,2,8,(10,-10),1,9,(0,20),(-20,0),(0,-20),
(20,0),(0,0),0
```

【例 11-4】用形定义地形图中的植被符号,如图 11-13 所示为“水浇地”的符号及其尺寸,试用形描述该图例符号。

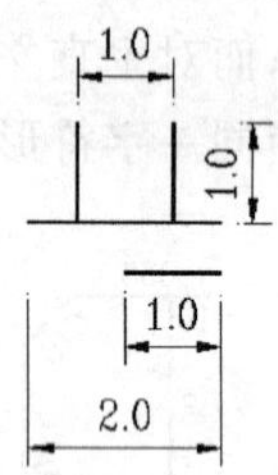

图 11-13　水浇地符号

取形的编号为 239,形名用“水浇地”的汉语拼音字头 SJD 表示,用十进制描述形,“水浇地”符号的形描述如下:

```
*239,15,SJD
3,10,0A0,2,8,(0,5),1,058,0A4,0AC,0A8,0A4,0AC,058,0
```

【例 11-5】用形定义地形图中的植被符号,如图 11-14 所示为“菜地”的符号及其尺寸,试用形描述该图例符号。

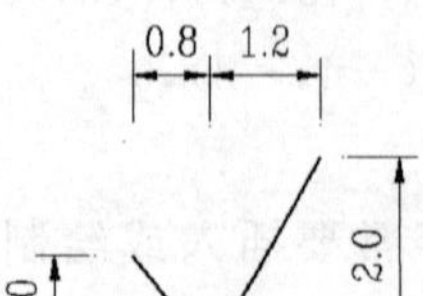

图 11-14　菜地符号

取形的编号为 240 ,形名用“菜地”的汉语拼音字头 CD ,形的描述用十进制表示,“菜地”符号的形描述如下:

```
*240,15,CD
3,10,0a8,0a0,0a0,0a8,5,8,(-8,10),6,8,12,20,0
```

三、形文件的建立

(一)建立形文件

形文件是一个 ASCII 文本文件,通常用户可利用文本编辑器或字处理器将定义好的一个或多个形编辑成文件,文件的扩展名为“.shp”。在形文件中每行的字符数不要超过 128 个,过长的形会导致编译失败。在文件中用户可以加注释字符,对于 AutoCAD 系统来说,在形编译时将忽略所有的空行和分号右边的内容。

下面以上述各图例符号的形定义为例,介绍建立形文件(Fhk.shp)的方法。具体过程如下：

(1)启动并进入任一文本编辑状态，在 Windosw 下的记事本、写字板和 Word 等都可作为文本编辑器使用。

(2)在打开的文本编辑器中键入如下文本文件：

```
;水塔符号
*236,39,ST
3,10,5,2,0A8,1,8,(20,0),2,8,(-15,0),1,8,(0,20),2,8,(10,-20),1,8,(0,20),6,
2,8,(0,30),1,0A0,0AC,0A8,0A8,0A4,0A0,054,0
;亭符号
*237,35,TING
3,100,5,2,8,(-65,0),4,10,1,8,(0,13),2,8,(13,0),1,0DC,6,2,0D4,1,9,(12,0),
(-12,11),(-12,-11),(12,0),(0,0),0
;不埋石导线点符号
*238,41,BMSDXD
3,100,5,2,010,1,10,1,000,2,010,1,10,2,000,2,010,1,10,3,000,6,4,10,2,8,(10,
-10),1,9,(0,20),(-20,0),(0,-20),(20,0),(0,0),0
;水浇地符号
*239,15,SJD
3,10,0A0,2,8,(0,5),1,058,0A4,0AC,0A8,0A4,0AC,058,0
;菜地符号
*240,15,CD
3,10,0a8,0a0,0a0,0a8,5,8,(-8,10),6,8,12,20,0
```

(3)按文本编辑文件操作过程，将 Fhk. shp 文件存盘。

(二)编译形文件

用文本编辑器建立的形文件(Fhk. shp)是 ASCII 文本文件，不能被 AutoCAD 系统直接调用，必须经过系统编译后才能被系统调用。编译形文件就是将原来的".shp"文件转换成".shx"文件，编译后的形文件(.shx)是二进制文件。

编译形文件的 AutoCAD 命令是 COMPILE。"COMPILE"命令的执行过程如下：

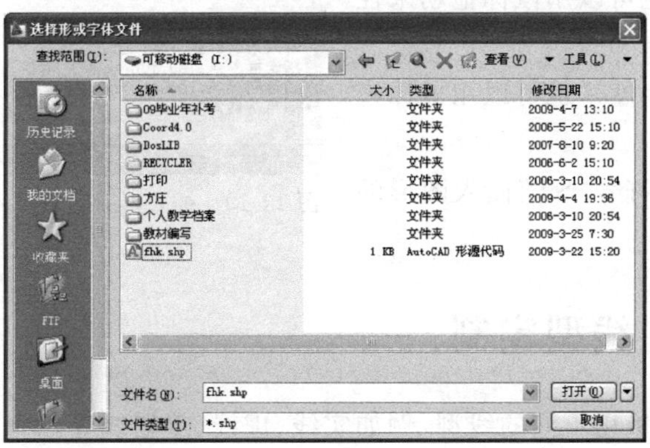

图 11-15　选择形或字体对话框

在软件界面的命令提示行中，输入"COMPILE"，然后按回车键。该命令执行后，屏幕上弹出"选择形或字体"对话框，如图 11-15 所示。从对话框中的文件名列表中选择需编译的形文件(.shp)，然后确认，系统开始编译形文件。

系统在编译形文件的过程中，如果发现文件有错误，则显示出错信息，告诉错误的类型及出错所在的行号，显示如图 11-16 所示。若编译成功，编译结束后，显示如图 11-17 所示。从图中可以看出编译生成的“.shx”文件名与“.shp”文件名相同，而原来的形文件(.shp)仍然存在。

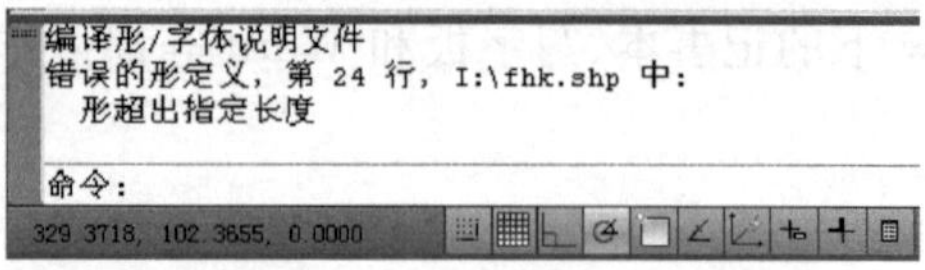

图 11-16 形编译错误提示

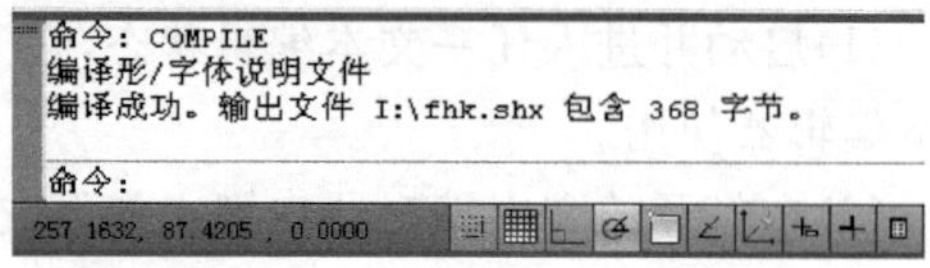

图 11-17 形编译正确提示

四、形的调用

把定义的形插绘到图形中，这个过程称为形的调用。形被编译后仍然存储在磁盘上，要把形插绘到当前图中，需要经过两步，即加载和插入。

(一)加载形文件

所谓加载形文件，就是把形文件读入内存，以便在插入时调用。加载形文件的命令是“LOAD”，该命令的执行过程如下：

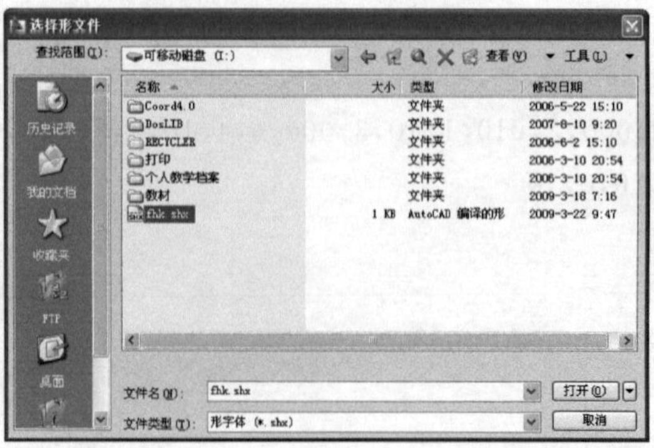

图 11-18 “选择形文件”对话框

在命令提示行中，输入“LOAD”，然后按回车键。该命令执行后，屏幕上弹出“选择形文件”对话框，如图 11-18 所示。从对话框中的文件名列表中选择需编译的形文件，然后按“确定”按钮，系统自动将选定的形文件加载到内存中。

(二)形插入图形

当形文件被加载后，用户可以利用“SHAPE”命令把形插入到图形中。在插入形的过程中可根据需要放大、缩小或者旋转角度。“SHAPE”命令的执行过程如下：

◇ 命令：_shape

◇ 输入形名称或[?]：此时用户可直接输入形名(如：ST)。若用户要查询调入内存的形名，可输入“?”，然后回车

系统接着显示：

◇ 指定插入点：可直接用键盘输入插入点坐标，也可以用鼠标在屏幕上直接拾取点。

◇ 指定高度〈1.0000〉：可输入高度值，也可以用鼠标拖动来控制形的高度。

◇ 指定旋转角度〈0〉：输入角度值(单位：度)，也可以用鼠标拖动来控制形的旋转角度。

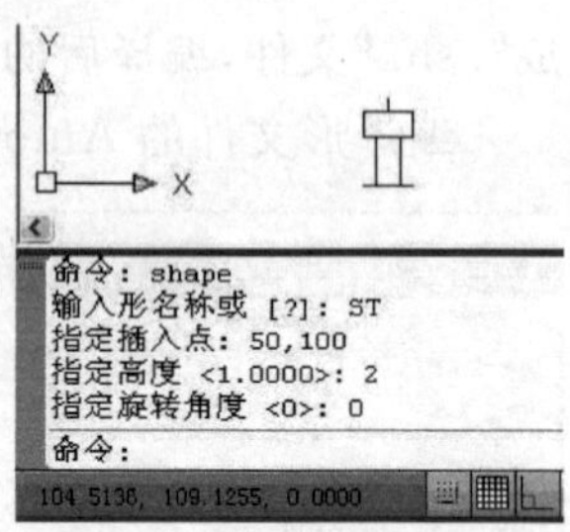

图 11-19 插入形对话框

图 11-19 是用形(ST)定义的“水塔”图例符号“ST”插入图形的操作过程，该形的高度为 2，旋转角度是 0°。

§11-3 线型定制

在 AutoCAD 系统中，用户要绘制图形常采用不同的线型，例如实线、虚线、点划线等。而这些线型的结构是通过线型文件(*.lin)定义的，在使用这些线型时，必须先把线型调入内

存，然后才能使用线型绘制图形。

一、标准线型及其文件

AutoCAD 系统提供一些标准线型，这些标准线型是由 ACAD. lin 标准线型库文件定义的。标准线型库文件中包含了通用线型、ISO 线型和复杂线型。通用线型和 ISO 线型称为简单线型，它是由实线段、点和空线段组成的。而复杂线型除了包含简单线型的结构外，还包含了“形”和“文本”。

线型库文件中定义了 25 种通用线型，除连续线型外，其余 24 种可分为 8 类。每类有 3 种不同的实、空线段长度，其线型名分别为“类名”、“类名 2”和“类名 X2”(例如第一组的线名分别为 Border、Border2、Borderx2)，在每组中后两种线型的实、空线段长度分别是前一种的一半和两倍。定义了 14 种 ISO 线型，该种线型是按 ISO 128(ISO/DIS 12011)标准且笔宽为 1 mm 定义的。最后定义了 7 种复杂线型。

二、线型文件格式与建立

AutoCAD 的线型文件是一种 ASCII 文件，一个线型文件可以定义多种线型。每一种线型的定义在线型文件中占两行。第一行称为标题行，第二行称为描述行。下面分两种情况讨论线型的定义格式。

(一)简单线型的格式

标题行：* 线型名[，线型说明]

描述行：对齐方式码，dish 1，dish 2，…，dash n

1. 线型名称

线型名称字段以星号(*)开头，并且应该为线型提供唯一的描述性名称。

2. 线型说明

线型说明有助于用户在编辑 *. lin 文件时更直观地了解线型。该说明还显示在“线型管理器”以及“加载或重载线型”对话框中。在定义线型时，线型说明部分“[，线型说明]”也可不要。

说明是可选的，可以包括：

(1)使用 ASCII 文字对线型样式的简单表示。

(2)线型的扩展说明。

(3)注释，例如“此线型用于隐藏线”。

如果要省略说明，则不能在线型名称后面使用逗号，说明不能超过 47 个字符。

3. 对齐方式码

对齐方式码指定了每个直线、圆和圆弧末端的样式对齐操作。当前，AutoCAD 2009 仅支持“A”类对齐，用于保证直线和圆弧的端点以划线开始和结束。

例如，假定创建名为 Central 的线型，该线型显示重复的点划线序列(通常用作中心线)。AutoCAD 调整每条直线上的划点序列，使划线与直线端点重合。线型将调整该直线，以便该直线的起点和终点至少含有第一段划线的一半。如果必要，可以拉长首段和末段划线。如果直线太短，不能容纳一个划点序列，AutoCAD 将在两个端点之间绘制一条连续直线。对于圆弧也是如此，将调整图案以便在端点处绘制划线。圆没有端点，但是 AutoCAD 将调整划点序列，使其显示更加合理。

用户必须在对对齐方式码中输入 A，以指定 A 类对齐。

4. 线型描述符

dish 1,dish 2,…,dash n 是指组成线型结构的线段的长度,其中:

(1)dish>0:绘制一段长度为 dish 的实线段。

(2)dish=0:绘制一个圆点。

(3)dish<0:绘制一段长度为 dish 的空线段。

每种线型最多可以输入 12 种划线长度规格,但是这些规格必须在 *. lin 文件的一行中,并且长度不超过 80 个字符,只需包含一个描述线型图案定义的完整循环体即可。

注:A 类对齐要求第一条虚线的长度为 0 或更长(落笔线段)。需要提笔线段时,第二条划线长度应小于 0;要创建连续线型时,则第二条划线长度应大于 0。A 类对齐至少应具有两种划线规格。

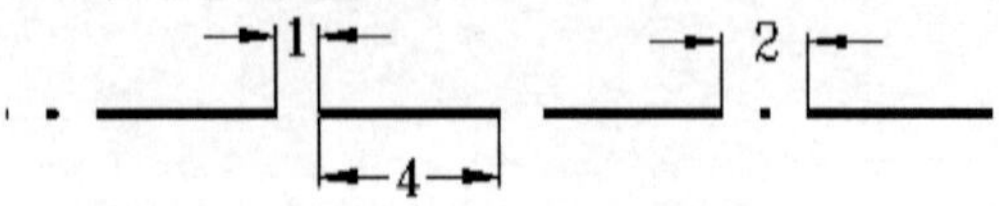

图 11-20　"村界"线型

【例 11-6】如图 11-20 所示的是表示"村界"的线型及其尺寸,试描述该线型。

从图中可以看出,该线型由 3 个实线段、4 个空线段和 1 个点构成一完整的线型。把该线型取名为"Cunjie",其线型定义如下:

*Cunjie,—— —— —— . ——

A,4,-1,4,-1,4,-1,0,-1

"—— —— —— . ——"是定义线型的说明内容,用于在"线型管理器"以及"加载或重载线型"对话框中显示线型的样式。标题行中的","是用于分割线型与定义线型的说明内容。标题行也可不含定义线型的说明内容,即为 *Cunjie。

(二)复杂线型的格式

复杂线型所定义的线型不再局限于简单的实线段、点和虚线段,还可以在线型中嵌入文本字符或形文件中的形。

复杂线型定义的语法和简单线型定义的语法基本相似,只是复杂线型的定义包含了简单线型的定义。在复杂线型的定义中,描述行中除了简单线型的实线段、点和虚线段之外,增加了用方括号括起的特殊参数,用于告诉 AutoCAD 系统如何嵌入文本或形。

复杂线型定义的格式如下:

标题行:*线型名[,线型说明]

描述行:对齐方式码,dish 1,dish 2,…,[嵌入的文本字符或形说明],dash n

其中,嵌入文本字符的定义语法为

["文本字符",文本样式名,$R=n1$,$A=n2$,$S=n3$,$X=n4$,$Y=n5$]

嵌入形的定义语法为

[形名,形文件名,$R=n1$,$A=n2$,$S=n3$,$X=n4$,$Y=n5$]

形名是形文件中形的定义名称。

文本字符是由一个或多个字符组成的文本字符串,文本样式名是指在当前图形中已命名的文本样式名称,文本样式名不存在,将不允许使用该线型。形名是"形文件名"所指定的形文件(*. shx)中定义的形名称,如果"形文件名"所指定的形文件不在系统搜索的路径中,系统提示并要求用户选择另外一个(*. shx)文件,直到找到为止。另外"形文件名"中除文件名之外,还可以包含路径。

在文本字符或形的嵌入定义中都包含了 R,A,S,X 和 Y 五个选择定义项,其含义如下:

(1)$R=n1$ 表示文本或形相对于当前线段方向的转角,单位为度。其缺省值为 0,表示文本或形的方向与所给线段方向一致。

(2)$A=n2$ 表示文本或形相对于世界坐标系的 X 轴的绝对旋转角。当用户希望文本或形总保持一种方向,可以指定 A 值,如指定为水平形式,则 $A=0$。

在使用时,R 和 A 不能同时指定,若都没有指定,则取 $R=0$ 为缺省值。可以在值后附加 D 表示度(如果省略,度为默认值),附加 R 表示弧度,或者附加 G 表示百分度。

(3)$S=n3$ 确定文本或形的比例系数。如果使用的是固定高度的样式,系统会将此高度乘以 $n3$。如果使用的是可变高度的样式,则会把 $n3$ 看作绝对高度。对于形来说,总是把该比例系数 $n3$ 和形内部定义的比例相乘,如果内部定义的形比例为 0(零),则 S 单独用作比例。

(4)$X=n4$ 和 $Y=n5$ 用于确定插入的"文本字符"在线型的 X 和 Y 轴方向上沿直线的位移量,或"形"相对于线型定义顶点末端在 X 和 Y 轴方向上所作的位移量。当 X 和 Y 缺省时,文本字符的左下角和形的插入点放在此当前点。

$n4$ 表示的位移量是沿着当前线段方向,$n4>0$ 时与当前线段方向相同,$n4<0$ 时与当前线段方向相反。

$n5$ 表示的位移量是沿着当前线段方向的垂直方向(逆时针转动),$n5>0$ 时与该方向相同,$n5<0$ 时则相反。

下面通过两个例子介绍含文本字符和形的复杂线型的定义方法。

【例 11-7】如图 11-21 所示为地形图中表示地质、地貌的"加固斜坡"的线型及其尺寸,试描述该线型。

根据线型定义格式,取线型名为"加固斜坡",线型定义如下:

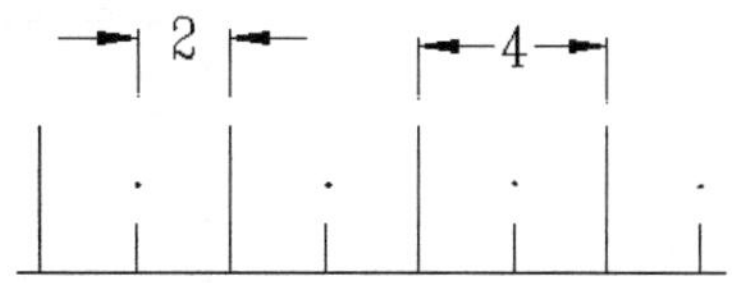

图 11-21　"加固斜坡"的线型

```
*JGXP
A,1,[8, CHXY.SHX,Y=1],2,[35, CHXY.SHX,Y=0.8],1
```

其中:

(1)8 和 35 为形名称,即形文件"CHXY.shx"中定义的形名称。

(2)CHXY.shx 为 AutoCAD 软件搜索路径下已存在的形文件。

(3)$Y=1$ 和 $Y=0.8$ 分别为所插入的形"8"和"35"在 Y 方向的位移。

【例 11-8】如图 11-22 所示为"地面热力管道"的线型及其尺寸,试定义该线型。

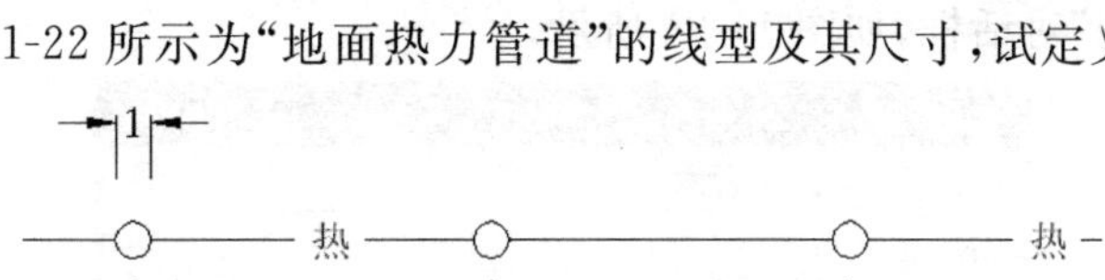

图 11-22　"地面热力管道"的线型

根据线型定义格式,取线型名为"地面热力管道",线型定义如下:

```
*地面热力管道,______○______○____ 热 ____○______
A,3.5,-0.5,[20, CHXY.shx],-0.5,9,-0.5,[20,CHXY.shx],-0.5,3.5,-1,
["热",宋体,S=0.8,X= -0.5,Y= -0.4],-1
```

其中:

(1)20 为形名称,即形文件“CHXY. shx”中定义的形名称。

(2)CHXY. shx 为 AutoCAD 软件搜索路径下已存在的形文件。

(3)X 和 Y 分别为所插入的形“20”和文字“热”在 X 和 Y 方向的位移。

(4)宋体是指插入文字的字体样式名称,在当前文件中必须已定义过,否则将提示定义线型错误。

(5) S 为插入文字的缩放比例。

三、新线型的使用

新的线型定义完成后,还需要加载到线型管理器的线型列表中,这样在绘图时才能调用新的线型进行绘图。把新的线型加到线型符号表的过程,称之为“线型装入”。

(一)线型装入

当用户需要扩充系统线型时,把定义的多种线型存放在一个文件中(如“CHXY. lin”),在使用前必须先把定义的线型文件装入。例如把 CHXY. lin 文件中“村界”、“加固斜坡”和“地面热力管道”的线型装入,其装入过程如下:

(1)在命令行的命令提示后,输入“LINETYPE”关键字,然后按回车键,系统弹出“线型管理器”对话框,如图 11-23 所示。

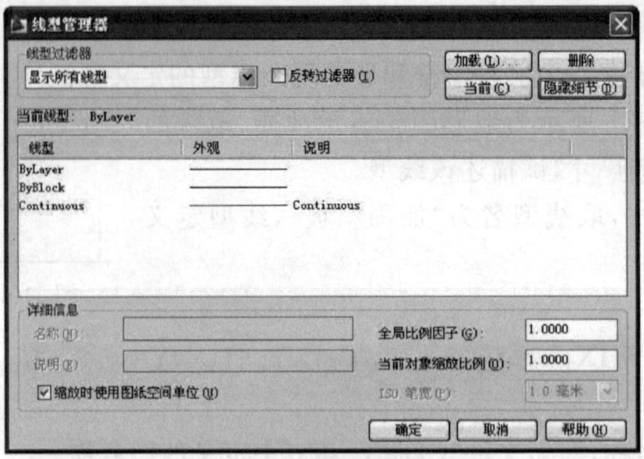

图 11-23　“线型管理器”对话框

(2)在“线型管理器”对话框中显示了已经加载的线型,用鼠标左键单击“加载”按钮,系统弹出“加载或重载线型”对话框,如图 11-24 所示。

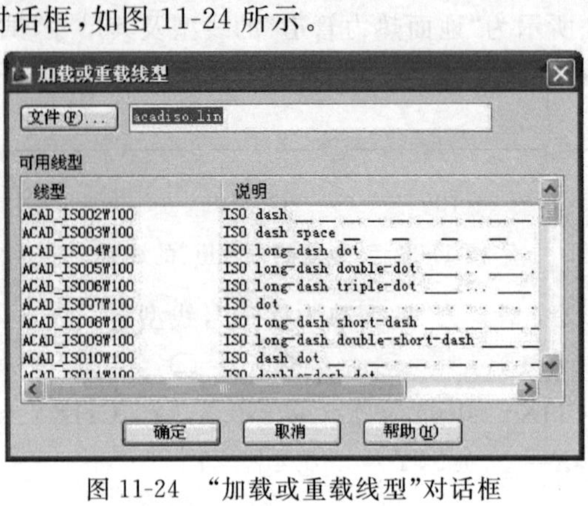

图 11-24　“加载或重载线型”对话框

(3)在“加载或重载线型”对话框中,显示了可供用户使用的线型。如果用户需要的线型不在显示的内容中,可以选择新的线型文件。用鼠标左键点击“文件”按钮,系统弹出“选择线型”对话框,如图 11-25 所示。

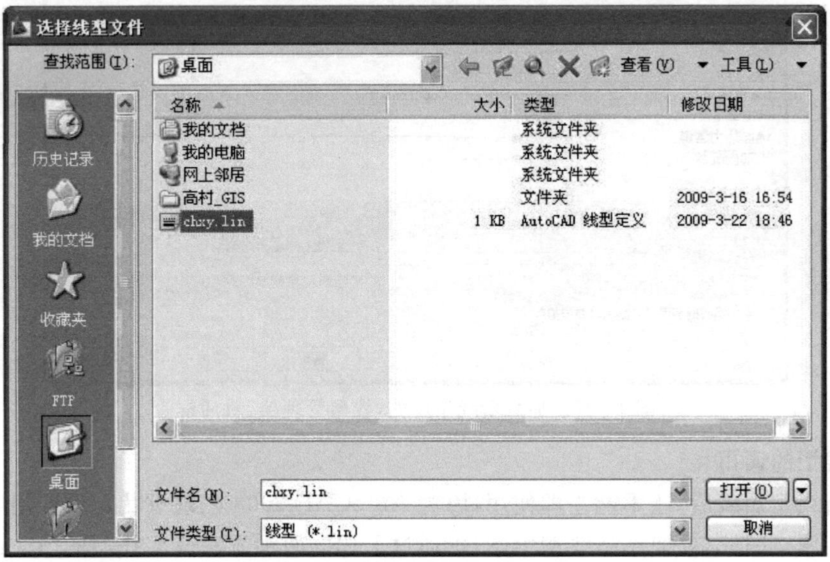

图 11-25　“加载或重载线型”对话框

(4)在“选择线型文件”对话框中,用户可以改变目录,选择不同目录下的线型文件(＊.lin),如:选择“CHXY.lin”线型文件,然后把它打开,如图 11-26 所示。

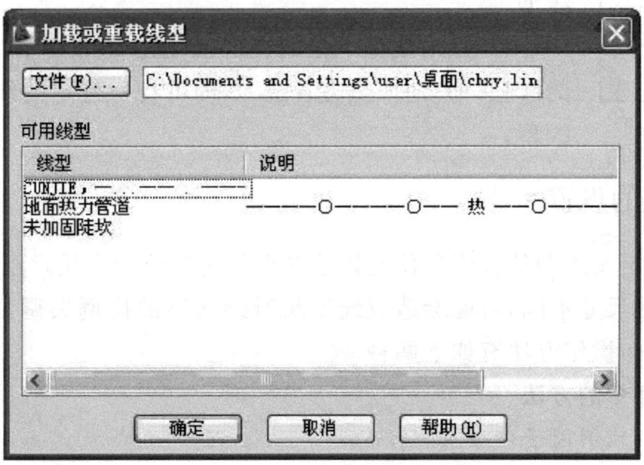

图 11-26　选择线型文件后的“加载或重载线型”对话框

(5)如果所需要的线型在图 11-26 的对话框中显示,用户选择相应的线型名称作为装入的线型。然后按“确定”按钮,将弹出“线型管理器”对话框,并在显示框中显示新装入的线型,如图 11-27 所示。

(6) 在“线型管理器”中,查看新的线型是否装入,若新线型已装入,点击“确定”按钮,结束线型装入操作。

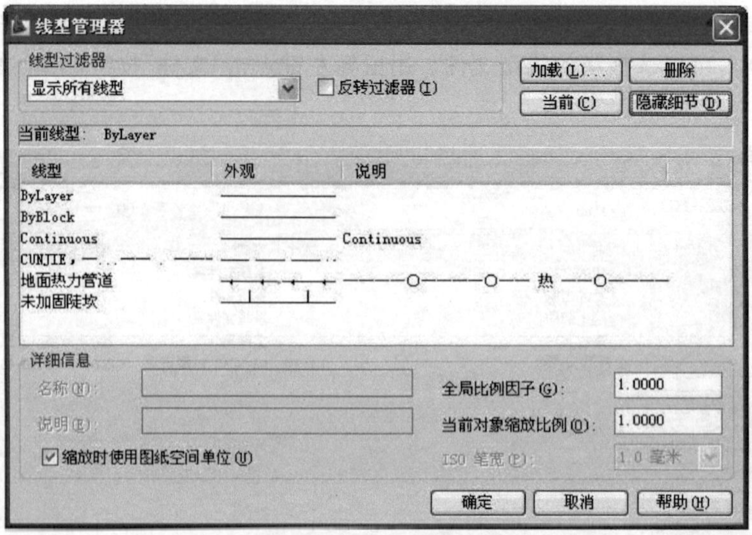

图 11-27 加载新线型后的“线型管理器”对话框

(二)线型的调用

当把新线型加载后,还不能立即使用,因为 AutoCAD 2008 在缺省状态下使用当前层上的线型进行绘图。因此,要使用新线型绘图,可通过下述的两种方法改变线型的当前设定:

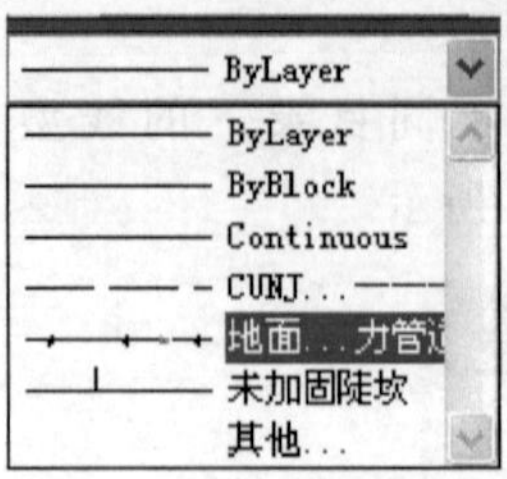

图 11-28 线型列表框

(1)使用“LINETYPE”命令设置当前线型:在图 11-27 所示的“线型管理器”对话框中,先选中欲使用的线型,然后单击“当前”按钮,再单击“确定”按钮退出对话框。此时,新线型被设置为当前线型。

(2)点击线型下拉列表框(如图 11-28 所示),在列表中单击已有的线型(如“地面热力管道”),即可将所选定的线型作为当前绘图的线型。

四、线型比例的设置

在线型文件中,定义线型的长度单位是以绘图单位为单位的。用户绘图时,由于使用的绘图单位所代表的实际尺寸不同,可能会造成线型与所绘图形的比例失调。解决问题的办法是改变线型的比例,具体操作方法有如下两种。

(一)直接使用命令的方法

1. 设置全局线型比例因子命令

◇ 命令:_ltscale

◇ 输入新线型比例因子〈1.0000〉:1 输入新比例系数

输入的比例系数大于 1,则线型按比例放大,如果小于 1,则线型按比例缩小。比例系数必须大于 0。如果输出的图纸是 1∶500、1∶1 000 和 1∶2 000 时,输入的比例分别为:0.5、1 和 2。

2. 设置当前对象的线型比例因子命令

◇ 命令:_celtscale

◇ 输入 celtscale 的新值〈1.0000〉:0.5 输入新比例系数

(二)用“线型管理器”的方法

在“线型管理器”对话框中(如图 11-27 所示),在“全局比例因子”或“当前对象缩放比例”中,输入框中输入相应的比例系数,如果在图 11-27 所示的对话框中无法看到“全局比例因子”或“当前对象缩放比例”,可点击“隐藏细节”按钮,即可显示“全局比例因子”或“当前对象缩放比例”等内容。

§11-4　图案填充

在地形图的绘图过程中,经常会遇到在一定的区域内填充某一种图案,用来形象表示一个区域的植被和土地利用情况。例如表示区域内植被的种类、房屋的结构、沙滩、盐碱地和石砾地等。这一过程被称为“图案填充”。在 AutoCAD 软件中,图案填充是用命令“HATCH”或“BHATCH”来实现的。

填充所用的图案是由图案库文件(ACAD. pat 和 ACADISO. pat)提供的,如果该图案库所提供的图案不能满足要求时,用户可以对该图案库文件进行扩充和修改,或者设计并创建自己的自定义填充图案。

一、填充图案的构成

一个图案是由一系列有规律的图案线组成,每一图案中的各条线相互平行且线型相同,如图 11-29 所示。因此,只要确定该图案中的一条基准图案线的方位、线型及其相邻平行线与该基准的相对位置,则该图案线就唯一确定了。

在 AutoCAD 中,基准图案线的方位是由两个参数决定:基准线的起点 (x, y) 和基准线与 X 轴的夹角。基准图案线的线型与 AutoCAD 线型库中的线型对应参数完全相同,当线型为实线时可以不定义。基准图案线确定后,还应该考虑相邻两条平行线之间的位置关系。这个位置关系由两个参数来决定,即相邻平行线的起点与基准图案线起点在直线方向上的位移和垂直于直线方向上的位移。

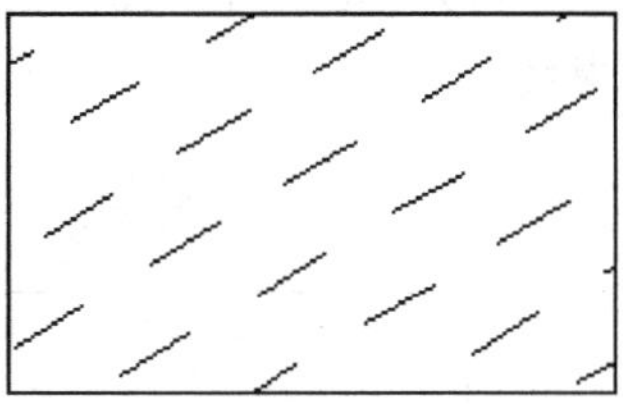

图 11-29　虚线填充图案

二、图案的定义格式

图案文件是一个 ASCII 文本文件,AutoCAD 系统提供一个标准的图案库文件,即 ACAD. pat 和 ACADISO. pat。在实际使用时,用户可以扩充标准图案库文件,也可以自己定义图案文件。无论将图案定义存储在哪个文件中,自定义填充图案都具有相同的格式。即包括一个带有名称(以星号开头,最多包含 31 个字符)和可选说明的标题行,还包括一行或多行图案说明。

填充图案定义遵循以下规则:

(1)图案定义中的每一行最多可以包含 80 个字符。可以包含字母、数字和以下特殊字符:下划线“_”、连字号“-”和美元符号“$”。但是,图案定义必须以字母或数字开头,而不能以特殊字符开头。

(2)AutoCAD 将忽略分号右侧的空行和文字。图案中每条直线都被认为是直线族的第一个成员,是通过应用两个方向上的偏移增量生成无数平行线来创建的。

(3) 增量 x 的值表示直线族成员之间在直线方向上的位移,它仅适用于虚线。

(4) 增量 y 的值表示直线族成员之间的间距,也就是到直线的垂直距离。

(5)直线被认为是无限延伸的,虚线图案叠加于直线之上。

图案填充的过程是将图案定义中的每一条线都拉伸为一系列无限延伸的平行线。所有选定的对象都被检查是否与这些线中的任意一条相交;如果相交,将由填充样式来控制填充线的打开和关闭。生成的每一族填充线都与穿过绝对原点的初始线平行,从而保证这些线完全对齐。

一个图案文件可以存放一个或多个图案的定义。每一个图案定义有一个标题行,标题行之后有一个或多个定义行。每一个图案定义行定义了这个图案的一组平行线。图案定义格式如下:

＊pattern－name,description

angle, x－origin,y－origin, delta－x,delta－y,dash－1,dash－2,…

其中:

(1)pattern－name:图案名称。

(2)description:图案说明。

(3)angle:是指基准图案线与 X 轴 正向夹角(单位:度)。

(4)x－origin,y－origin:指基准图案线经过的坐标点,一般为原点。

(5)delta－x:表示直线族成员之间在直线方向上的位移,它仅适用于虚线。

(6)delta－y:表示直线族成员之间的间距,也就是到直线的垂直距离。

(7)dash－1,dash－2:与线型的定义一样,当其值大于 0 代表一实线段,小于 0 时表示虚线。

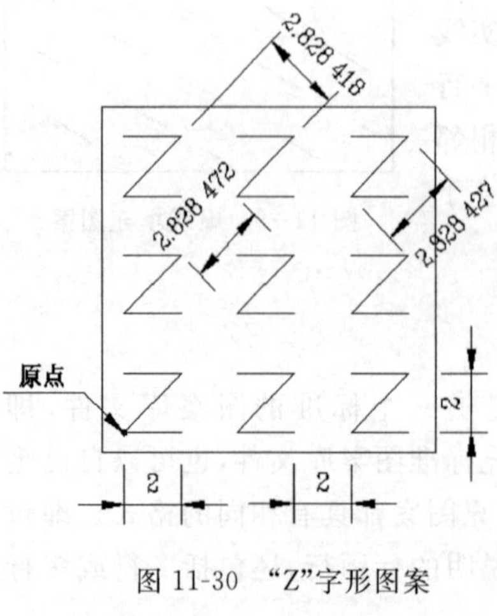

图 11-30　“Z”字形图案

【例 11-9】如图 11-30 所示的“Z”图案,该图案由两组平行的虚线叠加形成的,试按填充图案的格式描述该图案。

对图 11-30 所示的“Z”图案如下分析,由图可知该图案是由两组线型构成的:

第一组:取水平的平行虚线,原点取在左边的起点,图中左下点。

angle ＝0,X＝0,Y＝0, delta－x＝0, delta－y＝2, dash－1＝2, dash－2＝－2

第二组:取与 X 轴成 45°平行虚线,原点和第一组相同。

A＝45,X＝0,Y＝0, delta－x ＝2. 828 472, delta－y＝2. 828 472

dash－1＝2. 828 472, dash－1 ＝2. 828 472

如果把图案的名称取为“Z 字形图案”,则此图案定义为

＊Z 字形图案

0,0,0,0,2,2,－2

45,0,0,2.828 427,2.828 427,2.828 427,－2.828 427

【例 11-10】如图 11-31 所示的“花圃”填充图案，试按填充图案的格式描述该图案。

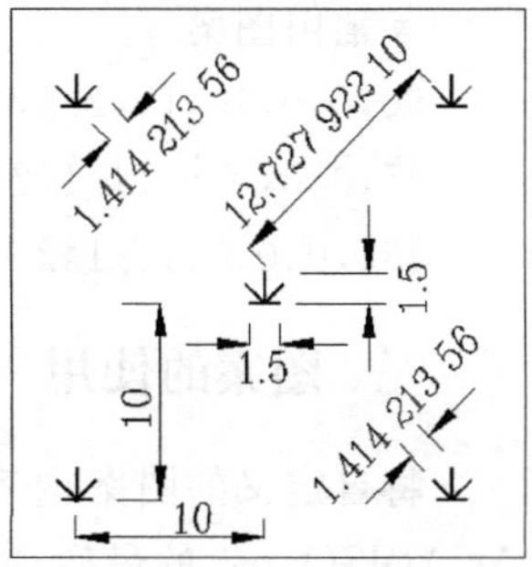

图 11-31　“花圃”填充图案

对图 11-31 所示的“花圃”图案如下分析，由图可知该图案是由四组线型构成的：

第一组：取垂直的平行虚线，原点取在下角符号各线段的交点处。

angle＝90，X＝0，Y＝0，delta－x ＝10，delta－y ＝10，dash－1＝1.5，dash－2 ＝ －18.5

第二组：取与 *X* 轴成 45°平行虚线，原点与第一组相同。

angle ＝45，X＝0，Y＝0，delta － x ＝0，delta － y ＝14.142 135 60，dash － 1＝1.414 213 56，dash－2 ＝ －12.727 922 065

第三组：取与 *X* 轴成 135°平行虚线，原点与第一组相同。

angle ＝135，X＝0，Y＝0，delta － x＝ 0，delta － y ＝14. 142 135 60，dash － 1＝1.414 213 56，dash－2 ＝－12.727 922 065

第四组：取与 *X* 轴成平行虚线，原点与第一组相同。

angle ＝0，X＝ －0.75，Y＝0，delta－x ＝10，delta－y＝10，dash－1＝1.5，dash－2 ＝ －18.65

如果把图案的名称取为“花圃图案”，则此图案定义为

＊花圃图案

90,0,0,10,10,1.5,－18.5

45,0,0,0,14.142 135 60,1.414 213 56,－12.727 922 06

135,0,0,0,14.142 135 60,1.4142 135 6，－12.727 922 06

0,－0.75,0,10,10,1.5,－18.5

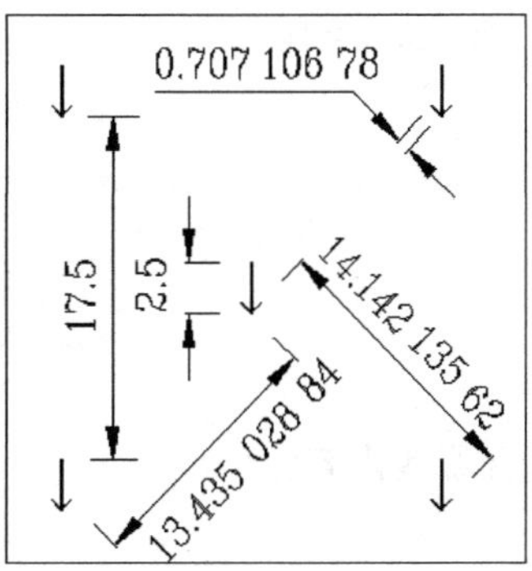

图 11-32　“稻田”填充图案

【例 11-11】如图 11-32 所示的“稻田”填充图案，试按填充图案的格式描述该图案。

对图 11-32 所示的“稻田”图案如下分析，由图可知该图案是由三组线型构成的：

第一组：取垂直的平行虚线，原点取在下角符号各线段的交点处。

angle ＝90，X＝0，Y＝0，delta－x ＝10，delta－y ＝10，dash－1＝2.5，dash－2＝－17.5

第二组：取与 *X* 轴成 45°平行虚线，原点与第一组相同。

angle＝ 45，X ＝ 0，Y ＝ 0，delta － x ＝0，delta － y ＝ －14.142 135 62，dash－1＝0.707 106 78，dash－2 ＝－13.435 028 84

第三组：取与 *X* 轴成 135°平行虚线，原点和第一组相同。

angle ＝135，X＝0，Y＝0，delta － x ＝0，delta － y ＝14.142 135 62，dash － 1＝0.707 106 78，dash－2 ＝－13.435 028 84

如果把图案的名称取为“花圃图案”，则此图案定义为

*稻田图案
90,0,0,10,10,2.5,－17.5
45,0,0,0,－14.142 135 62,0.707 106 78,－13.435 028 84
135,0,0,0,14.142 135 62,0.707 106 78,－13.435 028 84

三、图案的使用

将自定义的图案内容插入到 AutoCAD 系统提供一个标准的图案库文件 ACAD.pat、ACADISO.pat 的最后，以扩充标准图案库文件，也可以自己定义后缀为 pat 图案文件。之后，就可使用填充图案命令将扩充的或自定义图案填充到指定区域。

如图 11-33 所示是将自定义图案扩充到标准图案库中打开的图案填充对话框，图 11-34 所示是将自定义图案作为单独图案填充文件打开的图案填充对话框。

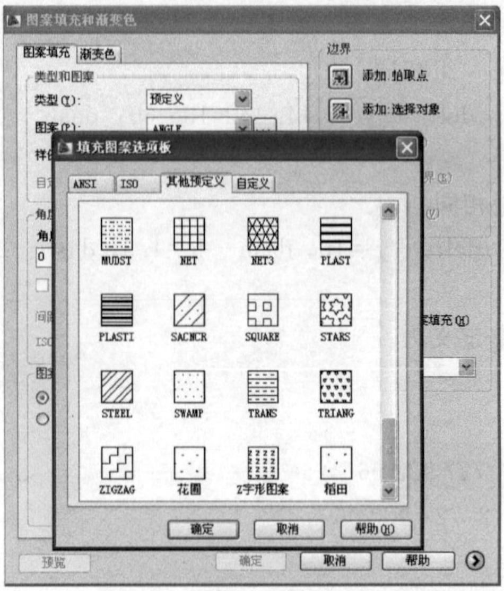

图 11-33 扩充标准图案库

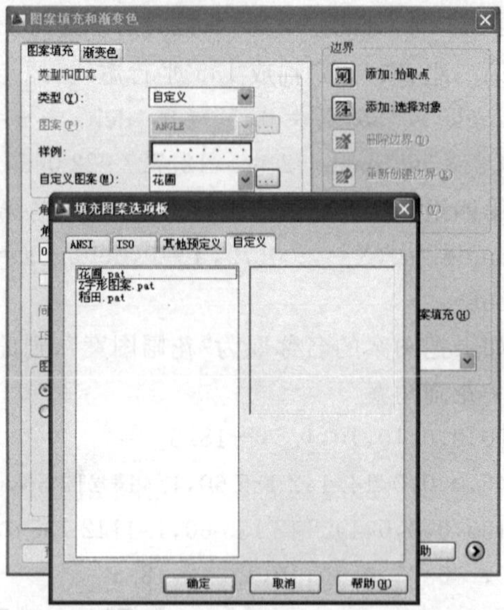

图 11-34 自定义图案库

复 习 题

1. 命令文件的基本规则有哪些？
2. 什么是形？形与块有什么区别？
3. 在 AutoCAD 中形文件是什么格式的文件，定义一个形应包含哪些内容？
4. 形从定义到插入到当前文件中需要经过哪些步骤？
5. 线型文件是一种什么格式的文件？定义一种线型应包含哪些内容？
6. 简单线型与复杂线型定义的区别是什么？
7. 如何加载新线型？如何设置全局比例因子和局部比例因子？
8. 图案填充文件是一种什么格式的文件？定义某一填充图案应遵循什么规则？
9. 试用命令文件形式编写绘制如图 11-35 所示图形。

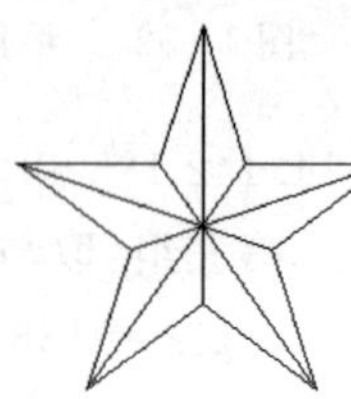

图 11-35

10. 如图 11-36 所示是地形图图示中的表示工业建筑、独立地物和植被等符号，试用形文件方式编写这些图示符号。

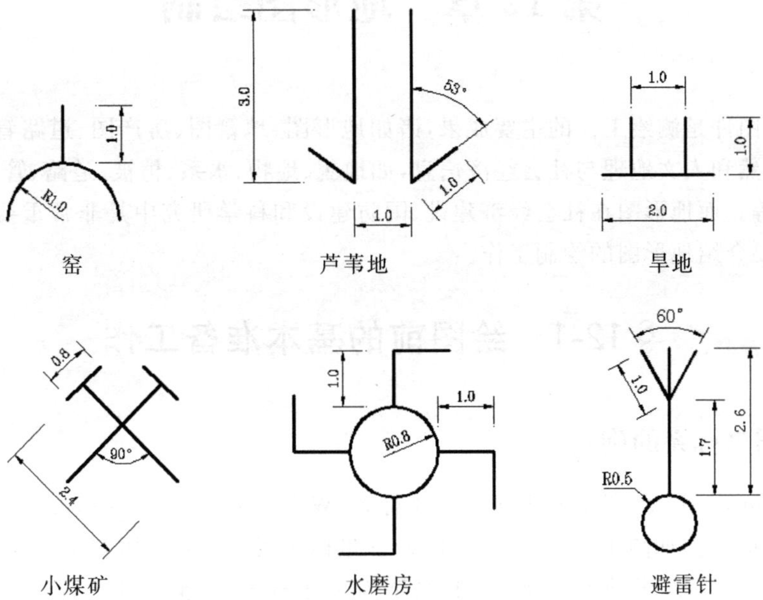

图 11-36

11. 如图 11-37 所示是地形图图示规定的线型符号，试用线型文件格式定义这些线型。

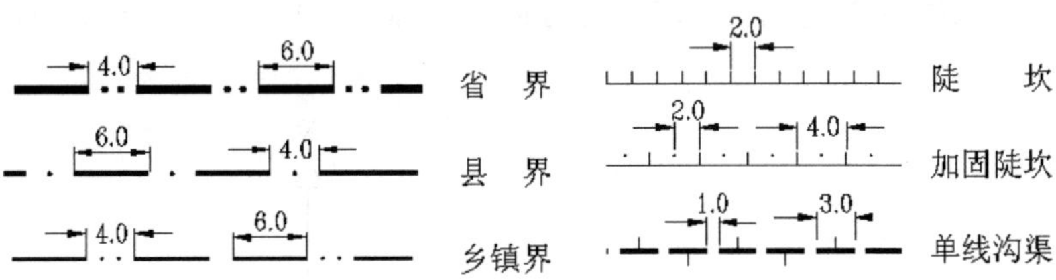

图 11-37

12. 查地形图图式，试用填充图案格式编写如图 11-38 所示的图案。

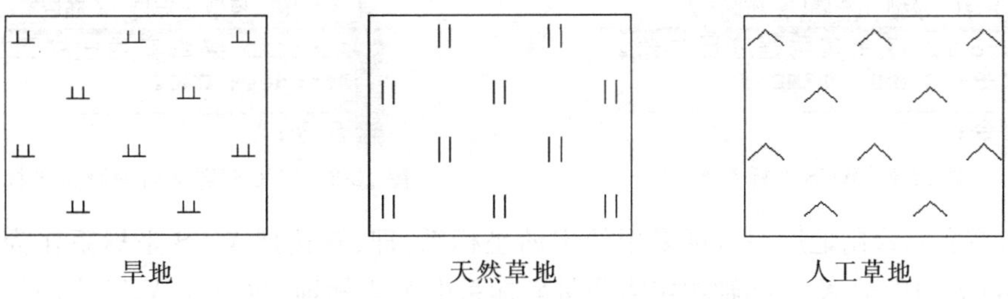

图 11-38

第12章　地形图绘制

测绘工程图件是测绘工作的主要成果，诸如地形图、地籍图、房产图、道路管线图等，它包含了丰富的自然和人文地理与社会经济信息，如地貌、地物、水系、植被、道路、管线、居民地、行政区划、权属等。而地形图在社会经济建设、国防建设和科学研究中是非常重要的基础资料，为此，本章主要介绍地形图的绘制工作。

§12-1　绘图前的基本准备工作

一、绘图坐标系的确定

在启动 AutoCAD 后，缺省情况下世界坐标系(WCS)和用户坐标系(UCS)两坐标系重合，显示 WCS 坐标系统，如图 12-1 所示，X、Y、Z 三坐标之间的关系可用右手系确定。测量坐标系采用的是左手系，即：纵轴为 X 坐标轴，横轴为 Y 坐标轴，Z 坐标轴垂直于 XY 平面，利用 AutoCAD 的“UCS”命令可以将其缺省坐标系变换为测量坐标系(如图 12-2 所示)，虽然解决了图形坐标系统的显示问题，但在进行文本注记和地物符号填充时还需将 UCS 坐标系切换到 WCS 坐标系中，否则文本和地物符号填充的方向与实际不一致，从而给编辑和修改工作带来诸多不变。

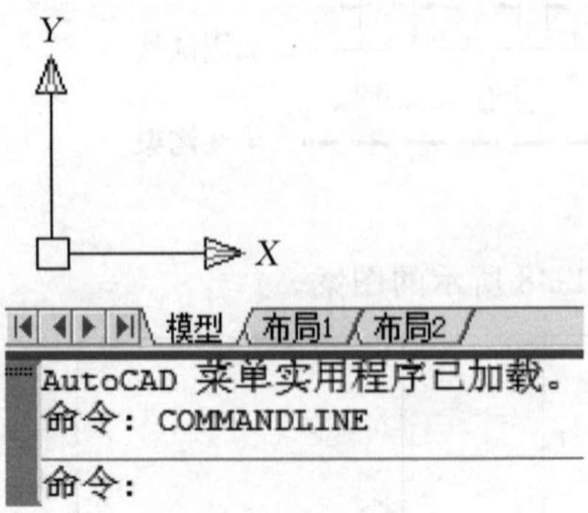

图 12-1　WCS 坐标系统

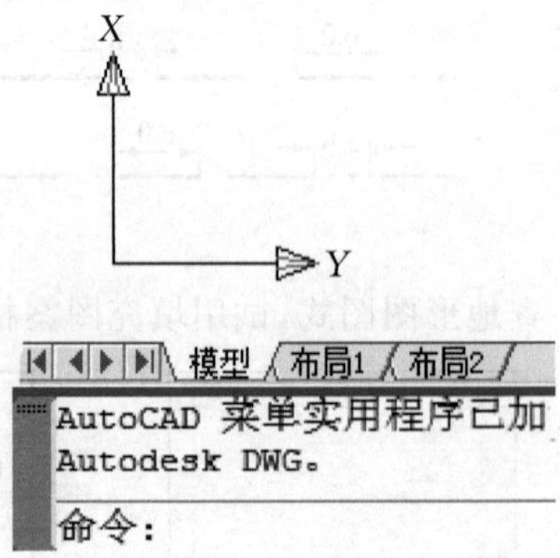

图 12-2　“UCS”定义后的测量坐标系统

为此，在实际绘制地形图时可采用约定的坐标系，即：直接把 WCS 坐标系作为测量坐标使用，将 WCS 的中的 X 坐标轴约定为测量坐标系中 Y 坐标轴(横轴)，WCS 中的 Y 坐标轴约定为测量坐标系中 X 轴(纵轴)。在实际绘图输入测量坐标时，只需将测量坐标系中坐标(x, y)的位置互换后(y, x)作为 AutoCAD 中的坐标输入值。

二、绘图比例尺的确定

比例尺是指图上的距离与相应实地水平距离的比值，一般表达格式为分数形式，即分子为1，分母为一整数，如 1∶500、1∶1 000、1∶2 000……，利用比例尺可将图上距离和实地水平距离进行互换，从而解决实际距离度量和绘图问题，因此，比例尺是绘图的一个非常重要的参数。同时，比例尺还代表了图件所能达到的精度，如将地面以 0.5 m×0.5 m 的地物绘制到比例尺为 1∶1 000 纸质图纸上为 0.5 mm×0.5 mm，绘制到比例尺为 1∶2 000 纸质图纸上则为 0.25 mm×0.25 mm……，随着比例尺的变小，在纸质图上的度量就越来越困难。

在 AutoCAD 中表达尺寸的单位是图形单位，其本身是无量纲的，如果把图中的 1 个图形单位长度代表实地水平距离为 1 m、1 dm、1 cm……的长度，此时，图形单位即为有量纲的单位。实际测量数据常以米为单位，为减少测量数据与绘图数据的转换工作，在 AutoCAD 中绘制地形图时常用 1 个图形单位等于实地距离 1 m，即用绘图比例尺为 1∶1 000 来绘图。

《国家基本比例尺地图图式　第 1 部分：1∶500 1∶1000 1∶2000 地形图图式》(GB/T 20257.1—2007)（以下简称《地图图式》）中各类地物（包括独立地物、植被符号、文字注记、线型比例、线状地物的线宽等）尺寸的规定基本是一致的，即无论图的比例尺是多大，所输出的纸质图中地物符号、线状地物的线宽线型、文字注记等尺寸基本都是一样的。但在利用 AutoCAD 绘图时，地物符号、线状地物的线宽线型、文字注记等绘制还要考虑绘图的比例尺的大小，一般做法是通过改变 AutoCAD 的系统变量值、注记文字的尺寸、独立地物符号的比例和线状地物的线宽等来实现，具体尺寸对应关系见表 12-1 所示。

表 12-1　不同比例尺下 AutoCAD 系统变量值、注记文字、地物符号比例设置

比例尺	地物			
	注记文字、独立地物符号比例	线状地物的线型比例	图案填充比例	线状地物的线宽
1∶500	0.5 倍地图图示规定的字高；插入块或形的比例取：$x=0.5$，$y=0.5$	全局线型比例因子取：LTSCALE=0.5	填充图案比例因子取：HPSCALE=0.5	0.5 倍地图图示规定线宽
1∶1 000	地图图示规定的字高；插入块或形的比例取：$x=1$，$y=1$	全局线型比例因子取：LTSCALE=1	填充图案比例因子取：HPSCALE=1	地图图示规定线宽
1∶2 000	2 倍地图图示规定的字高；插入块或形的比例取：$x=2$，$y=2$	全局线型比例因子取：LTSCALE=2	填充图案比例因子取：HPSCALE=2	2 倍地图图示规定线宽

系统变量 LTSCALE、HPSCALE 的值可在命令行直接输入系统变量的字符，并在命令提示符后输入相应的数值即可。

三、地物分类图层确定

地形图所包含的内容非常丰富而又比较复杂，诸如包含各种不同的建筑物、不同等级的道路、不同类别的管线、境界线，不同的植被，不同的地物符号，不同等级的测量控制点……，为满足不同用途要求，且能清晰表达这些不同种类的点状、线状和面状地物就需要对这些复杂的地物进行分类绘制。利用 AutoCAD 的图层管理功能可将诸多的地物分类绘制在不同的图层上，再利用 AutoCAD 的图层控制（打开、关闭、锁定、解锁……）就可实现对分类的地物是否显示、打印输出、允许编辑等进行操作。

依据《地图图式》中的地物符号与注记分类方法（图式中分为 9 大类），在利用 AutoCAD

绘制地形图时,图层的设置可参考表 12-2 的内容设置。

表 12-2　地形图图层设置参考

序号	汉语图层名称	AutoCAD 中图层名称	多色图色值(CMYK)	RGB 色彩值
1	测量控制点	CLKZD	K100	R34　G30　B31
2	水系及附属设施	SXSS	C100	R0　G174　B239
3	居民地及设施	JMDSS	K100	R34　G30　B31
4	交通及附属设施	JTSS	K100	R34　G30　B31
5	管线及附属设施	GXSS	K100	R34　G30　B31
6	境界	JJ	K100	R34　G30　B31
7	地貌(等高线)	DGX	M40　Y100　K30	R185　G124　B13
8	植被	ZB	C100　Y100	R0　G166　B80
9	土质	TZ	M40　Y100　K30	R183　G123　B14
10	注记	ZJ	K100	R34　G30　B31
11	高程点	GCD	M100　Y100	R237　G27　B35
12	图框	TK	K100	R34　G30　B31
13	展点号	ZDH	M100　Y100	R237　G27　B35
14	三角网	SJW	M100　Y100	R237　G27　B35
15	地性特征线	DXX	K100	R34　G30　B31

注:(1)RGB 色彩模式是工业界的一种颜色标准,是通过对红(R)、绿(G)、蓝(B)三个颜色通道的变化以及它们相互之间的叠加来得到各式各样的颜色的。这个标准几乎包括了人类视力所能感知的所有颜色,是目前运用最广的颜色系统之一。

(2)CMYK 也称作印刷色彩模式,CMYK 即青、洋红(品红)、黄、黑四种色彩,在印刷中通常可由这四种色彩再现其他成千上万种色彩。它和 RGB 相比有一个很大的不同:RGB 模式是一种发光的色彩模式,CMYK 是一种依靠反光的色彩模式。只要在屏幕上显示的图像,就是 RGB 模式表现的;只要是在印刷品上看到的图像,就是 CMYK 模式表现的。

四、线型与填充图案确定

(一)线型确定

在绘制地形图时,图中各种线状地物、地貌、境界线等是用不同的线型来表达的,因此,在绘图时需根据具体情况确定使用的线型。依据《地图图式》中对线状地物、地貌、境界线等线型的要求,按照§11-3 中有关简单线型和复杂线型定制的方法、以比例尺为 1∶1 000 线型尺寸建立地形图所需要的线型文件。如下为所建立的部分《地图图式》中的线型,线型文件名称为 Chline. lin:

```
*4387 围墙
A,9.4,[1,Chx.SHX,Y=.15],0.6
*4388 栅栏栏杆
A,4.5,[2,Chx.SHX,Y=1],4.5,-0.5,[3,Chx.SHX],-0.5
*4389 篱笆
A,8,-0.5,[4,Chx.SHX],-1.5
*4390 活篱笆
A,0,-0.00001,[3,Chx.SHX],-2,[5,Chx.SHX,S=.3],-2,[5,Chx.SHX,s=.3],-2
```

*4391 铁丝网

A,8,－1,[6,Chx.SHX],－1

*4392 地类界

A,0,[5,Chx.SHX,S=0.15],－1.6

*4415 内部道路

A,1,－1

*4417 机耕路(大路)虚线

A,8,－2

*4418 乡村路(虚线)

A,4,－1

*4419 小路或栈道

A,4,－1

*462a 已定省行政界线

A,4.5,－1.5,[5,Chx.SHX,S=.25],－1.5,[5,CHX.SHX,S=.25],－1.5

*464a 已定地级行政区界线

A,4.5,－1,4.5,－1,4.5,－1.75,[5,Chx.SHX,S=.25],－1.75

*465a 已定县级行政区界线

A,4.5,－1.75,[5,Chx.SHX,S=.15],－1.75

*466a 已定乡镇界

A,4.5,－1,4.5,－1.5,[5,Chx.SHX,S=.1],－1.5,[5,CHX.SHX,S=.1],－1.5

*467 村界

A,4,－1,4,－1,4,－1,[5,Chx.SHX,S=.1],－1

*4721a 未加固斜坡

A,2,[7,Chx.SHX,Y=1],2,[8,Chx.SHX,Y=3],0.00000000001

*4721b 加固斜坡

A,2,[9,Chx.SHX],2,[8,Chx.SHX,Y=3],0.000000000001

*4716a 未加固陡坎

A,2,[7,Chx.SHX,S=.5,Y=.5],0.00000000001

*4716b 加固陡坎

A,0.75,[7,Chx.SHX,S=.5,Y=.5],1.5,[10,CHX.SHX,Y=0.4],0.75

*4815 行树

A,0,－0.000000001,[3,Chx.SHX],－10

*4572 地面上的管道

A,9,－.5,[11,Chx.SHX],－.5

其中Chx.SHX为复杂线型用到的编译后形文件，编译前的纯文本形文件为Chx.SHP，其内容如下：

*130,304,1

3,100,9,60,0,0,60,－60,0,0,－60,1,1,58,0,0,58,－58,0,0,－58,1,1,56,0,0,56,－56,0,0,－56,1,1,54,0,0,54,－54,0,0,－54,1,1,52,0,0,52,－52,0,0,－52,1,1,50,

```
0,0,50,-50,0,0,-50,1,1,48,0,0,48,-48,0,0,-48,1,1,46,0,0,46,-46,0,0,-46,1,
1,44,0,0,44,-44,0,0,-44,1,1,42,0,0,42,-42,0,0,-42,1,1,40,0,0,40,-40,0,0,-
40,1,1,38,0,0,38,-38,0,0,-38,1,1,36,0,0,36,-36,0,0,-36,1,1,34,0,0,34,-34,0,
0,-34,1,1,32,0,0,32,-32,0,0,-32,1,1,30,0,0,30,-30,0,0,-30,1,1,28,0,0,28,-
28,0,0,-28,1,1,26,0,0,26,-26,0,0,-26,1,1,24,0,0,24,-24,0,0,-24,1,1,22,0,0,
22,-22,0,0,-22,1,1,20,0,0,20,-20,0,0,-20,1,1,18,0,0,18,-18,0,0,-18,1,1,16,
0,0,16,-16,0,0,-16,1,1,14,0,0,14,-14,0,0,-14,1,1,12,0,0,12,-12,0,0,-12,1,
1,10,0,0,10,-10,0,0,-10,1,1,8,0,0,8,-8,0,0,-8,1,1,6,0,0,6,-6,0,0,-6,1,1,4,
0,0,4,-4,0,0,-4,1,1,2,0,0,2,-2,0,0,-2,0,0,0*131,4,2
    3,10,0AC,0
    *132,9,3
    3,10,2,050,1,10,(5,000),0
    *133,11,4
    3,10,050,054,05C,05C,054,050,058,058,0
    *134,51,5
    3,8,2,080,1,10,(8,000),2,018,1,10,(7,000),2,018,1,10,(6,000),2,018,1,
    10,(5,000),2,018,1,10,(4,000),2,018,1,10,(3,000),2,018,1,10,(2,000),
    2,018,1,10,(1,000),0
    *135,10,6
    3,10,052,05A,05A,052,056,05E,05E,0
    *136,4,7
    5,01C,6,0
    *137,4,8
    5,03C,6,0
    *138,22,9
    014,2,3,10,084,1,3,255,3,255,3,255,3,255,3,255,3,255,3,255,014,0
    *139,15,10
    3,60,2,030,1,10,(3,000),2,028,1,10,(1,000),0
    *140,9,11
    3,10,2,050,1,10,(5,000),0
```

在加载自定义线型文件 Chline. lin 时应将编译后的形文件 Chx. SHX 放在 AutoCAD 支持文件搜索路径下,否则将出现错误提示。

(二)填充图案确定

1. 填充图案的定义

AutoCAD 提供的图案填充是由名为 acadiso. pat 的标准图案库文件定义的,该图案库提供的填充图案绝大多数是不能用于地形图中。因此,需要按填充图案的定义格式确定适于地形图绘制的填充图案库。具体填充图案的定义方法可参考 § 11-4 的内容。如下为依据《地图图式》中对图案的要求定义的部分填充图案:

*菜地

58.2405199,14.9523809,10,305.285676,0.80977633,2.35220744,−491.61135

126.027373,14.9523809,10,99.9891886,1.47042924,1.29537814,−270.73403

0,13.9047619,10,0,20,2.19047619,−17.809523

58.2405199,4.95238095,0,305.285676,0.80977633,2.35220744,−491.61135

126.027373,4.95238095,0,172.040221,−1.4704292,1.29537814,−270.73403

0,3.9047619,0,0,20,2.19047619,−17.809523

*茶园

49.7636416,14.9523809,11.2380952,156.200578,1.17444044,1.62184632,−338.96588

127.568592,14.9523809,11.2380952,228.031824,1.21942152,1.5620209,−326.46236

90,14.9523809,10,0,20,1.23809524,−18.761904

49.7636416,4.95238095,1.23809524,184.387148,−1.1744404,1.62184632,−338.96588

127.568592,4.95238095,1.23809524,99.9925647,−1.2194215,1.5620209,−326.46236

90,4.95238095,0,0,20,1.23809524,−18.761904

*稻田

119.054604,14.9523809,10,44.6791496,−1.9425717,0.9805362,−204.93206

56.3099324,14.9523809,10,44.3760157,5.54700196,1.03015751,−71.080868

90,14.9523809,10,0,20,2.47619048,−17.523809

123.690067,5.04761905,0,27.7350098,5.54700196,1.03015751,−71.080868

56.3099324,4.95238095,0,27.7350098,−5.5470019,1.03015751,−71.080868

90,4.95238095,0,0,20,2.47619048,−17.523809

*改良草地

135,16.3809523,8.57142857,−14.142135,14.1421356,2.02030509,−26.263966

46.9749340,13.6190476,8.57142857,28.2674703,−0.9747403,1.95412234,−408.41156

90,5.52380952,−1.0476190,0,20,2.0952381,−17.904761

90,4.47619048,−1.0476190,0,20,2.0952381,−17.904761

*高草地

143.130102,14.4761904,10,72,4,0.95238095,−99.047619

36.8698976,15.5238095,10,72,−4,0.95238095,−99.047619

90,14.4761904,10,0,20,2.47619048,−17.523809

90,15.5238095,10,0,20,2.47619048,−17.523809

143.130102,4.47619048,0,28,−4,0.95238095,−99.047619

36.8698976,5.52380952,0,72,−4,0.95238095,−99.047619

90,4.47619048,0,0,20,2.47619048,−17.523809

90,5.52380952,0,0,20,2.47619048,−17.523809

*旱地

90,11.7583333,10,0,20.75,1.33333333,－18.666666

90,10.7702381,10,0,20.75,1.33333333,－18.666666

0,9.9797619,10,0,20,2.56904762,－18.180952

90,1.77857143,0,0,20.75,1.33333333,－18.666666

90,0.79047619,0,0,20.75,1.33333333,－18.666666

0,0,0,0,20,2.4702381,－18.279761

*人工草地

90,15.5238095,14.9523809,0,20,2,－18

90,14.4761904,14.9523809,0,20,2,－18

90,5.52380952,4.95238095,0,20,2,－18

90,4.47619048,4.95238095,0,20,2,－18

*人工绿地

90,7.04761905,4.28571429,0,10,1.61904762,－8.3809523

90,7.85714286,4.28571429,0,10,1.61904762,－8.3809523

90,2.04761905,－0.7142857,0,10,1.61904762,－8.3809523

90,2.85714286,－0.7142857,0,10,1.61904762,－8.3809523

*人工牧草地

135,16.3809523,8.57142857,－14.142135,14.1421356,2.02030509,－26.263966

46.9749340,13.6190476,8.57142857,28.2674703,－0.9747403,1.95412234,
－408.41156

135,6.38095238,－1.4285714,－14.142135,14.1421356,2.02030509,－26.263966

46.9749340,3.61904762,－1.4285714,382.098220,0.97474036,1.95412234,
－408.41156

*天然草地

90,15.5238095,14.9523809,0,20,2,－18

90,14.4761904,14.9523809,0,20,2,－18

90,5.52380952,4.95238095,0,20,2,－18

90,4.47619048,4.95238095,0,20,2,－18

定义的每个填充图案可作为一个独立的文件保存,如:“菜地.pat”“茶园.pat”……,注意命名的文件名应与填充图案名称一致,且放在AutoCAD支持文件搜索路径下,否则将出现错误提示。也可以将定义的填充图案打包放在acadiso.pat标准图案库文件中。

2. 填充图案的使用

作为独立图案文件在使用图案填充命令时,应在预定义类型的“填充图案选项板”中的“自定义”面板内选择要填充的图案,如图12-3预定义类型的“自定义”图案所示;当填充图案打包到acadiso.pat标准图案库文件内时,应在预定义类型的“填充图案选项板”中的“其他预定义”面板内选择要填充的图案,如图12-4预定义类型的“其他预定义”图案所示。

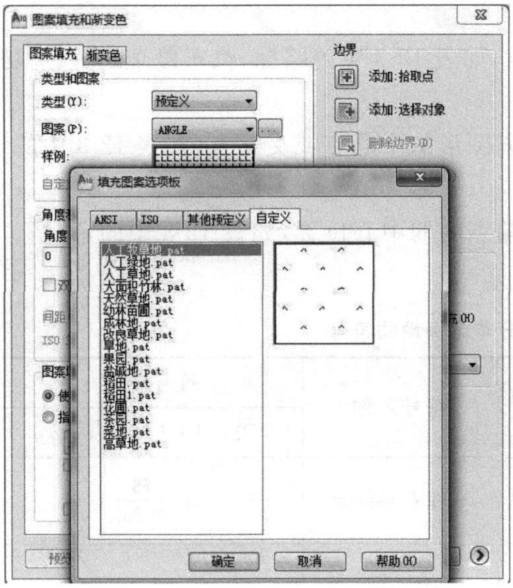

图 12-3　预定义类型的"自定义"图案

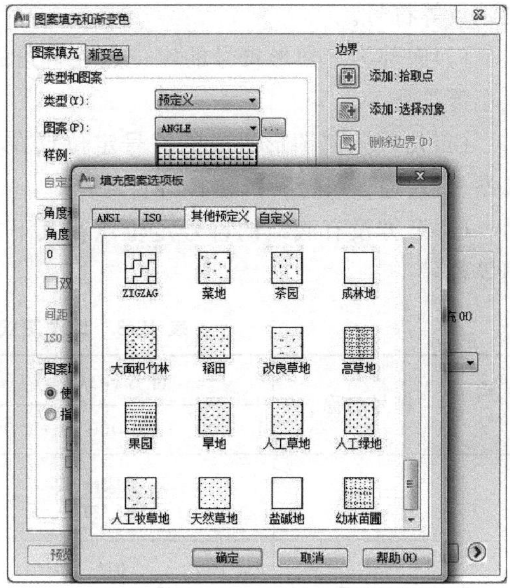

图 12-4　预定义类型的"其他预定义"图案

五、独立地物符号库的建立

(一)地物符号的分类

地物符号一般分为比例符号、非比例符号和线状符号三种。

1. 比例符号

将地面上实物的轮廓，按测图比例尺缩小，然后绘制在图上的符号称为比例符号，又称轮廓符号，如房屋、果园、树林、江河等边界。这些符号与地面上实际地物的形状相似，可直接在 AutoCAD 中展点绘制。

2. 非比例符号

当地物的轮廓很小，不能按照测图比例尺缩绘，但这些地物又很重要不能舍去时，需按统一规定的符号描绘在图上，这种符号称为非比例符号，如测量控制点、钻孔、矿井和烟囱等，对于此类地物应按独立(不依比例尺)地物符号来表示。

有些比例符号和非比例符号随着图比例尺的不同可以互相转换。

3. 线状符号

凡是长度能依比例、宽度不能缩绘的狭长地物符号，称为线状符号或半比例符号。这种符号的长度依真实长度绘制，而其宽度和符号样式在《地图图式》中有专门规定，如铁路、高压电线和围墙等，可用特定线型样式来表示。

(二)独立地物符号的定位

在《地图图式》中有 300 多个非比例尺的地物符号，这类符号不能代表地物的大小，只能依符号的某一几何位置表示地物在图上的位置，符号的这一几何位置称为非比例尺的地物符号定位点。《地图图式》中对非比例地物符号的定位点规定如下：

(1)几何图形符号(圆形、矩形、三角形等)，在其几何图形中心即为地物符号的定位点，如表 12-3 中的三角点、导线点等符号。

(2)宽底符号的定位点在底线中点上，如表 12-3 中的蒙古包、烟囱、水塔、纪念碑、环境监测站点等符号。

(3)底部为直角形符号的定位点在直角的顶点,如表 12-3 中的路标、汽车停车站、风磨房、风车等符号。

(4)几种几何图形组成的符号定位点在其下方图形的中心点或交叉点,如表 12-3 中的气象站、移动通信塔、路灯、旗杆等符号。

(5)下方没有底线的符号定位点在其下方两端点间的中心位置,如表 12-3 中的窑、亭、山洞等符号。

表 12-3　地图图式中部分非比例地物符号

编号	符号名称	符号样式 1 : 500　1 : 1 000　1 : 2 000	编号	符号名称	符号样式 1 : 500　1 : 1 000　1 : 2 000
1	三角点	△ 张家岭/245.130	20	不埋石导线点	⊡ F5/89.561
2	卫星定位等级点	△ B16/495.263	21	假石山	
3	水准点	⊗ Ⅱ京3/52.127	22	加油站、加气站	
4	水井、机井	#	23	路标	
5	河流流向	→	24	里程碑	
6	水闸		25	架空配电线	
7	桥		26	山洞、溶洞	
8	蒙古包、放牧点		27	移动通信塔、微波传送塔、无线电杆	
9	窑洞		28	旗杆	
10	废弃小矿井		29	气象站	
11	水塔		30	汽车停车站	
12	烟囱		31	地下建筑出入口	
13	窑		32	电视发射塔	
14	起重机		33	吊车	
15	风磨房、风车		34	水磨房、水车	
16	纪念碑		35	露天设备	
17	文物碑石		36	卫星地面接收站	
18	亭		37	路灯	
19	环境监测站点	噪声	38	泉(矿泉、温泉、间流泉、地热泉)	

(三)独立地物符号的建立

1. 用块构建独立地物符号库

利用块(Block)或写块(WBlock)命令都可建立符号库，不同点在于块命令建立的符号库只能在当前绘制的图形中使用，而写块命令建立的符号库可用于任意一幅图中。因此，本章主要介绍写块命令绘制各非比例的独立地物符号方法。

(1)依据《地图图式》中非比例的独立地物符号尺寸要求，按 1∶1 的比例绘制地物符号。在绘图时应将构成符号的对象放在 0 图层上，线型和颜色设置为随层(Bylayer)。

(2)启动写块命令，选择已绘制的地物符号，选择《地图图式》中所规定的非比例地物符号的定位点作为块的插入基点，选择适当存盘路径和符号名称保存绘制的符号。

以上具体操作和实例见 § 9-2 中的有关内容。

2. 用形构建独立地物符号库

利用形构建独立地物符号库的方法如下：

(1)打开任一文本编辑器，依据《地图图式》中非比例的独立地物符号尺寸，按照规定的形格式用形定义各非比例地物符号。

(2)选择适当存盘路径和文件名保存形文件，保存的形文件必须是纯文本(ASCII 码)文件，且后缀是“.shp”的格式。

(3)用编译(Compile)命令编译已保存“*.shp”格式的形文件，若编译成功，则会在同一目录下生成格式为“*.shx”的编译后(二进制)文件，否则编译失败，应检查和修改错误重新编译。

具体形的书写格式见 § 11-2 中相关内容。下面是部分地物符号的形定义，文件名为 fhk.shp。

```
;水塔
*150,39,ST
3,10,5,2,0A8,1,8,(20,0),2,8,(－15,0),1,8,(0,20),2,8,(10,－20),1,8,(0,20),6,
2,8,(0,30),1,0A0,0AC,0A8,0A8,0A4,0A0,054,0
;亭
*151,35,TING
3,100,5,2,8,(－65,0),4,10,1,8,(0,13),2,8,(13,0),1,0DC,6,2,0D4,1,9,(12,0),
(－12,11),(－12,－11),(12,0),(0,0),0
;GPS定位等级点
*152,53,GPS
5,3,100,01C,10,1,060,01C,10,2,060,01C,10,3,060,01C,10,4,060,01C,10,5,060,
2,8,0,－86,3,10,8,0,1,11,0,0,3,98,060,4,100,1,9,－15,0,15,26,15,－26,－15,0,0,
0,0
;不埋石导线点
*153,41,BMSDXD
3,100,5,2,010,1,10,1,000,2,010,1,10,2,000,2,010,1,10,3,000,6,4,10,2,8,(10,
－10),1,9,(0,20),(－20,0),(0,－20),(20,0),(0,0),0
;窑洞
```

*154,18,YD

5,3,10,084,08c,2,088,1,0c4,6,2,080,1,0c4,10,8,004,0

;蒙古包

*155,13,MGB

3,10,5,0A8,0A8,6,0A0,0A0,048,10,16,004,0

;水磨房

*156,32,SMF

3,10,2,5,060,1,10,6,000,080,08C,6,2,064,1,084,080,2,8,－14,－14,1,088,084,2,8,14,－14,1,08C,088,0

;环境监测站

*157,17,HJZ

3,10,088,080,080,088,8,0,38,0E8,0F4,8,28,0,0FC,0E8,0

;汽车停车站

*158,15,TCZ

3,10,0A0,0A8,8,0,30,8,20,0,0AC,8,－20,0,0

;旗杆

*159,25,QG

3,10,2,050,1,10,5,000,2,8,－5,5,1,9,0,35,16,0,0,－10,－16,0,0,0,0

;气象站

*160,29,QXZ

3,10,068,0C0,068,9,0,32,－10,0,－5,5,5,－5,－5,－5,5,5,25,0,－5,5,5,－5,－5,－5,0,0,0

经编译后行为为 fhk. shx。

§12-2 展绘控制点与碎部点

一、展绘控制点

各级测量控制点是测图的基础,绘图时应按《地图图式》中的规定样式绘制,如图 12-5 所示的是卫星定位等级点。

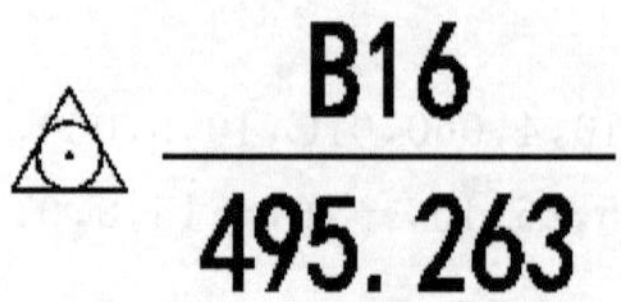

图 12-5 卫星定位等级点

【例 12-1】已知某 GPS 控制点的等级为 B 级,编号为 16 号点,坐标为 X =375 689.526 m, Y =32 418.537 m,高程为 H = 495.263 m,试按 1∶2 000 绘图比例尺绘制控制点。

由《地图图式》可知,控制点中文字注记为正等线体,字高 2.5,具体绘制方法如下:

(1)建立控制点(KZD)图层,并置为当前图层。

(2)利用已构建的独立地物符号库绘制控制点的符号,如用前述建立的形文件 fhk. shx,插入卫星定位等级点符号。具体操作如下:

◇ 命令:load

在弹出的“选择形文件”对话框(如图 12-6 所示)中选择 fhk.shx 文件,点击“确定”键。

◇ 命令:shape

◇ 输入形名称或 [?]:GPS

◇ 指定插入点:32418.537,375689.526

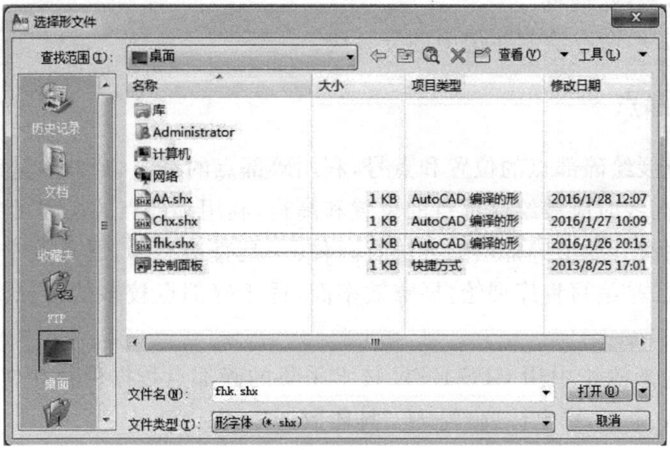

图 12-6　“选择形文件”对话框

注意输入“指定插入点”时,测量坐标 X、Y 与 AutoCAD 坐标 X、Y 的顺序。

◇ 指定高度〈1.0000〉:2

1∶2 000 绘图比例尺下“指定高度”应输入“2”,按回车键确定。

◇ 指定旋转角度〈0〉:0

(3)注记点号和高程,若没有定义字体样式时,应先定义字体样式,再标注点号等级和高程。具体操作如下:

◇ 命令:style

在弹出的“文字样式”对话框(如图 12-7 所示)新建“正等线体”样式,字体选择“黑体”代替“正等线体”,并将“正等线体”样式“置为当前”,“高宽比例”输入“0.8”,“关闭”退出对话框。

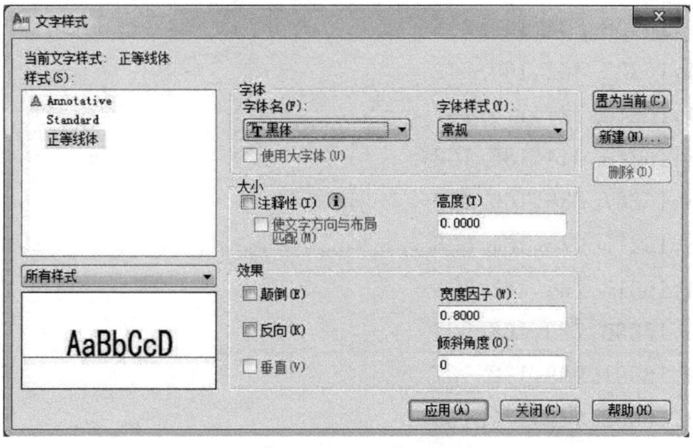

图 12-7　“文字样式”对话框

◇ 命令:dtext

当前文字样式:“正等线体”　文字高度:2.5000　注释性:否

◇ 指定文字的起点或［对正(J)/样式(S)］：

◇ 指定高度〈2.5000〉：5

1：2 000 绘图比例尺下"指定高度"输入"5"(规定字高 2.5 的两倍)，按回车键。

◇ 指定文字的旋转角度〈0〉：0

输入相应点号等级、高程。

(4)用直线(Line)命令绘制注记中的分数线。

二、展绘碎部点

绘制地物前应展绘碎部点的位置和点号，利用碎部点的点号、野外测量记录草图可方便勾绘地物；当绘制等高线时应展绘碎部点的位置和高程，利用碎部点的高程可方便内插整数高程的点便于勾绘等高线。展绘碎部点的方法有两种：一是直接展绘，展点效率较低，适于碎部点数量较少的情况；二是编写程序展绘，展点效率高，适于碎部点较多的情况。下面以实例说明展绘碎部点的方法。

【例 12-2】在地形测绘中用 GPS-RTK 技术采集的碎部点数据保存在文件 sbd.xyz 中，数据格式为：点号，X 坐标，Y 坐标，高程 H，具体数据如下：

```
1,98834.669,16176.732,170.857
2,98746.952,16203.706,170.878
3,98797.859,16211.790,172.258
4,98828.671,16201.437,172.261
5,98826.760,16195.750,172.266
6,98795.948,16206.102,172.260
7,98823.210,16185.185,172.216
8,98792.398,16195.538,172.264
9,98834.817,16218.052,174.752
10,98816.196,16227.491,177.381
11,98825.333,16246.503,184.863
13,98779.516,16206.804,169.315
14,98757.564,16222.862,169.249
15,98776.064,16240.126,176.267
16,98803.543,16260.044,185.162
17,98748.256,16267.886,169.219
18,98786.488,16275.973,181.538
19,98816.144,16313.766,185.153
20,98754.036,16330.723,168.827
21,98793.589,16331.909,172.537
22,98825.383,16332.412,170.139
23,98833.888,16317.134,185.318
24,98799.550,16304.025,184.825
25,98833.213,16281.530,191.249
```

上述数据 X、Y、H 以米为单位，试按绘图比例尺 1∶2 000 展绘碎部点、注记点号或点的高程。具体展点操作方法如下：

(一)直接展绘点

(1)在 AutoCAD 中创建 ZDH(展点号)和 GCD(高程点)图层，按表 12-2 设置图层颜色，图层线型设置为连续线(continuous)。若注记点号时将 ZDH 图层置为当前层，注记高程时将 GCD 图层置为当前图层。

(2)定义字体样式，仿照上述"展绘控制点"定义字体样式内容进行操作。

(3)展绘碎部点和注记点号。①启动绘制点(Point)命令，输入点的坐标 (Y,X,H)；②启动文字注记(Text)命令，定义字高(1∶2 000 绘图比例尺下应为:2 图形单位×2=4 图形单位)，在适当的位置注记相应的点号。以 1 号点的展点和注记点号为例操作如下：

◇ 命令：point

当前点模式： PDMODE=0　PDSIZE=0.2000

指定点：16176.732,98834.669，170.857

注意 X、Y 的顺序。

◇ 命令：text

◇ 当前文字样式： "正等线体"　文字高度： 2.5000　注释性： 否

◇ 指定文字的起点或[对正(J)/样式(S)]：

在所绘制点的附近适当位置确定文字的起点。

◇ 指定高度〈2.5000〉：4

根据比例尺和《地图图式》规定字高确定文字的高度，1∶2 000 绘图比例尺下为 4。

◇ 指定文字的旋转角度〈0〉：0

文字不旋转，直接按回车键或输入"0"后按回车键确定。然后在命令行提示符处输入点号"1"后结束命令操作。

重复上述操作展绘其他碎部点和注记点号，最终展绘的碎部点及点号注记见图 12-8 所示。

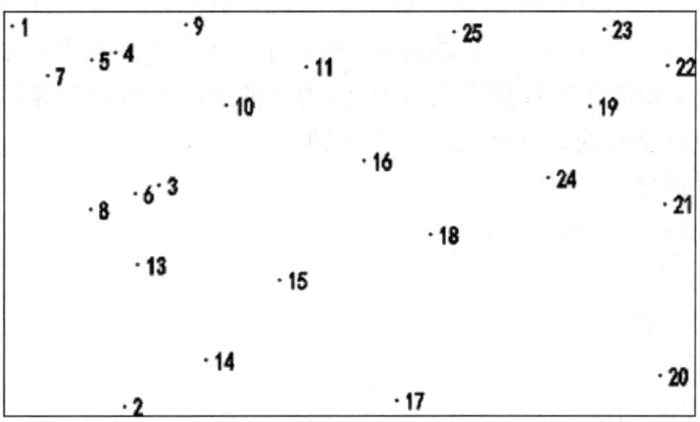

图 12-8　展绘碎部点及注记点号

(4)展绘碎部点和注记高程。①在"0"图层上绘制一个颜色随层(Bylayer)、线型随层(Bylayer)的实心圆环；②将绘制的实心圆定义成名为"pt"的内部块，取圆心坐标作为块的插入点；③启动插入块(Insert)命令，输入点的坐标 (Y,X,H) 和统一比例为 2，将所定义"pt"块

插入到图中;④用文字注记(Text)命令注记点的高程。以 25 号点的展点和注记高程为例操作如下:

◇ 命令:_donut

◇ 指定圆环的内径〈0.5000〉:0

◇ 指定圆环的外径〈1.0000〉:0.4

◇ 指定圆环的中心点或〈退出〉:

◇ 命令:_block

◇ 指定插入基点:_cen 于

◇ 选择对象:找到 1 个

◇ 命令:_insert

在弹出的"插入"对话框内输入 25 号点的坐标,并设置统一比例为 2,选择块名为"pt"后点击"确定"按钮即可。

◇ 命令:text

◇ 当前文字样式: "正等线体"　文字高度: 2.5000　注释性: 否

◇ 指定文字的起点或[对正(J)/样式(S)]:

在所绘制的碎部点附近适当位置确定文字的起点。

◇ 指定高度〈2.5000〉:4

根据比例尺和地形图图式规定字高确定文字的高度,1∶2 000 比例尺图为 4。

◇ 指定文字的旋转角度〈0〉:

文字不旋转,直接按回车键或输入"0"后按回车键确定。然后在命令行提示符处输入 25 号点的高程 191.249 后,结束命令操作。

重复上述(3)、(4)操作展绘其他碎部点和注记高程,直至将所有碎部点展绘和注记完毕。

(二)编程展绘点

1. 准备展点数据

目前,野外数据采集可用全站仪或 RTK 方法进行,不同仪器公司生产的全站仪坐标成果数据下载方法与格式不尽相同,有的是测量坐标(包括:点号、X 坐标、Y 坐标、高程),有的是测量数据(包括:水平角、竖直角、一高、觇标高、距离等),还有的是在测量坐标数据中包含其他的字符(如 TOPCON ES602 的数据格式),因此,为方便展绘控制点和碎部点应将下载的数据格式规范化,一般规范化后的数据格式有以下两种。

(1)测量坐标数据格式。

可将下载的数据整理成如下格式:

N1,X1,Y1,H1
N2,X2,Y2,H2
⋮
Nm,Xm,Ym,Hm

(2)AutuCAD 的坐标数据格式。

由于在 AutoCAD 中坐标系的 X、Y 与测量坐标系 X、Y 相反,因此可将下载的数据整理成 AutuCAD 坐标下的数据格式如下:

N1,Y1, X1,H1

N2,Y2, X2,H2

⋮

Nm,Ym, Xm,Hm

实际上两种格式规范化的数据的不同点在坐标 X、Y 的顺序不同。格式中的 N1,N2,…Nm 为点号。

2. 编写展点程序

可用于 AutoCAD 的高级程序设计语言较多,诸如 VBA、C、C++等以及 AutoCAD 内嵌的 AutoLISP 语言。AutoLISP 语言是一种表语言,与其他高级程序设计语言相比易于学习和掌握。学习 AutoLISP 语言可参考相关书籍和 Visual LISP 的帮助内容,本书不再赘述。

下面是已经编辑好的 AutoLISP 语言展绘碎部点的程序,文件名设为 ZSBD. LSP。

```
(defun C:ZSBD (/ bl k w w1 f f1 m i c a b p n x y h pt1 pt2)
  (setvar "osmode" 0)
  (setvar "CMDECHO" 0)
  (setq bl (getvar "USERR1"))
  (if (or (= bl 0) (= bl nil))
    (setvar "USERR1" (setq bl (getreal "\n 输入绘图比例尺= 1:")))
  )
  (setq bl (/ bl 1000.0))
  (while (= k nil)
    (setq w (getint
      "\n 请选择:(1)测量坐标(n,x,y,H) (2)AutoCAD 坐标(n,y,x,H):<1> ")
    )
    (setq w1 (getint "\n 请选择:(1)展绘测点点号 (2)展绘测点高程:<1> "))
    (if (= w nil) (setq w 1))
    (if (= w1 nil) (setq w1 1))
    (if (or (= w 1) (= w 2)) (setq k T))
  )
  (setq f (getfiled "选择碎部点坐标数据文件" "" "xyz;yxz;dat; txt" 8))
  (command "style" "正等线体" "黑体" 0 0.8 "" "" "")
  (if (= w1 1) (command "layer" "m" "CDH" "c" 1 "" ""))
  (if (= w12) (command "layer" "m" "GCD" "c" 1 "" ""))
  (setq f1 (open f "r"))
  (setq m (read-line f1))
  (while (= k T)
    (setq a (substr m 1 1))
    (setq i 2 c a p nil)
    (while (< = i (strlen m))
  (setq b (substr m i 1))
  (cond ((and (= b ",") (= a ",")))
```

```
        ((and (= b ",") (/= a ",")) (setq p (cons c p) c ""))
        ((or (and (/= b ",") (= a ",")) (and (/= b ",") (/= a ",")))
         (setq c (strcat c b))
        )
)
(setq i (1+ i) a b)
        )
        (setq p (cons c p))
        (setq h (car p) y (cadr p) x (caddr p) n (car (reverse p)))
        (cond ((= w 1) (setq pt1 (list (atof y) (atof x) (atof h)))
           (setq pt2 (list (+ (atof y) bL) (+ (atof x) bl))))
           ((= w 2) (setq pt1 (list (atof x) (atof y) (atof h)))
           (setq pt2 (list (+ (atof x) bl) (+ (atof y) bl))))
        )
        (cond ((= w1 1) (command "point" pt1)
           (command "text" "J" "TL" pt2 ( * bl 2.0) "" n))
           ((= w1 2) (command "donut" 0 ( * bl 0.2) pt1 "")
           (command "text" "J" "TL" pt2 ( * bl 2.0) "" (rtos (atof h) 2 2)))
        )
        (setq m (read-line f1))
        (if (or (= m "") (= m nil)) (setq k nil))
    )
    (close f1)
    (command "zoom" "e")
    (gc)
    (princ)
  )
```

该程序除了可展绘上述两种规范数据格式外,还可用于南方 CASS 软件使用的数据格式。

3. 运行程序展绘碎部点

上述展绘碎部点程序的具体操作过程如下:

(1)加载应用程序。

在命令行内输入“appload”命令,在弹出的“加载/卸载应用程序”对话框(如图 12-9 所示)中浏览文件路径,选择“ZSBD. LSP”文件,然后点击“加载”按钮后文本窗口内提示“已成功加载 ZSBD. LSP”,退出对话框操作。

(2)展绘碎部点。

在命令行内输入“ZSBD”字符后按回车键,根据提示进行相关操作,操作如下:

◇ 命令:zsbd

◇ 输入绘图比例尺=1∶2 000

第一次执行“ZSBD”命令,需输入比例尺,此后无须再次输入。

图 12-9　“加载/卸载应用程序”对话框

◇ 请选择:(1)测量坐标(n,x,y,H)　(2)AutoCAD 坐标(n,y,x,H):〈1〉1

默认选择 1,若用南方 CASS 数据格式选择“2”,本例用测量数据格式选择“1”。

◇ 请选择:(1)展绘测点点号　(2)展绘测点高程:〈1〉2

根据是展绘碎部点的点号还是高程进行选择,本例展绘碎部点的高程选择“2”,确定后弹出如下对话框。

在弹出的“选择碎部点坐标数据文件”对话框(如图 12-10 所示)种,浏览文件路径选择文件类型和文件名“sbd. xyz”后,点击“打开”按钮,结束对话框操作并展绘碎部点位置和注记高程值,展点结果如图 12-11 所示。

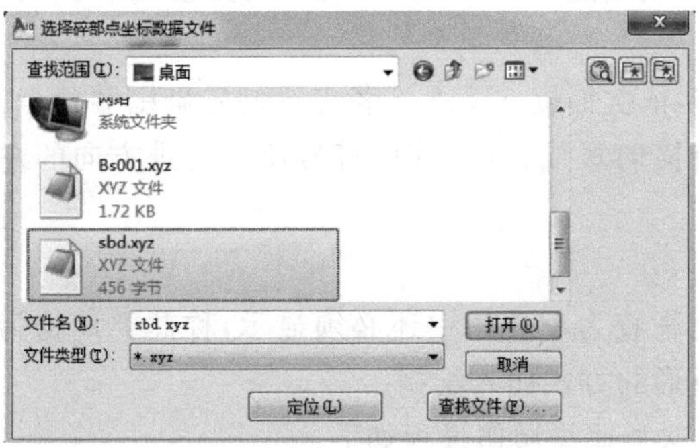

图 12-10　“选择碎部点坐标数据文件”对话框

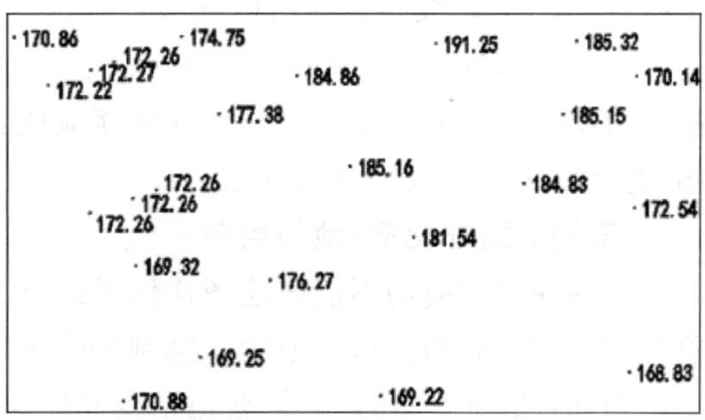

图 12-11　展绘碎部点及注记高程

§ 12-3　地形图绘制

一、地物绘制

在碎部点展绘完后,可根据野外绘制的碎部点草图勾绘地物。

(一)一般地物的绘制

在完全能够依绘图比例尺绘制地物时,可根据野外绘制的碎部点草图及展点图中的点号注记将地物相邻的点用折线或曲线连接起来,连线之前注意图层、线型和线宽设置应符合《地图图式》中的要求。

例如:图 12-8 中点号为 3、4、5、6 是一般房屋的四个角点,绘制该地物的操作如下:

(1)先启动图层(Layer)命令,在弹出的"图层特性管理器"中新建图层"JMDSS"(居民地及设施)并置为当前图层,按表 12-2 设置图层颜色,线型设为连续线(Continuous)。

(2)启动多段线(Pline)命令,依次将 3、4、5、6 连接起来构成一闭合四边形,即为所绘制房屋。

(二)线状地物的绘制

这类地物有的在长度、宽度上都可以依绘图比例尺绘制,也有在长度方向可依绘图比例尺绘制而在宽度方向不能按比例绘制。因此,对于宽度不能依绘图比例尺绘制时,一般用一条或用多条具有特定线型的线段来表示此类地物。

例如:图 12-8 中的 1、2 号点是乡村路同一边上的两点,草图中标明路宽为 2 米,在 1∶2 000 比例尺下长宽均可按比例绘制。5、6、7、8 点是一砖砌围墙,其宽度不能依比例绘制,需用特殊线型表示。具体绘制操作过程如下:

(1)新建图层"JTSS"(交通及附属设施)并置为当前图层,按表 12-2 设置图层颜色,线型设为连续线(Continuous)。

(2)启动线型(linetype)命令,在弹出的"线型管理器"对话框中,全局比例因子设为 2(因为绘图比例尺为 1∶2 000)。在"线型控制"列表框中将前述定义的"4418 乡村路(虚线)"置为当前线型。

(3)启动多段线(Pline)命令,设置线宽为 0.4,捕捉 1、2 点绘制乡村路的虚线段。

(4)启动偏移复制(Offset)命令,设置偏移距离为 2(路宽),选择乡村路的虚线段向左侧偏移,选择所偏移虚线线段,将其更改为连续线型(Continuous)。

(5)置当前图层为"JMDSS"(居民地及设施),颜色随层(ByLayer),在"线型控制"列表框中将"4387 围墙"线型置为当前线型。

(6)启动多段线(Pline)命令,设置线宽为 0.6,依次捕捉 5、7、8、6 各点绘制砖砌围墙角点。注意绘制此类线型时选择定位点的顺序应使具有横向短线、点或其他符号位于前进方向的左侧,这是因为定义线型时的约定。

(三)独立(非比例)地物绘制

地物在各方向均不能按绘图比例尺绘制且地物较为重要图中还必须显示,称此类地物为独立(非比例)地物。这类地物的绘制多采用块或形的方式插入绘制。

例如:图 12-8 中的 25 号点是无线电杆,绘制这类地物操作过程如下:

(1)依据地形图图式中"无线电杆"符号的尺寸,在 AutoCAD 中绘制该符号(样式见表 12-3 中编号为 27 的符号),选择底部圆心为插入点,命名为"4354"(地形图图式中的编号)后定义成图块(Block 或 Wblock 命令均可)。

(2)启动插入块(Insert)命令,选择块名为"4354",用捕捉或直接输入坐标的方式将"4354"图块定位在 25 号点位处。

以同样的方法绘制其他的地物。

二、等高线绘制

在地形图中常用等高线来表示地面的高低起伏状况，下面还以【例 12-2】的碎部点数据为例，说明在 AutoCAD 下绘制等高线的操作步骤。

(一)绘制地性线

地性线是地貌形态的骨架线，也是描述地貌形态时的控制线，主要包括山脊线、山谷线、山脚线等。在地形测绘中通过采集地性线上部分特征点(如坡度变化点、平面转折点)，并将这些点相连反映地貌形态的骨架线，通常用实线表示山谷线、虚线表示山脊线，如图 12-12 所示，其中：19—22 和 21—24 为山脊线，9—11—25—16—15—14 为山谷线。

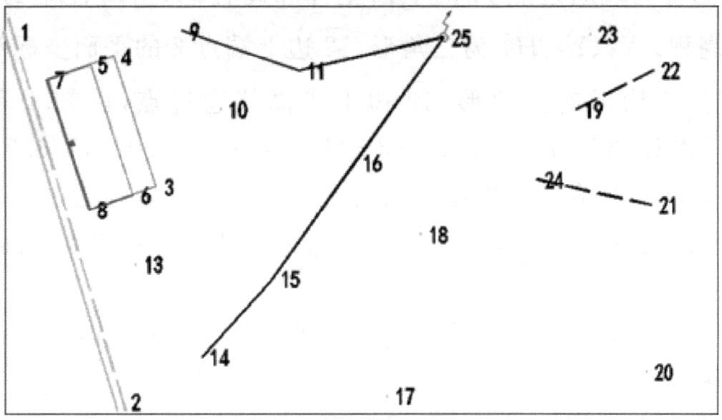

图 12-12　绘制地性线

(二)建立数字地面模型

数字地面模型(DTM)是利用一定区域内的大量已知 X、Y、Z 的坐标点对连续地面的一种模拟表示，或者说是带有空间位置特征和地形属性特征的数字描述。在地形图测绘中，采集的数据点是离散的地形特征点，为建立 DTM 一般采用三角形法，即按一定的规则和要求把采集的地形点构成连续的三角形，每个三角形代表了地形在小范围内的一个空间平面，所有的连续的三角形就表示了地面的空间分布。

实际建立 DTM 时可根据外业测量所绘制的工作草图及绘制的地性线构建三角形，注意构建的三角形不能相互叠压和穿越地性线，如图 12-13 所示。

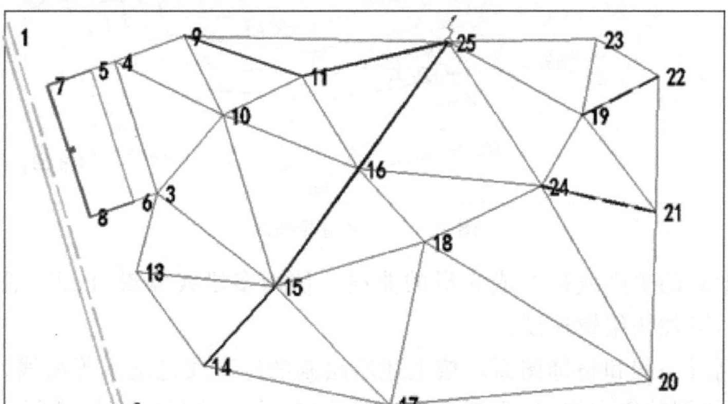

图 12-13　建立的 DTM

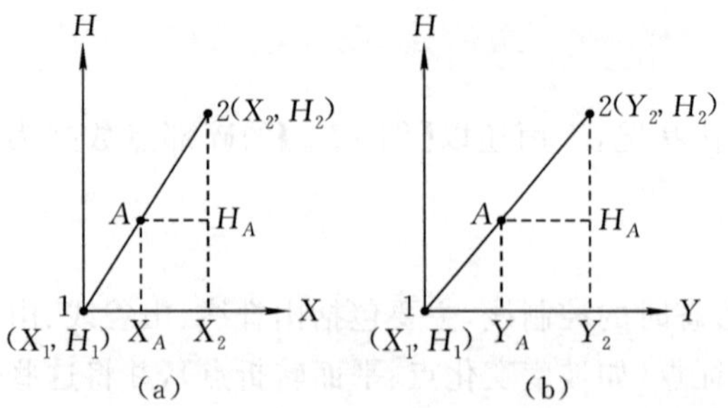

图 12-14 等高线内插计算

(三)内插等高线通过点

为了绘制等高线应先确定 DTM 的每个三角形(空间平面)各边上等高线的通过点,一般采用比例内插法计算,原理如图 12-14 所示,等高线通过点 A 的平面坐标为

$$X_A = X_1 + \frac{X_2 - X_1}{H_2 - H_1} \cdot (H_A - H_1)$$

$$Y_A = Y_1 + \frac{Y_2 - Y_1}{H_2 - H_1} \cdot (H_A - H_1)$$

式中,X_A、Y_A、H_A 为等高线通过点 A 的平面坐标和高程;X_1、Y_1、H_1 为三角形 $\overline{12}$ 边上端点 1 的平面坐标和高程;X_2、Y_2、H_2 为三角形 $\overline{12}$ 边上端点 2 的平面坐标和高程。

例如:计算 4、9 、10 构成的三角形 $\overline{49}$ 边上等高线通过点,已知 4 和 9 点的坐标分别为:4(98 828.671,16 201.437,172.261)、9(98 834.817,16 218.052,174.752),绘图比例尺取 1∶2 000,等高距为 2 米。由给定的数据分析可知 $\overline{49}$ 边上等高线通过点只有一个且高程为 H_A =174 米,将 4、9 点的 X、Y、H 和 A 点的 H 值带入上式可计算得到等高线通过点 A 的坐标为 A (98 832.962,16 213.036,174.000)。

同理,可计算每个三角形各边上等高线通过点的坐标,并做出标记待绘制等高线。

(四)绘制等高线

(1)依次连接上述相邻高程相同的各点绘制等高线。具体操作为:①新建图层“DGX”(等高线),按地图图示要求设置图层颜色、线型,并置为当前图层;②启动多段线(Pline)命令,按绘图比例尺和地图图示要求设置线宽后依次选择同一高程的相邻(在同一个三角形或相邻三角形上)点绘制一条高程相同的多段线;③重复②的操作绘制其他的等高线,直至所有的等高线绘制完毕,如图 12-15 所示。

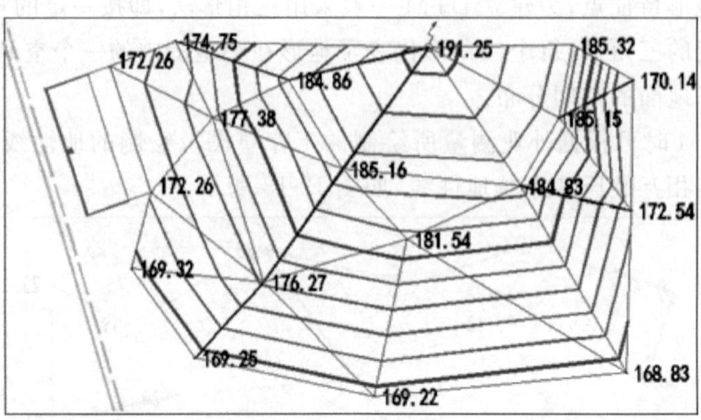

图 12-15 绘制等高线

(2)将折线形式的等高线拟合成光滑的曲线。使用多段线编辑(Pedit)命令,选择“多条”多段线进行编辑,可加快编辑速度。

(3)注记等高线高程和整饰图面。按上述所绘制的等高线是基本等高线(按《地图图式》规定的等高线距离绘制的等高线,称为基本等高线,也称为首曲线)。《地图图式》规定绘制的等高线应每隔四条首曲线加粗一条等高线,又称为加粗等高线,因为只注记加粗等高线的高程值,所以加粗等高线也成为计曲线。等高线高程注记字高、方向、位置应根据《地图图式》要求和绘图比例尺确定。整饰图面是在确定绘制的等高线没有问题后删除建立的DTM时构建的三角形、不需要的碎部点点号和高程,使图面清晰便于阅读和使用。注记等高线高程和整饰后如图12-16所示。

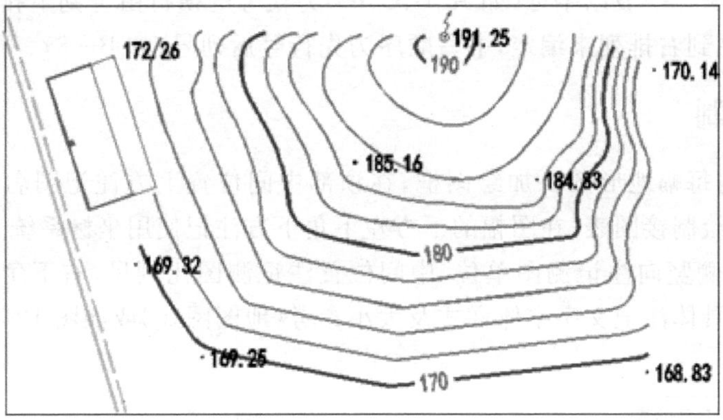

图12-16　整饰后图面

三、文字注记

文字注记是地形图一项重要的内容,主要包括地理名称注记、说明注记和各种数字注记等。文字的字体样式应符合《地图图式》的要求,字的大小除了符合《地图图式》规定外还与绘图比例尺相关。另外地形图中文字注记字列(方向)也有具体的规定,注记字列规定如下。

(1)水平字列:由左至右,各字中心的连线成一条直线,且平行于南图廓。

(2)竖直字列:由上至下,各字中心的连线成一条直线,且垂直于南图廓。

(3)雁行字列:各字中心的连线斜交于南图廓,与被注地物走向平行,但字向垂直于南图廓,如山脉名称、河流名称等。当地物延伸方向与南图廓成45°和45°以下倾斜时,由左至右注记;成45°以上倾斜时,由上至下注记,字序如图12-17所示。

(4)屈曲字列:各字字边垂直或平行于线状地物,依线状的弯曲排成字序,如街道名称注记、说明注记等。

图12-17　注记字列规定

四、地形图分幅与编号

地形图经过绘制、编辑、修改和整饰之后需对图形进行分幅与编号,具体要求如下。

(一)地形图的分幅

按照《地图图式》中的规定,地形图一般采用50 cm×50 cm正方形分幅和40 cm×50 cm矩形分幅,根据需要也可采用其他格式分幅。

(二)图幅编号

(1)图廓西南角点坐标编号法。该方法适宜正方形或矩形分幅的地形图图幅编号,编号时

X 坐标千米数在前，Y 坐标千米数在后；1∶500 地形图取至 0.01 km(如 20.00—35.25)，1∶1 000、1∶2 000 地形图取至 0.1 km(如 25.0—35.5)。

(2)流水编号法。对于带状测区或小面积测区可按测区统一顺序编号，一般从左至右，从上至下用阿拉伯数字 1、2、3、…编号(如××—12，××为测区代号)。

(3)行列编号法。一般以字母(如 A、B、C、…)为代号的横行由上到下排列，以阿拉伯数字为代号的纵列从左到右排列来编定，书写顺序为先行号后列号(如 B—8)。

五、图廓绘制

对于分幅后的每幅地形图要加绘图框，在顶部中间位置上方注记图名，下方注记图幅编号，图幅的左上角绘制接图表；在图幅的下方左下角下方注记使用坐标系统、高程系统、图式版本和测图日期，左侧竖向注记测图单位，中间位置注记测图比例尺，右下角注记测量员、绘图员、检查员信息。具体注记文字字体样式及大小参考《地图图式》或如图 12-18 所示。

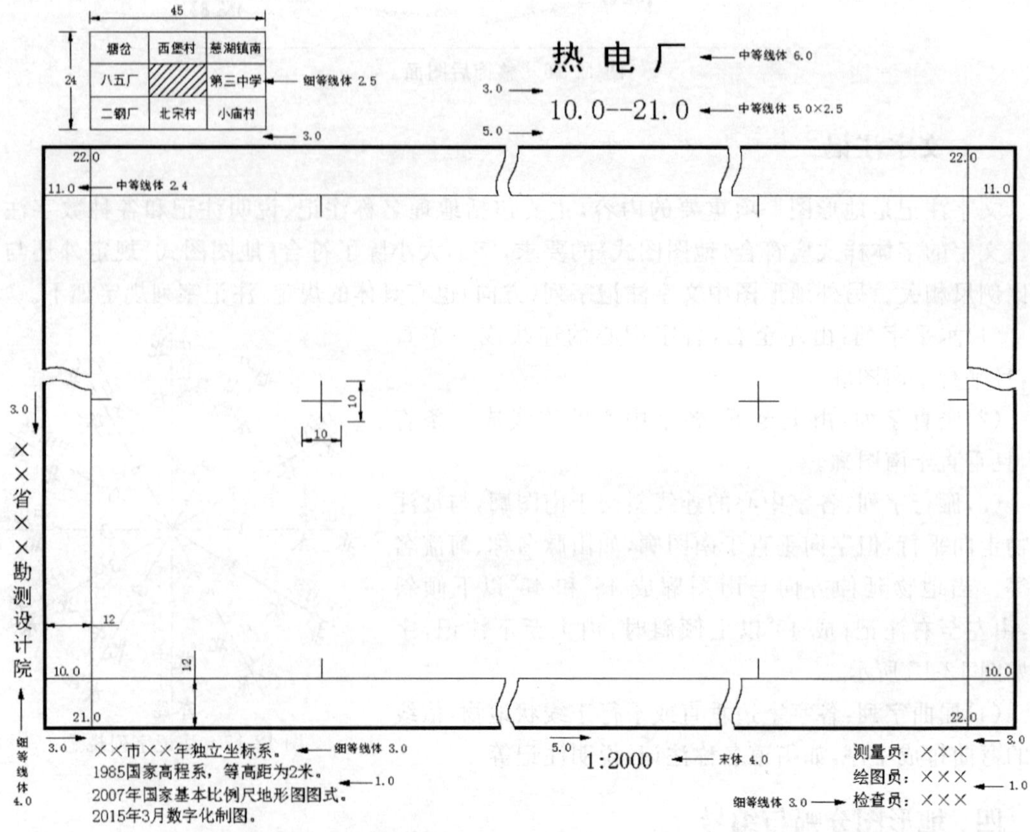

图 12-18　注记样式

复　习　题

1. 利用 AutoCAD 软件绘制地形图时如何确定绘图比例尺？
2. 在利用 AutoCAD 绘制地形图时如何根据绘图比例尺取舍所绘制的地物？

3. 利用 AutoCAD 软件绘制地形图时如何对地物分类、分颜色绘制？
4. 地物符号是如何分类的？各类地物在 AutoCAD 中如何绘制？
5. 在利用 AutoCAD 绘制地形图时如遇较大区域内的植被符号、地类符号等如何绘制？
6. 如何创建适合地形图绘图要求的图例符号库、线型库和填充图案库？
7. 在 AutoCAD 中如何展绘控制点和碎部点？
8. 简述在 AutoCAD 中绘制等高线的方法步骤。

第 13 章　图形输入、输出和打印

§ 13-1　图形输入、输出

在默认的情况下，AutoCAD 2009 软件是以后缀为 dwg 的文件格式保存图形文件的，当与其他应用程序交换图形文件时，必须将其转换为特定的格式。AutoCAD 2009 软件不仅能够保存为其他特定的图形文件格式，以供与其他应用软件使用，也可以输入、附着或打开用其他应用程序创建的文件，即 AutoCAD 2009 软件也可以输入和输出不同类型的图形文件格式。

一、输入、附着或打开其他文件格式

AutoCAD 2009 软件可输入不同类型的图形文件格式包括 3DS(3D Studio 图形文件)、ACIS(实体造型文件)、DWF(Web 图形格式)和 DWFx(DWF 的更高版本)、DXF(图形交换格式)、DXB(二进制图形文件)、WMF(Windows 图元)、DGN(MicroStation 图形文件)、光栅文件等。

所输入的这些文件格式可分为两大类：一类是在 AutoCAD 2009 可直接打开的图形文件，如 DXF(图形交换格式)、DXB(二进制图形文件)，另一类是以插入或附着文件的形式作为 AutoCAD 2009 的参考底图，如 DWF(Web 图形格式)、光栅文件等。

下面以输入 DXF、WMF 和光栅文件为例，说明命令的使用方法。

(一)打开 DXF 文件的步骤

1. 命令启动

(1)单击“菜单浏览器”按钮，在弹出的菜单中选择“文件(F)菜单”→“打开(O)…”。

图 13-1　快速访问工具栏

(2)单击“快速访问工具栏”(如图 13-1 所示)上的“打开”按钮。

(3)在命令行提示符下键入“OPEN”后，按回车键。

2. 命令操作要点

命令启动后弹出“选择文件”对话框(如图 13-2 所示)。

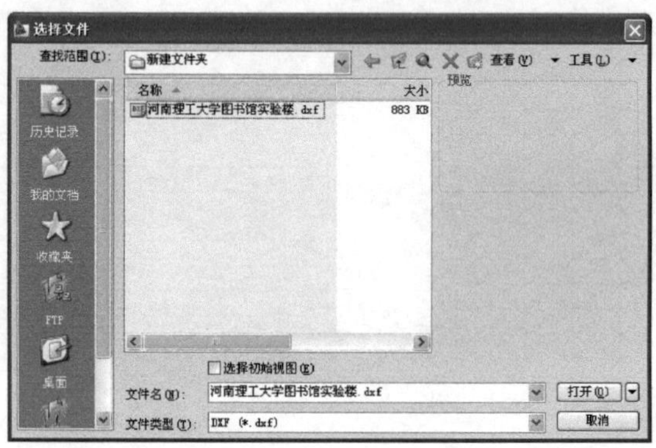

图 13-2　“选择文件”对话框

(1)在“选择文件”对话框的“文件类型”框中选择“DXF (＊.dxf)”。

(2)查找并选择要输入的 DXF 文件，或者在“文件名”处输入 DXF 文件的名称。

(3)单击“打开”。

(二)插入 WMF 文件的步骤

1. 命令启动

(1)在“功能区”选项板中选择“块与参

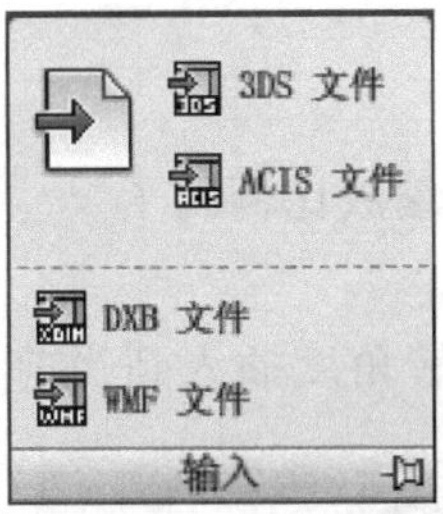

图 13-3　“输入”面板

照”选项卡（如图 9-1 所示）的“输入”面板（如图 13-3 所示）上点击“WMF”按钮。

（2）单击“菜单浏览器”按钮，在弹出的菜单中选择“插入(I)”菜单→“Windows 图元文件(W)…”。

（3）在命令行提示符下键入“WMFIN”后，按回车键。

2. 命令操作要点

命令启动后弹出“输入 WMF”对话框（如图 13-4 所示），在“输入 WMF”对话框中，选择要打开的 WMF 文件后，单击“打开”按钮，在命令行按如下提示操作：

◇ 命令：_wmfin

◇ 单位：无单位　转换：1.0000

◇ 指定插入点或［基点(B)/比例(S)/X/Y/Z/旋转(R)］：指定插入基点

◇ 输入 X 比例因子，指定对角点，或［角点(C)/XYZ(XYZ)］〈1〉：指定插入 Windows 图元文件的“X”比例因子

◇ 输入 Y 比例因子或〈使用 X 比例因子〉：指定插入 Windows 图元文件的“Y”比例因子

◇ 指定旋转角度〈0〉：指定插入 Windows 图元文件的旋转角度

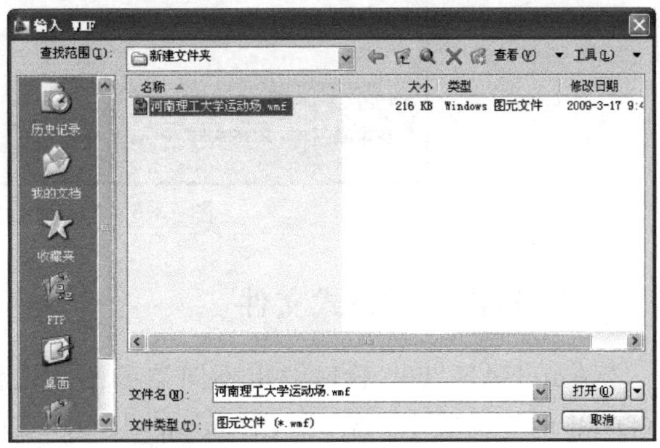

图 13-4　“输入 WMF”对话框

通过上述操作即可将 WMF 文件（Windows 图元文件）按指定位置、X 和 Y 方向比例因子、旋转角度插入到当前文件中。

（三）附着栅格文件的方法步骤

AutoCAD 2009 可以为图形中的对象创建与设备无关的光栅图像，光栅图像的格式可以是位图、JPEG、TIFF 和 PNG 等。在 AutoCAD 2009 图形对象（包括着色视口和渲染视口中的对象）出现在屏幕上时，也显示光栅图像。在测绘工程制图时，利用附着栅格文件的功能可对获取的光栅图像纸质图件矢量化，使之成为便于使用的矢量图件（AutoCAD 的 DWG 文件）。

1. 命令启动

（1）在“功能区”选项板中选择“块与参照”选项卡（如图 9-1 所示），在“参照”面板（如图 13-5 所示）点击“图像”按钮。

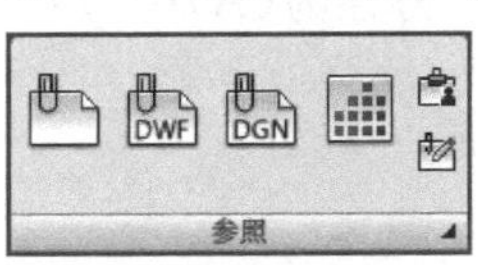

图 13-5　“参照”面板

（2）单击“菜单浏览器”按钮，在弹出的菜单中选择“插入(I)”菜单→“光栅图像参照(I)…”。

（3）在命令行提示符下键入“IMAGEATTACH”后，按回车键。

2. 命令操作要点

命令启动后弹出“选择图像文件”对话框（如图 13-6 所示），在“选择图像文件”对话框中输入图像文件名称，单击“打开”按钮，在命令行按如下提示操作：

◇ 命令：_imageattach

◇ 指定插入点〈0,0〉:指定插入基点

◇ 基本图像大小:宽:375.411 987,高:403.225 006,Millimeters

◇ 指定缩放比例因子或[单位(U)]〈1〉:指定插入光栅图像文件的缩放比例因子

◇ 指定旋转角〈0〉:指定插入光栅图像文件的旋转角度

通过上述操作即可将光栅图像文件按指定位置、缩放比例因子和旋转角度插入到当前文件中。

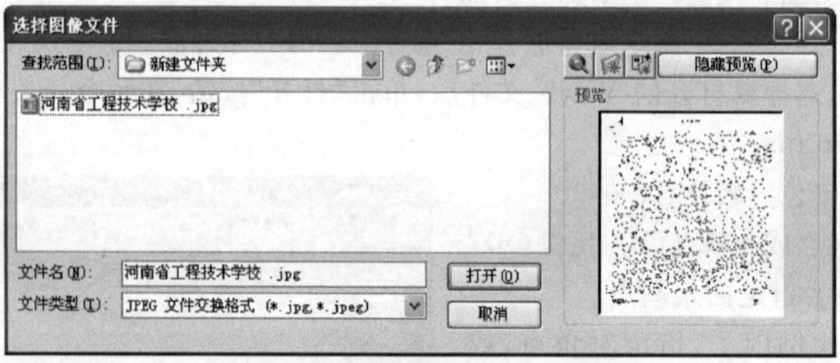

图 13-6 "选择图像文件"对话框

二、输出不同格式文件

AutoCAD 2009 软件输出不同类型图形文件格式包括 DWF(Web 图形格式)和 DWFx(DWF 的更高版本)、WMF(Windows 图元)、SAT(ACIS 实体造型文件)、STL(平板印刷文件)、EPS(封装 PS)、DXX(属性数据提取文件)、DXF(图形交换格式)、DGN(MicroStation 图形文件)、BMP(位图文件)等。

下面以输出 DXF、WMF 和 BMP 文件为例,说明命令的使用方法。

(一)输出 DXF 文件的方法步骤

AutoCAD 2009 软件输出可以将当前编辑图形文件输出为 DXF(图形交换格式)文件,其中包含可由其他 CAD 系统软件读取的图形信息。DXF 文件是文本或二进制文件,其中包含可由其他 CAD 程序读取的图形信息。如果其他用户使用能够识别 DXF 文件的 CAD 程序,那么以 DXF 文件保存图形就可以共享该图形。

控制 DXF 格式的浮点精度最多可达 16 位小数,并可以 ASCII 格式或二进制格式保存该图形。如果使用 ASCII 格式,将生成可读取和编辑的文本文件;如果使用二进制格式,生成的文件会小得多,且使用该文件时速度较快。

1. 命令启动

(1)单击"菜单浏览器"按钮,在弹出的菜单中选择"文件(F)菜单"→"另存为(A)…"。

(2)在命令行提示符下键入"SAVEAS"后,按回车键。

2. 命令操作要点

命令启动后将弹出"图形另存为"对话框(如图 13-7 所示)。

在"选择文件"对话框的"文件类型"框中选择"DXF(*.dxf)",在"图形另存为"对话框中选择一个文件夹并输入文件名,单击"保存"按钮,将当前正在编辑的整个图形文件保存为 DXF 格式文件。

若以 DXF 格式保存特定对象(部分图形),可作如下操作:

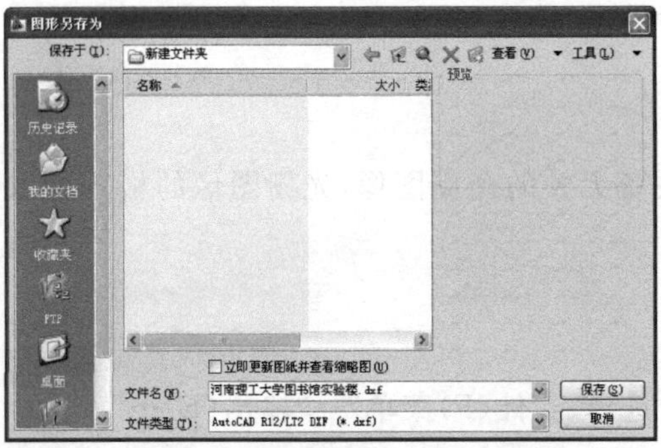

图 13-7　“图形另存为”对话框

(1)单击“菜单浏览器”按钮，在弹出的菜单中选择“文件(F)菜单”→“另存为(A)…”后，将弹出“图形另存为”对话框(如图 13-7 所示)。

(2)在弹出“图形另存为”对话框中，单击“工具(L)”→“选项(O)”→“DXF 选项”(如图 13-8 和图 13-9 所示)。

(3)在“另存为选项”对话框中选择所需的 DXF 格式(包括 ASCII 和二进制格式)，然后选择“选择对象”复选框，输入一个值作为精确的小数位的位数。单击“确定”按钮。

(4)选择要保存特定对象(部分图形)后按“Enter”键，将所选择的特定对象(部分图形)保存为 DXF 格式。

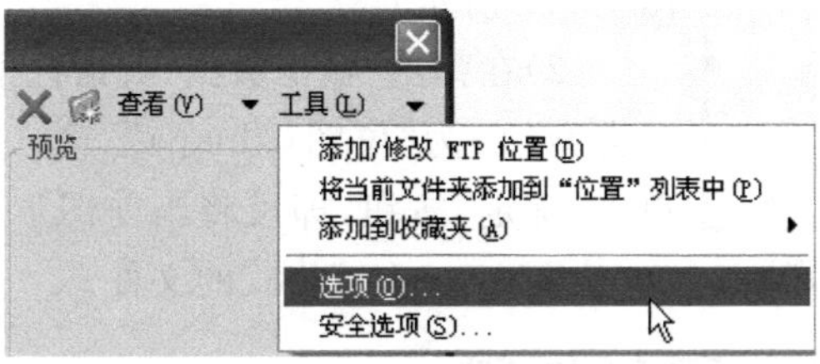

图 13-8　“工具(L)”菜单下的“选项(O)”

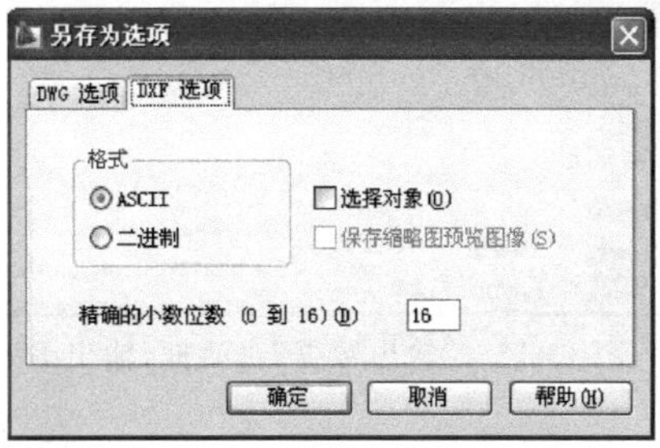

图 13-9　“另存为选项”对话框

(二)输出 WMF 文件的方法步骤

WMF(Windows 图元文件格式)文件经常用于生成图形所需的剪贴画和其他非技术性图像。可以将 WMF 文件作为块插入到图形文件中。与位图不同的是，WMF 文件包含矢量信息，该信息在调整大小和打印时不会造成分辨率下降。如果 WMF 文件包含二维实体或宽线，可以关闭它们的显示以加快绘图速度。

WMF 文件可以包含矢量和光栅信息，但是程序只使用 WMF 文件中的矢量信息。将包含光栅信息的 WMF 文件输入到程序中时，光栅信息将被忽略。

以 WMF 格式保存图形文件的操作方法如下：

1. *命令启动*

(1)单击“菜单浏览器”按钮，在弹出的菜单中选择“文件(F)菜单”→“输出(E)…”。

(2)在命令行提示符下键入“EXPORT”后，按回车键。

2. *命令操作要点*

(1)在命令行提示符下键入“EXPORT”后，按回车键，将弹出“输出数据”对话框(如图 13-10 所示)。

(2)在弹出“输出数据”对话框中，选择

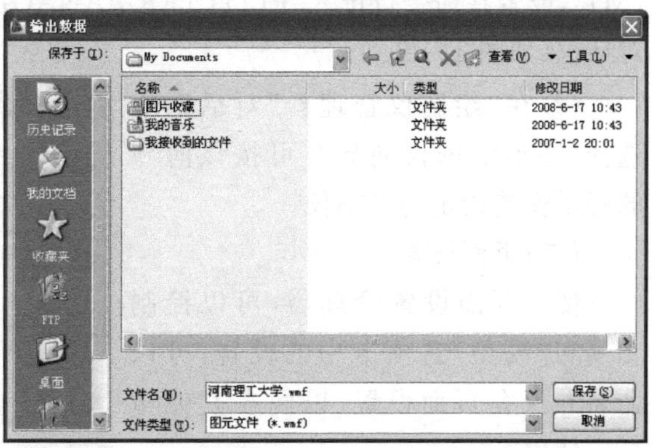

图 13-10　“输出数据”对话框(输出 WMF 文件)

文件类型(T)为“图元文件(.wmf)”，输入文件名后单击“确定”按钮，即可将当前图形文件输出为“图元文件(.wmf)”格式的文件。

(三)输出 BMP 文件的方法步骤

AutoCAD 2009 可以为图形中的对象创建与设备无关的光栅图像，光栅图像的格式可以是位图、JPEG、TIFF 和 PNG。

以 BMP 格式保存图形文件的操作如下：

1. 命令启动

(1)单击“菜单浏览器”按钮，在弹出的菜单中选择“文件(F)菜单”→“输出(E)…”。

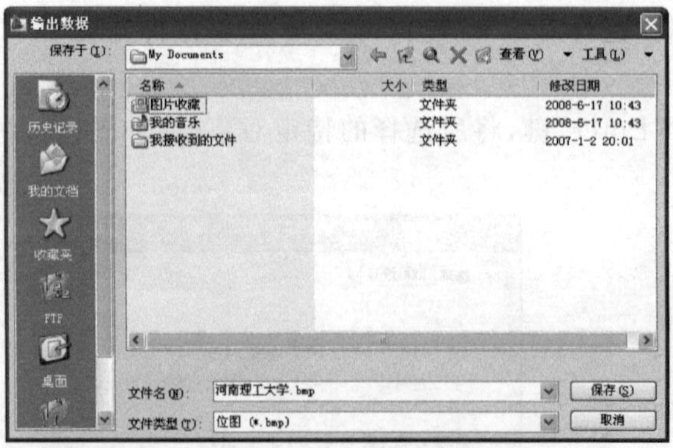

图 13-11 “输出数据”对话框(输出 BMP 文件)

(2)在命令行提示符下键入“EXPORT”后，按回车键。

2. 命令操作要点

(1)在命令行提示符下键入“EXPORT”后，按回车键。将弹出“输出数据”对话框(如图 13-11 所示)。

(2)在弹出“输出数据”对话框中，选择文件类型(T)为“位图(.bmp)”，输入文件名后单击“确定”按钮，即可将当前图形文件输出为“位图(.wmf)”格式的文件。

§13-2 图形打印

一、打印概述

(一)绘图仪管理器

在绘图仪管理器的窗口中，列出了当前安装的所有非系统打印机的绘图仪配置(PC3)文件。如果希望使用的默认打印特性不同于 Windows 所使用的打印特性，也可以为 Windows 系统打印机创建绘图仪配置文件。绘图仪配置设置指定端口信息、光栅图形和矢量图形的质量、图纸尺寸取决于绘图仪类型的自定义特性。若要添加绘图仪，可按如下方法步骤操作：

(1)单击“菜单浏览器”按钮，在弹出的菜单中选择“文件(F)菜单”→“绘图仪管理器(M)”，或者在命令行键入“PLOTTERMANAGER”后，按回车键。此时弹出“绘图仪管理器”对话框(如图 13-12 所示)。

(2)在“绘图仪管理器”对话框中选择“添加绘图仪向导”，可按该向导的提示安装指定的绘图仪。

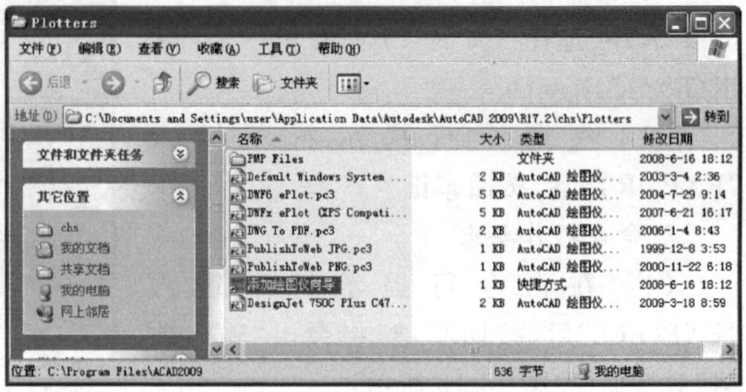

图 13-12 “绘图仪管理器”对话框

(二)页面设置

使用页面设置管理器，可以控制布局和“模型”选项卡中的设置，可以命名并保存页面设置，以便在其他布局中使用。

如果在创建布局时没有指定“页

面设置”对话框中的所有设置，用户可以在打印之前设置页面，或者在打印时替换页面设置。可以对当前打印任务临时使用新的页面设置，也可以保存新的页面设置。

使用“页面设置管理器”设置打印页面方法如下：

(1)单击“菜单浏览器”按钮，在弹出的菜单中选择“文件(F)菜单”→“页面设置管理器(G)”，或者在命令行键入“PAGESETUP”后，按回车键。此时弹出“页面设置管理器”对话框如图 13-13 所示。

(2)在“页面设置管理器”对话框中可通过新建、修改和输入打印页面的设置。

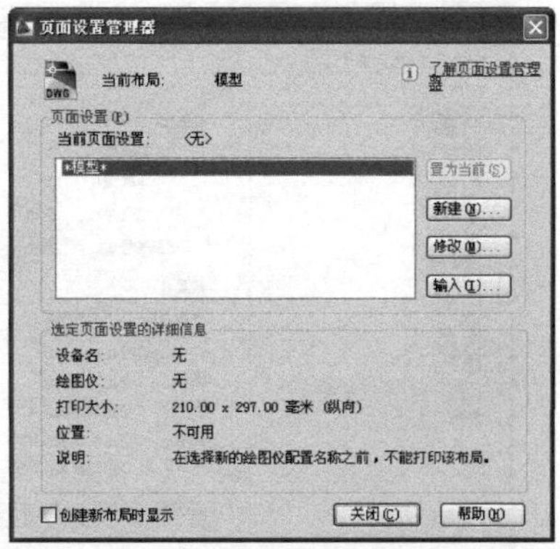

图 13-13　“页面设置管理器”对话框

(三)打印样式

打印样式通过确定打印特性(例如线宽、颜色和填充样式)来控制对象或布局的打印方式。打印样式表中收集了多组打印样式，在打印样式管理器窗口中显示了所有可用的打印样式表。打印样式有两种类型。

(1)颜色相关打印样式表。通过使用颜色相关打印样式来控制对象的打印方式，确保所有颜色相同的对象以相同的方式打印。这些打印样式表文件的扩展名为 *.ctb。不能直接为对象指定颜色相关打印样式，要控制对象的打印颜色，必须修改对象的颜色。例如，图形中所有被指定为红色的对象均以相同的方式打印。

(2)命名打印样式表。使用直接指定给对象和图层的打印样式。这些打印样式表文件的扩展名为 *.stb。使用这些打印样式表可以使图形中的每个对象以不同颜色打印，与对象本身的颜色无关。

一个图形只能使用一种类型的打印样式表。用户可以在两种打印样式表之间转换，也可以在设置了图形的打印样式表类型之后，修改所设置的类型。

修改或添加打印样式的方法如下：

(1)单击“菜单浏览器”按钮，在弹出的菜单中选择“文件(F)菜单”→“打印样式管理器(Y)”，或者在命令行键入“STYLESMANAGER”后，按回车键。此时弹出“打印样式管理器”对话框(如图 13-14 所示)。

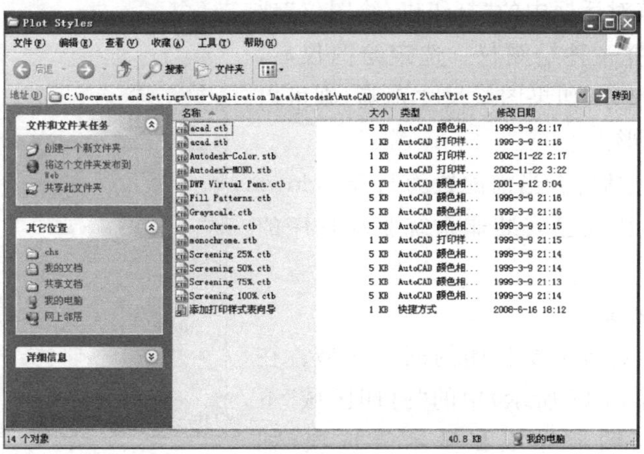

图 13-14　“打印样式管理器”对话框

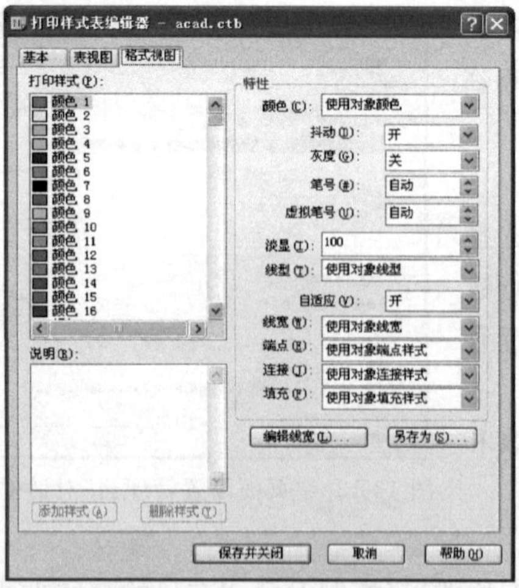

图 13-15 “打印样式表编辑器”对话框

(2)在“打印样式管理器”对话框中可选择“添加打印样式向导”创建新的打印样式,具体操作过程可根据软件提示的内容进行;也可选择已有打印样式进行修改,如选择“acad.ctb”打印样式进行修改(如图 13-15 所示)。

二、打印设置

当用 AutoCAD 2009 建立了图形文件后,即可送到绘图仪输出打印在图纸上。在这一过程中若要想在一张规定的图纸上得到一幅完整的图形内容,就必须恰当地规划图形的布局,合理地设定图纸的规格和比例尺寸,正确选定绘图设备和各项打印参数。

(一)选择打印机或绘图仪

打印图形前,必须选择打印机或绘图仪,选择的输出设备会影响图形的可打印区域。当选择输出设备后,可使用“打印”对话框中默认的设置来打印图形。选择打印机或绘图仪的方法步骤如下:

1. 命令的启动

(1)在“功能区”选项板(如图 1-15 所示)中选择“输出”选项卡,在“打印”面板(如图 13-16 所示)点击“打印”按钮。

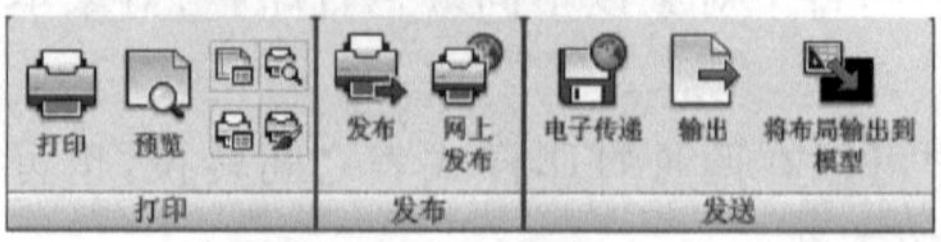

图 13-16 “输出”选项卡

(2)点击“快速访问工具栏”(如图 13-1 所示)上的“打印”按钮。

(3)单击“菜单浏览器”按钮,在弹出的菜单中选择“文件(F)”菜单→“打印(P)”。

(4)在命令提示下,输入“PLOT”。

2. 命令操作要点

命令启动后弹出“打印—模型”对话框(如图 13-17 所示),在该对话框中的“打印机/绘图仪”项的“名称”列表中选择一种绘图仪。选定绘图仪后,可以继续选择图纸尺寸,如果图纸尺寸正确,则可以单击“确定”,打印图形。

可选择绘图仪包括所有当前配置为与 Windows 一起使用的绘图仪,以及已安装非系统驱动程序的绘图仪。

图 13-17 “打印—模型”对话框

(二)指定打印区域

打印图形时,必须指定要打印的图形区域。在“打印”对话框(如图 13-17 所示)中的“打印区域”下提供了窗口、范围、图形界限和显示等选项,如图 13-18 所示。

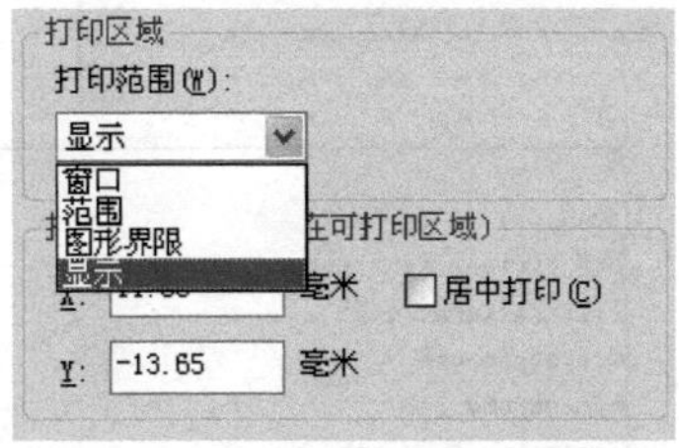

图 13-18　“打印区域”选择

(1)窗口:打印指定的图形的任何部分。单击“窗口”按钮,使用定点设备指定打印区域的对角或输入坐标值。

(2)范围:当前空间内的所有几何图形都将被打印。打印之前,可能会重新生成图形以重新计算范围。

(3)图形界限:打印图形界限所定义的绘图区域。

(4)显示:打印“模型”选项卡中当前视口中的视图或布局选项卡中的当前图纸空间视图。

(三)设置图纸尺寸

可在“打印—模型”对话框中(如图 13-17 所示),选择要使用的图纸尺寸。

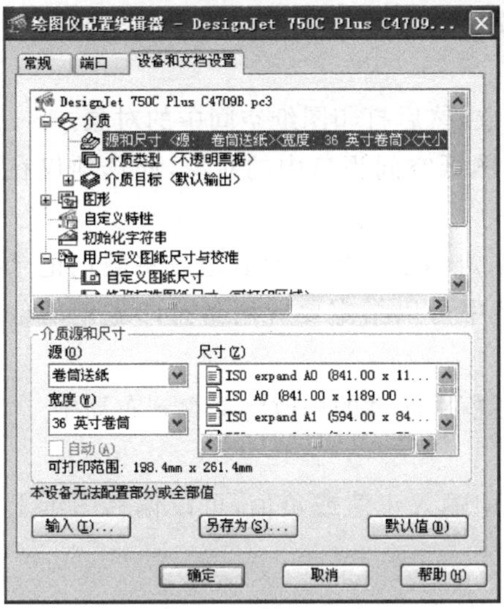

图 13-19　绘图仪配置编辑器

如果从布局打印,可以事先在“页面设置”对话框中指定图纸尺寸。但是,如果从“模型”选项卡打印,则需要在打印时指定图纸尺寸。在“打印”对话框中的“图纸尺寸”列表框中列出的图纸尺寸取决于用户在“打印”或“页面设置”对话框中选定的打印机或绘图仪。

也可以设置默认页面大小,通过编辑与绘图仪关联的 PC3 文件,为大多数绘图仪创建新布局。对于 Windows 系统打印机,可以使用此技术为 Windows 和此程序指定不同的默认页面大小。

当使用自定义图纸尺寸时,可在指定绘图仪后点击“特性”按钮(如图 13-17 所示),在所弹出的“绘图仪配置编辑器”(如图 13-19 所示)中为非系统绘图仪添加自定义图纸尺寸。

(四)设置打印比例

测绘工程图件要求除了有电子图件外还要求按一定的比例尺打印成纸质图件,这些纸质图件的比例尺通常有 1∶500、1∶1 000、1∶2 000、1∶5 000 等。在绘制对象时,通常使用实际的尺寸来绘图,即按 1∶1 的比例绘图。也就是说,如果测量单位为米,那么图形中的一个单位代表一米的距离。因此,在输出纸质测绘工程图件时,设置 1∶0.5 的比例相当于 1∶500、1∶1 的比例相当于 1∶1 000、1∶2 的比例相当于 1∶2 000,依此类推。当然,在打印图形时,也可以根据图纸尺寸调整为满幅打印。

当指定输出图形的比例时,可以从实际比例列表中选择比例,输入所需比例或者选择“布满图纸”,以缩放图形将其调整到所选的图纸尺寸。

下面以输出比例尺为 1∶500 的纸质图为例,说明设置打印比例的方法:在“打印—模型”对话框(如图 13-17 所示)内的“打印比例”区(如图 13-20 所示)输入实际 1 毫米代表图上 0.5 个单位。

图 13-20　设置打印比例

(五)设置打印样式

在“打印—模型”对话框(如图 13-17 所示)内的“打印样式表”的下拉列表框(如图 13-21 所示)中选择或修改选定的打印样式。在 AutoCAD 2009 默认情况下看不到“打印样式表”的

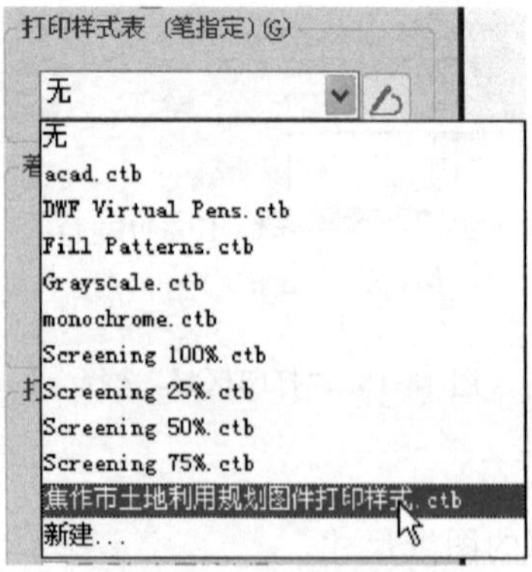

图 13-21 设置打印样式

下拉列表框，可点击“打印”对话框右下角的按钮，显示“打印样式表”的下拉列表框。

(六)为打印对象设置选项

在“打印”对话框中，可选择若干影响对象打印方式的选项。包括：

(1)着色视口打印：指定着色打印选项“按显示”、“线框”或“消隐”。

(2)打印对象的线宽：指定打印对象和图层的线宽。

(3)使用打印样式打印：指定使用打印样式来打印图形，如果不选择此选项，将按指定给对象的特性打印对象而不是按打印样式打印。

(4)最后打印图纸空间：指定先打印模型空间中的对象，然后打印图纸空间中的对象。

(5)消隐图纸空间对象：指定“隐藏”操作是否应用于图纸空间视口中的对象，此选项仅在布局选项卡中可用。

(6)启用打印戳记：启用打印戳记，并在每个图形的指定角上放置打印戳记或将戳记记录到文件中，打印戳记设置在“打印戳记”对话框中指定，从中可以指定要应用到打印戳记的信息，例如图形名称、日期和时间、打印比例等。

(7)将修改保存到布局：单击“确定”后，在“打印”对话框中所做的修改将保存到布局中。

(七)设置打印位置

在“打印”对话框中，通过在“X”和“Y”打印偏移框中输入正值或负值，可以偏移图纸上的图形，也可以选择“居中打印”选项。

(八)设置图形方向

图形方向决定了图形的打印位置是横向(图形的长边为水平方向)还是纵向(图形的长边为垂直方向)，这取决于选定图纸的尺寸，还可以选择倒置打印。

复 习 题

1. 如何在 AutoCAD 2009 中输入或输出其他格式的图形文件？

2. 如何设置打印样式和打印页面？

3. 若要把一幅按 1∶500 比例尺绘制的地形图打印输出为 1∶2 000 的地形图，如何设置打印比例？除了要变换打印比例外还需要对图的哪些内容进行编辑才能使打印输出的地形图符合《国家系列比例尺地形图图式》的要求？

4. 如何用 A4 大小的图纸将一幅大图的全部图形打印出来？

5. 有几种方法可以确定打印范围？

参考文献

蔡希林,2004. AutoCAD 2004 中文版实用教程[M]. 北京:清华大学出版社.

崔建成,2008. 中文版 AutoCAD 2008 标准教程[M]. 北京:中国电力出版社.

高井祥,2007. 测量学[M]. 徐州:中国矿业大学出版社.

国家质量监督检验检疫总局,中国国家标准化管理委员会,2007. 国家基本比例尺地图图式 第 1 部分:1∶500 1∶1000 1∶2000 地形图图式:GB/T 20257.1—2007 [S]. 北京:中国标准出版社.

黄仕君,2008. AutoCAD 2008 实用教程[M]. 北京:北京邮电大学出版社.

黄中友,2008. AutoCAD 2008 中文实例教程[M]. 北京:人民邮电出版社.

康全玉,王庆林,王玉琨,2002. AutoCAD 专业绘图基础[M]. 徐州:中国矿业大学出版社.

李吉祥,何世勇,2007. AutoCAD 2006 教程[M]. 北京:北京师范大学出版社.

刘苏,陈旭玲,2006. AutoCAD 2006 应用教程[M]. 北京:科学出版社.

孙江宏,2007. AutoCAD 2008 中文版实用教程上机指导[M]. 北京:高等教育出版社.

唐嘉平,2008. AutoCAD 2006 实用教程[M]. 2 版. 北京:清华大学出版社.

谢泽学,2006. AutoCAD 2004 简明教程[M]. 北京:科学出版社.

薛焱,王新平,2007. 中文版 AutoCAD 2008 基础教程[M]. 北京:清华大学出版社.

周虹,仉毅,孙慧芝,2006. AutoCAD 2006 基础应用与工程开发[M]. 北京:国防工业出版社.

周明,2006. AutoCAD 2006 高级教程[M]. 上海:上海大学出版社.

朱宏,2008. AutoCAD 2008 基础教程[M]. 北京:人民邮电出版社.

朱龙,2007. 中文版 AutoCAD2006 教程[M]. 北京:科学出版社.

附　录

AutoCAD 2009 常用命令一览表

命令名称	功　能
ABOUT	显示与 AutoCAD 有关的信息
ACISIN	输入 ACIS 文件并在图形中创建体对象、实体或面域
ALIGN	将体对象、实体或面域输出到 ACIS 文件
ADCENTER	管理和插入块、外部参照和填充图案等内容
ADCNAVIGATE	加载指定的设计中心图形文件、文件夹或网络路径
ANNORESET	将注释性对象的所有比例图示的位置重置为当前比例图示的位置
ANNOUPDATE	更新现有的注释性对象，使之与其样式的当前特性相匹配
APERTURE	控制对象捕捉靶框大小
APPLOAD	加载和卸载应用程序，定义要在启动时加载的应用程序
ARC	创建圆弧
AREA	计算对象或指定区域的面积和周长
ARRAY	创建按指定方式排列的多个对象副本
ARX	加载、卸载 ObjectARX 应用程序并提供相关信息
ATTACHURL	将超链接附着到图形中的对象或区域
ATTDEF	创建用于在块中存储数据的属性定义
BACKGROUND	设置视图的背景
BACTION	向动态块定义中添加动作
BACTIONSET	指定与动态块定义中的动作相关联的对象选择集
BACTIONTOOL	向动态块定义中添加动作
BASE	设置当前图形的插入基点
BASSOCIATE	将动作与动态块定义中的参数相关联
BATTMAN	管理选定块定义的属性
BATTORDER	指定块属性的顺序
BAUTHORPALETTE	打开块编辑器中的“块编写选项板”窗口
BAUTHORPALETTECLOSE	关闭块编辑器中的“块编写选项板”窗口
BCLOSE	关闭块编辑器
BCYCLEORDER	更改动态块参照夹点的循环次序
BEDIT	打开块编辑器中的块定义
BGRIPSET	创建、删除或重置与参数相关联的夹点
BHATCH	用填充图案或渐变填充来填充封闭区域或选定对象
BLIPMODE	控制点标记的显示
BLOCK	从选定的对象中创建一个块定义
BLOOKUPTABLE	显示或创建动态块定义查寻表
BOUNDARY	从封闭区域创建面域或多段线
BPARAMETER	向动态块定义中添加带有夹点的参数
BREAK	在两点之间打断选定对象
BSAVE	保存当前块定义
BSAVEAS	用新名称保存当前块定义的副本
BVHIDE	使对象在动态块定义中的当前可见性状态或所有可见性状态中不可见

续表

命令名称	功 能
BVSHOW	使对象在动态块定义中的当前可见性状态或所有可见性状态中均可见
BVSTATE	创建、设置或删除动态块中的可见性状态
CAL	计算数学和几何表达式
CHAMFER	给对象加倒角
CHANGE	修改现有对象的特性
CHPROP	更改对象的特性
CHSPACE	在模型空间和图纸空间之间移动对象
CIRCLE	创建圆
CLASSICLAYER	管理图层和图层特性
CLEANSCREENOFF	恢复工具栏和可固定窗口(命令行除外)的显示
CLEANSCREENON	清除工具栏和可固定窗口(命令行除外)的屏幕
CLOSE	关闭当前图形
CLOSEALL	关闭当前所有打开的图形
COLOR	设置新对象的颜色
COMMANDLINE	显示命令行
COMMANDLINEHIDE	隐藏命令行
COMPILE	将形文件和 PostScript 字体文件编译成 SHX 文件
CONVERT	优化在 AutoCAD R13 或早期版本中创建的二维多段线和关联填充
CONVERTCTB	将颜色相关的打印样式表(CTB)转换为命名打印样式表(STB)
CONVERTOLDLIGHTS	将以先前图形文件格式创建的光源转换为当前格式
CONVERTOLDMATERI	将以先前图形文件格式创建的材质转换为当前格式
CONVERTPSTYLES	将当前图形转换为命名或颜色相关打印样式
CONVTOSOLID	将具有厚度的多段线和圆转换为三维实体
COPY	在指定方向上按指定距离复制对象
COPYBASE	使用指定基点复制对象
COPYCLIP	将选定的对象复制到剪贴板
COPYHIST	将命令提示历史纪录文字复制到剪贴板
COPYLINK	将当前视图复制到剪贴板中以便链接到其他 OLE 应用程序
COPYTOLAYER	将一个或多个对象复制到其他图层
CUI	管理自定义的用户界面元素，例如工作空间、工具栏、菜单、功能区面板、快捷菜单和键盘快捷键
CUIEXPORT	将自定义设置输出到企业 CUI 文件或局部 CUI 文件中
CUIIMPORT	将自定义设置从企业或局部 CUI 文件中输入到 acad. cui 中
CUILOAD	加载 CUI 文件
CUIUNLOAD	卸载 CUI 文件
CUSTOMIZE	自定义工具选项板和工具选项板组
CUTCLIP	将选定的对象移至剪贴板，并将其从图形中删除
DDEDIT	编辑单行文字、标注文字、属性定义和特征控制框
DDPTYPE	指定点对象的显示样式及大小
DELAY	在脚本文件中提供指定时间的暂停
DETACHURL	删除图形中的超链接

续表

命令名称	功　能
DGNADJUST	更改选定的 DGN 参考底图的显示选项
DGNATTACH	将 DGN 参考底图附着到当前图形
DGNCLIP	定义选定的 DGN 参考底图的剪裁边界
DGNEXPORT	从当前图形创建一个或多个 DGN 文件
DGNIMPORT	将数据从 DGN 文件输入到新的 DWG 文件
DGNLAYERS	控制 DGN 参考底图中图层的显示
DGNMAPPING	允许用户创建和编辑用户定义的 DGN 映射设置
DIM 和 DIM1	访问标注模式
DIMALIGNED	创建对齐线性标注
DIMANGULAR	创建角度标注
DIMARC	创建圆弧长度标注
DIMBASELINE	从上一个标注或选定标注的基线处创建线性标注、角度标汴或坐标标注
DIMBREAK	在标注和延伸线与其他对象的相交处打断或恢复标注和延伸线
DIMCENTER	创建圆和圆弧的圆心标记或中心线
DIMCONTINUE	从上一个标注或选定标注的第二条延伸线处开始,创建线性标注、角度标注或坐标标注
DIMDIAMETER	为圆或圆弧创建直径标注
DIMDISASSOCIATE	删除选定标注的关联性
DIMEDIT	编辑标注文字和延伸线
DIMINSPECT	为选定的标注添加或删除检验信息
DIMJOGGED	为圆和圆弧创建折弯标注
DIMJOGLINE	在线性标注或对齐标注中添加或删除折弯线
DIMLINEAR	创建线性标注
DIMORDINATE	创建坐标标注
DIMOVERRIDE	替代尺寸标注系统变量
DIMRADIUS	为圆或圆弧创建半径标注
DIMREASSOCIATE	将选定标注与几何对象相关联
DIMREGEN	更新所有关联标注的位置
DIMSPACE	调整线性标注或角度标注之间的间距
DIMSTYLE	创建和修改标注样式
DIMTEDIT	移动和旋转标注文字并重新定位尺寸线
DIST	测量两点之间的距离和角度
DIVIDE	将点对象或块沿对象的长度或周长等间隔排列
DONUT	创建实心的圆和环
DRAGMODE	控制拖动对象的显示方式
DRAWINGRECOVERY	显示可以在程序或系统失败后修复图形文件的列表
DRAWINGRECOVERYHIDE	关闭“图形修复管理器”
DRAWORDER	修改图像和其他对象的绘图顺序
DSETTINGS	设置栅格和捕捉、极轴和对象捕捉追踪、对象捕捉模式、动态输入和快捷特性
DSVIEWER	打开“鸟瞰视图”窗口

续表

命令名称	功　能
DWFADJUST	允许在命令提示下调整 DWF 或 DWFx 参考底图
DWFATTACH	将 DWF 或 DWFx 参考底图附着到当前图形
DWFCLIP	使用剪裁边界定义 DWF 或 DWFx 参考底图的子面域
DWFFORMAT	将某些命令的默认 DWF 格式设置为 DWF 或 DWFx
DWFLAYERS	控制 DWF 或 DWFx 参考底图中图层的显示
DWGPROPS	设置和显示当前图形的特性
DXBIN	输入特殊编码的二进制文件
EATTEDIT	在块参照中编辑属性
EATTEXT	将特性数据从对象、块属性信息和图形信息输出到表格或外部文件
EDGE	修改三维面的边的可见性
ELLIPSE	创建椭圆或椭圆弧
ERASE	从图形中删除对象
EXPLODE	将合成对象分解为其部件对象
EXPORT	以其他文件格式保存对象
EXPORTLAYOUT	将所有可见对象从当前布局输出到新图形的模型空间
EXTEND	扩展对象与其他对象的边相接
EXTERNALREFERENCES	显示"外部参照"选项板
EXTRERNALREFERENCESLOLOSE	关闭"外部参照"选项板
FIELD	创建带字段的多行文字对象，该对象可以随着字段值的更改而自动更新
FILL	控制诸如图案填充、二维实体和宽多段线等对象的填充
FILLET	给对象加圆角
FILTER	创建一个要求列表，对象必须符合这些要求才能包含在选择集中
FIND	查找、替换或缩放到指定的文字
GEOGRAPHICLOCATION	指定图形文件的地理位置信息
GOTOURL	打开文件或与附加到对象的超链接关联的网页
GRADIENT	使用渐变填充填充封闭区域或选定对象
GRAPHSCR	从文本窗口切换到绘图区域
GRID	在当前视口中显示栅格图案
GROUP	创建和管理已保存的对象集(称为编组)
HATCH	用填充图案、实体填充或渐变填充填充封闭区域或选定对象
HATCHEDIT	修改现有的图案填充或填充
HELP	显示帮助
HIDEPALETTES	隐藏当前显示的选项板(包括命令行)
ID	显示位置的坐标
IMAGE	显示"外部参照"选项板
IMAGEADJUST	控制图像的亮度、对比度和褪色度
IMAGEATTACH	将新的图像附着到当前图形
IMAGEFRAME	控制是否显示和打印图像边框
INSERT	将块或图形插入到当前图形
INSERTOBJ	插入链接对象或内嵌对象
JOGSECTION	将折弯线段添加至截面对象

续表

命令名称	功　能
JOIN	将相似的对象合并以形成一个完整的对象
JPGOUT	将选定对象保存为 JPEG 文件格式的文件
JUSTIFYTEXT	改变选定文字对象的对齐点而不改变其位置
LAYCUR	将选定对象所在的图层更改为当前图层
LAYDEL	删除图层上的所有对象并清理图层
LAYER	管理图层和图层特性
LAYERCLOSE	关闭图层特性管理器
LAYERP	放弃对图层设置所做的上一个或一组更改
LAYERPMODE	打开或关闭对图层设置所做更改的追踪
LAYERSTATE	保存、恢复和管理已命名的图层状态
LAYFRZ	冻结选定对象所在的图层
LAYISO	隐藏或锁定除选定对象所在图层外的所有图层
LAYLCK	锁定选定对象所在的图层
LAYMCH	更改选定对象所在的图层,使之与目标图层相匹配
LAYMCUR	将选定对象所在的图层置为当前图层
LAYMRG	将选定图层合并到目标图层中,并将以前的图层从图形中删除
LAYOFF	关闭选定对象所在的图层
LAYON	打开图形中的所有图层
LAYOUT	创建并修改图形布局选项卡
LAYOUTWIZARD	创建新的布局选项卡并指定页面和打印设置
LAYTHW	解冻图形中的所有图层
LAYTRANS	将图形的图层更改为指定的图层标准
LAYULK	解锁选定对象所在的图层
LAYUNISO	恢复使用 LAYISO 命令隐藏或锁定的所有图层
LAYVPI	冻结除当前视口以外的所有布局视口中的选定图层
LAYWALK	显示选定图层上的对象并隐藏所有其他图层上的对象
LEADER	创建连接注释与几何特征的引线
LENGTHEN	修改对象的长度和圆弧的包含角
LINE	创建直线段
LINETYPE	加载、设置和修改线型
LIST	显示选定对象的特性数据
LOAD	为 SHAPE 命令加载可调用的形
LTSCALE	设置全局线型比例因子
LWEIGHT	设置当前线宽、线宽显示选项和线宽单位
MARKUP	显示标记的详细信息并允许用户更改其状态
MARKUPCLOSE	关闭标记集管理器
MATCHCELL	将选定表格单元的特性应用到其他表格单元
MATCHPROP	将选定对象的特性应用到其他对象
MEASURE	将点对象或块在对象上指定间隔处放置
MENU	加载自定义文件
MINSERT	在矩形阵列中插入一个块的多个引用
MIRROR	创建选定对象的镜像副本

续表

命令名称	功 能
MIRROR3D	创建平面上选定对象的镜像副本
MLEADER	创建多重引线对象
MLEADERALIGN	沿指定的线组织选定的多重引线
MLEADERCOLLECT	将选定的包含块的多重引线作为内容组织为一组并附着到单引线
MLEADEREDIT	将引线添加至多重引线对象或从多重引线对象中删除引线
MLEADERSTYLE	创建和修改多重引线样式
MLEDIT	编辑多行交点、打断和顶点
MLINE	创建多条平行线
MLSTYLE	创建、修改和管理多行样式
MODEL	从布局选项卡切换到“模型”选项卡
MOVE	在指定方向上按指定距离移动对象
MREDO	恢复前面几个用 UNDO 或 U 命令放弃的效果
MSLIDE	创建当前模型视口或当前布局的幻灯文件
MSPACE	从图纸空间切换到模型空间视口
MTEDIT	编辑多行文字
MTEXT	创建多行文字对象
MULTIPLE	重复下一条命令直到被取消
NEW	创建新图形
NEWSHEETSET	创建新图纸集
OOPS	恢复删除的对象
OPEN	打开现有的图形文件
OPENDWFMARKUP	打开包含标记的 DWF 或 DWFx 文件
OPENSHEETSET	打开选定的图纸集
ORTHO	限定光标在水平方向或垂直方向移动
OSNAP	设置执行对象捕捉模式
PAGESETUP	控制每个新建布局的页面布局、打印设备、图纸尺寸和其他设置
PAN	在当前视口中移动视图
PARTIALOAD	在局部打开的图形中加载附加几何图形
PARTIALOPEN	将选定视图或图层中的几何图形和命名对象加载到图形中
PASTEASHYPERLINK	将剪贴板中的数据作为超链接插入
PASTEBLOCK	将复制对象粘贴为块
PASTECLIP	插入剪贴板数据
PASTEORIG	使用原图形的坐标将复制的对象粘贴到新图形中
PASTESPEC	插入剪贴板数据并控制数据格式
PCINWIZARD	显示向导，将 PCP 和 PC2 配置文件中的打印设置输入到“模型”选项卡或当前布局中
PEDIT	编辑多段线和三维多边形网络
PLAN	显示指定用户坐标系的平面视图
PLANESURF	创建平面曲面
PLINE	创建二维多段线
PLOT	将图形打印到绘图仪、打印机或文件
PLOTSTYLE	设置新对象的当前打印样式或指定选定对象的打印样式

续表

命令名称	功 能
PLOTTERMANAGER	显示“绘图仪管理器”,从中可以添加或编辑绘图仪配置
POINT	创建点对象
POLYGON	创建闭合的等边多段线
PRESSPULL	按住或拖动有限区域
PREVIEW	显示图形的打印效果
PROPERTIES	控制现有对象的特性
PROPERTIESCLOSE	关闭“特性”选项板
PSETUPIN	将用户定义的页面设置输入到新的图形布局中
PSPACE	从模型空间视口切换到图纸空间
PUBLISH	将图形发布到 DWF 或 DWFx 文件或绘图仪
PURGE	删除图形中未使用的命名项目,例如块定义和图层
QCCLOSE	关闭“快速计算器”
QDIM	从选定的对象快速创建一系列标注
QLEADER	创建引线和引线注释
QNEW	通过使用默认图形样板文件的选项启动新图形
QSAVE	用“选项”对话框中指定的文件格式保存当前图形
QSELECT	基于过滤条件创建选择集
QTEXT	控制文字和属性对象的显示和打印
QUICKCALC	打开“快速计算器”计算器
QUICKCUI	以收拢状态显示“自定义用户界面”对话框
QUIT	退出程序
QVDRAWING	在预览图像中显示打开的图形和图形中的布局
QVDRAWINGCLOSE	关闭打开的图形和图形中的布局的预览图像
QVLAYOUT	显示模型空间和图形中的布局的预览图像
QVLAYOUTCLOSE	关闭图形中模型空间和布局的预览图像
RAY	创建始于一点并继续无限延伸的直线
RECOVER	修复损坏的图形
RECOVERALL	修复损坏的图形和外部参照
RECTANG	创建矩形多段线
REDO	恢复上一个用 UNDO 或 U 命令放弃的效果
REDRAW	刷新当前视口中的显示
REDRAWALL	刷新显示所有视口
REFEDIT	选择要编辑的外部参照或块参照
REFSET	在位编辑参照(外部参照或块)时在工作集中添加或删除对象
REGEN	从当前视口重生成整个图形
REGENALL	重生成图形并刷新所有视口
REGENAUTO	控制图形的自动重生成
REGION	将包含封闭区域的对象转换为面域对象
REINIT	重初始化数字化仪、数字化仪的输入/输出端口和程序参数文件
RENAME	更改命名对象的名称
RENDERCROP	选择图像中要进行渲染的特定区域(修剪窗口)
RENDERENVIRONMENT	提供对象外观距离的视觉提示

续表

命令名称	功 能
RESETBLOCK	将一个或多个动态块参照重置为块定义的默认值
RESUME	继续执行被中断的脚本文件
RIBBON	打开功能区窗口
RIBBONCLOSE	关闭功能区窗口
ROTATE	围绕基点旋转对象
RSCRIPT	重复执行脚本文件
SAVE	用当前或指定的文件名保存图形
SAVEAS	用新文件名保存当前图形的副本
SCALE	放大或缩小选定对象,并且缩放后对象的比例保持不变
SCALETEXT	增大或缩小选定文字对象而不改变其位置
SCRIPT	从脚本文件执行一系列命令
SELECT	将选定对象置于"上一个"选择集中
SETBYLAYER	将选定对象的特性替代更改为"ByLayer"
SETVAR	列出或修改系统变量值
SHAPE	插入使用 LOAD 加载的形文件中的形
SKETCH	创建一系列徒手画线段
SLICE	用平面或曲面剖切实体
SNAP	规定光标按指定的间距移动
SPELL	检查图形中的拼写
SPLINE	创建通过或接近选定点的平滑曲线
SPLINEDIT	编辑样条曲线或样条曲线拟合多段线
STRETCH	拉伸与选择窗口或多边形交叉的对象
STYLE	创建、修改或指定文字样式
STYLESMANAGER	显示打印样式管理器
TABLE	创建空的表格对象
TABLEDIT	编辑表格单元中的文字
TABLESTYLE	创建、修改或指定表格样式
TABLET	校准、配置、打开和关闭已连接的数字化仪
TASKBAR	控制图形在 Windows 任务栏上的显示方式
TEXT	创建单行文字对象
TEXTSCR	打开文本窗口
TEXTTOFRONT	将文字和标注置于图形中的其他所有对象之前
TIFOUT	将选定的对象以 TIFF 文件格式保存到文件中
TIME	显示图形的日期和时间统计信息
TINSERT	在表格单元中插入块
TOOLBAR	显示、隐藏和自定义工具栏
TOOLPALETTES	打开"工具选项板"窗口
TOOLPALETTESCLOSE	关闭"工具选项板"窗口
TPNAVIGATE	显示指定的工具选项板或选项板组
TRACE	创建实线
TRANSPARENCY	控制两色图像的背景像素是否透明
TRAYSETTINGS	控制图标和通知在状态栏托盘中的显示

续表

命令名称	功　能
TREESTAT	显示关于图形当前空间索引的信息
TRIM	修剪对象以与其他对象的边相接
U	撤销上一次操作
UCS	管理用户坐标系
UCSICON	控制 UCS 图标的可见性和位置
UCSMAN	管理已定义的用户坐标系
UNDEFINE	允许应用程序定义的命令替代内部命令
UNDO	撤销命令的效果
UNITS	控制坐标和角度的显示格式和精度
VBAIDE	显示 Visual Basic 编辑器
VBALOAD	将全局 VBA 工程加载到当前工作任务中
VBAMAN	加载、卸载、保存、创建、嵌入和提取 VBA 工程
VBARUN	运行 VBA 宏
VBASTMT	在 AutoCAD 命令提示下执行 VBA 语句
VBAUNLOAD	卸载全局 VBA 工程
VIEW	保存和恢复命名视图、相机视图、布局视图和预设视图
VIEWGO	恢复命名视图
VLISP	显示 Visual LISP 交互式开发环境(IDE)
WBLOCK	将对象或块写入新图形文件
WMFIN	输入 Windows 图元文件
WORKSPACE	创建、修改和保存工作空间,并将其设置为当前工作空间
WSSAVE	保存工作空间
WSSETTINGS	设置工作空间的选项
XATTACH	将外部参照附着到当前图形
XBIND	将外部参照中命名对象的一个或多个定义绑定到当前图形
XCLIP	定义外部参照或块剪裁边界,并设置前剪裁平面和后剪裁平面
XLINE	创建无限长的直线
XOPEN	在新窗口中打开选定的图形参照(外部参照)
XPLODE	将合成对象分解为其部件对象
ZOOM	放大或缩小显示当前视口中对象的外观尺寸